JN028117

micro:bitで はじめるプログラミング 第3版

親子で学べるプログラミングとエレクトロニクス

スイッチエデュケーション編集部 著

はじめに

こんにちは。『micro:bitではじめるプログラミング―親子ではじめるプログラミングとエレクトロニクス』をお手にとってくださいまして、ありがとうございます。本書では、はじめてプログラミングや工作をする人を対象に、micro:bitの使い方を作例を用いて説明しています。コンピューターの力で動くものを作りながら、楽しくプログラミングを学びはじめられる一冊です。

私たちは今、たくさんのコンピューターに支えられながら便利な生活を送っています。スマートフォンやタブレット、パソコンはもちろん、おうちの中にある洗濯機も炊飯器もエアコンも掃除機も、その中にはコンピューターが入っています。コンピューターは今後、今以上に生活の中へどんどん入って増えていくでしょう。これからの時代を生きる私たちには、これらのコンピューターをただ使うだけではなく、コンピューターを自由に操る能力が必要です。

プログラミングを学ぶことは、コンピューターを自由に操る第一歩です。本書で解説しているmicro:bitは、プログラミングを学ぶのにピッタリの小さなデバイスです。2012年にイギリスで生まれ、2018年に日本でも使われはじめました。かんたんなプログラミングとちょっとした工作を組み合わせて、あなたの自由な発想を現実のものにすることができます。とくに、2020年11月に販売開始されたmicro:bitバージョン2(v2)にはマイクやスピーカーなどの新しい機能が追加され、さらに発展的なアイデアを現実のものにすることができるようになりました。

さあ、本書を使ってプログラミングとコンピューターの力で動くもの作りをはじめましょう。本書ではmicro:bitの各機能のプログラミングのしかたを、作例を作りながら1ステップずつていねいに解説しています。最初はひとつひとつ確認しながら。慣れてきたら、参考程度にこの本を使ってください。この本がみなさんの創造性を刺激し、自由な発想で思いどおりにものを作るきっかけになることを願っています。

スイッチエデュケーション編集部

目 次

4章

micro:bitの機能を拡張しよう　113

5章

micro:bitで自由研究　191

付録

コラム

プログラミングソフト使いこなしテクニック

もっと知りたい！

本書について

本書の想定読者

この本は、プログラミングに興味を持ちはじめた小学校高学年〜中学生くらいのお子さん、またプログラミング教育やSTEM教育に関心をお持ちの親御さんが、親子でいっしょにプログラミングをはじめて学ぶのに最適な本です。

micro:bit（マイクロビット）という教育向けに特化されたマイコンボードと、ブロックを組み合わせていく直感的なプログラミングソフトを使い、プログラミングは未経験の方でも、本書の手順どおりに進めていけば、かんたんにいくつかの作例が完成できるよう構成されています。

ここで作る作例は、パソコンの中で動くゲームのようなものではなく、実際に動くおもちゃだったり、楽器だったり、装置だったりします。プログラミングを通じて、実際のものが動く仕組みを知ることができ、また、自分でも工夫していろいろなものを作るためのヒントを得ることができるでしょう。

さらに、5章では、micro:bitを使った自由研究の例を紹介していますので、夏休みの自由研究などのヒントが得られます。

本書の使い方

ここでは、本書を有効に使うためのヒントをまとめておきます。

- micro:bitをお持ちの方は、パソコンとともに手元に置いてお読みいただくと、内容の理解に役立ちます。micro:bitをお持ちでなくても、プログラミングソフトを使ったプログラミングと、シミュレーター上でのシミュレーションは行うことができます。

- 本書は、理解しやすい順番で内容を構成しています。パソコンやプログラミングに慣れていない方は、まず1章の「micro:bitの基本を知ろう」を最初にお読みください。

- ある程度、パソコンやプログラミングに慣れている方は、知っているところは読みとばしてもかまいません。どの章からお読みいただいてもいいように、プログラミングや作例については細かく解説しています。

- 本書のサポートサイトでは、プログラムのサンプルや、必要なモジュールの購入（こうにゅう）先、作例の型紙などがまとまっています。本書と合わせてごらんください。
  http://sedu.link/book-microbit3

コラムについて

プログラミングソフト使いこなしテクニック　プログラミングソフトをもっと便利に使う方法を解説します。

もっと知りたい！　補足情報や応用例などを紹介します。

注意　注意すべき点を示しています。

POINT　知っておくと理解が深まるポイントを示しています。

使用ブロック　プログラミングソフトの中の、どのブロックを使うかを示しています。

おことわり

本書は2021年6月時点での情報をもとにしています。それ以降(いこう)、プログラミングソフトの画面や、使用しているモジュールの内容が更新(こうしん)される可能性があります。最新のものと異(こと)なる場合があることを、あらかじめご了承ください。

ご質問・ご意見

この本に関するコメントや質問は、出版社までお願いいたします。

株式会社オライリー・ジャパン
〒160-0002　東京都新宿区四谷坂町12番22号
電話：03-3356-5227　FAX：03-3556-5263

この本に関するコメントや質問を電子メールで送るには、以下のアドレスへお願いいたします。
電子メール：japan@oreilly.co.jp

Make MagazineやMaker FaireとMake: OnlineなどからなるMaker Mediaは、想像的な着想と作業の手引きを提供して、DIY精神をあと押(お)しします。Maker Mediaについての詳細は、以下のウェブサイトを参照してください。

Make：https://makezine.com/　**Make日本語版**：http://makezine.jp/

1章

micro:bitの基本を知ろう

この章では、micro:bitの基本的な操作について解説します。むずかしい作業はいっさいありません。まずは手に取り、パソコンにつないで、LEDを光らせてみましょう。

1-1 micro:bitってなんだろう？

「BBC micro:bit」(ビービーシーマイクロビット。本書では「micro:bit」と表記しています)は、イギリスで開発されたプログラミング教育向けのマイコンボードです。マイコンボードとは小さいコンピューターで、パソコンのキーボードと同じようにデータを入力するための機能と、ディスプレイと同じようにデータを出力するための機能をそなえています。さまざまな種類のマイコンボードがありますが、その中でもmicro:bitは次のような特徴(とくちょう)を持っています。

1 さまざまな機器、環境(かんきょう)でプログラミングできる

micro:bitのプログラミングソフトは主に3種類あります。ブロックを組み合わせるだけでプログラムを書くことができるMicrosoft MakeCode（マイクロソフトメイクコード）、テキストベースの本格的なプログラミングができるPython（パイソン）、そしてScratch（スクラッチ）です。アプリをインストールすればスマートフォンやタブレットを使ってプログラミングをすることもできます。本書では主にMicrosoft MakeCodeを使ってプログラミングを行います（一部、Scratchを使います）。Microsoft MakeCodeはブロックを組み合わせるだけでプログラミングができ、はじめてプログラミングに取り組む人でもかんたんに使うことができます。また、JavaScript（ジャバスクリプト）というテキストベースのプログラミング言語にもかんたんに変換(へんかん)できるので、プログラミングのレベルアップにも役立ちます。

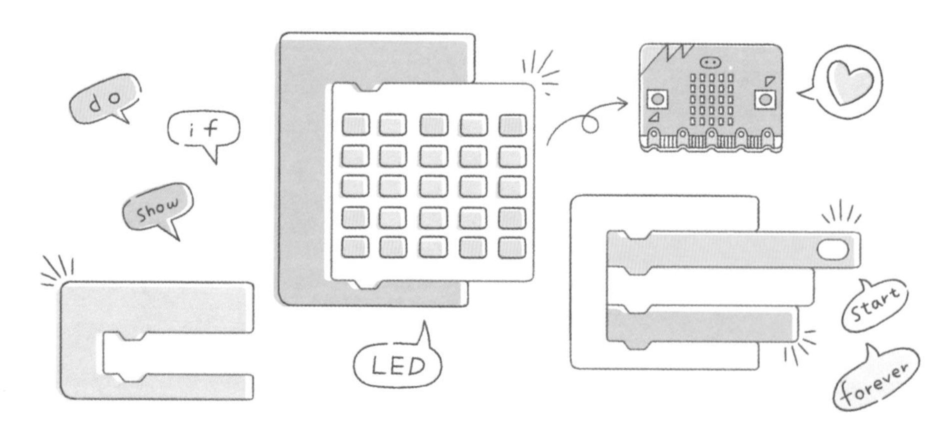

2 LEDやスイッチ、センサーなどがあらかじめ付いている

micro:bitにはバージョン1.5と2の2つのバージョンがあります。本書ではそれぞれv1.5、v2と表記しています。どちらにもLEDとボタンスイッチ、タッチセンサー、加速度センサー、地磁気(ちじき)センサー、温度センサー、光センサー、無線通信機能が付いています。これらに追加して、v2にはマイクとスピーカーが付いています。センサーとは、音や光、温度などの外の情報を計測して、コンピューターが読みこめる信号に変える装置です。また、無線通信機能を使えばmicro:bitどうしをつなげたり、パソコンやスマートフォン、タブレットといったほかのデバイスとmicro:bitをつなげることもできます。本書ではv2を使った作品を紹介していますが、v1.5を使う場合の作り方も一部解説しています。あなたの手元にあるmicro:bitのバージョンを調べる方法は次のページを見てください。

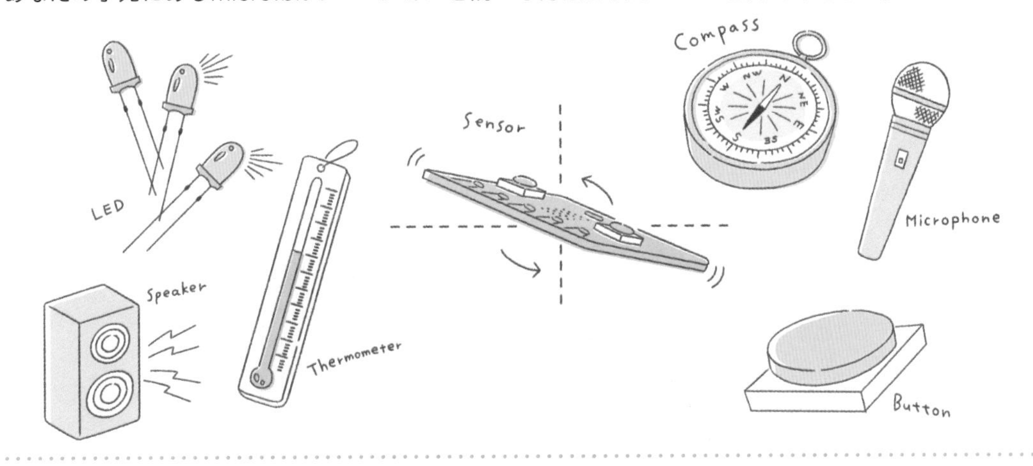

3 アイデア次第でいろいろなものが作れる

micro:bitにはほかのセンサーやモーターなどの動く部品を追加するための「入出力端子(たんし)」が付いています。この入出力端子を使って機能を追加することで、ロボットや車などの動く作品や、カラフルに光る作品などを自由に作ることができます。本書の後半でも、さまざまな機能を追加した動く作品をたくさん紹介しています。

特徴(とくちょう)がわかったところで、さっそくmicro:bitをくわしく見ていきましょう。

1-2 micro:bitの各部の説明

ここでは、micro:bitの各部の機能について説明します(写真はv2です。顔マーク が上部中央に付いているほうが表です)。

◉顔マーク

タッチセンサーとして使うことができます(v1.5はタッチセンサーの機能はありません)。

◉LED&光センサー

真ん中にならんでいる小さい部品はLEDです。赤色に光ります。たて5列、よこ5列の合計25個あります。周囲の光の量を感知する光センサーとして使うこともできます。

◉マイク確認用LED

マイクが起動しているときに点灯します。

◉ボタンスイッチA

押しボタンスイッチとして使用できます(ボタンスイッチBも同じ)。

◉ボタンスイッチB

表

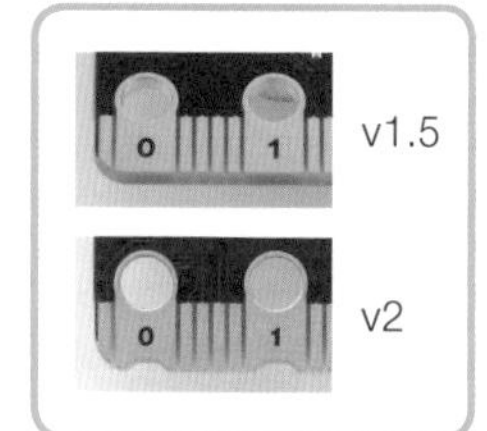

v2の端子はくぼんでいるのが特徴です。

◉端子

センサーやモーターなどの動く部品を追加することができます。また、タッチセンサーとして使うこともできます。

※端子については、本書ではブロックの表記に合わせ、「0」を「P0」、「1」を「P1」、「2」を「P2」としています。

◉電源端子

電源の入出力端子です。micro:bitがUSBケーブル経由または電池で動いている場合にはこの端子から別の機器に電力を供給できます。また、逆にこの端子からmicro:bitに電力を供給することもできます。

◉グラウンド端子

追加してセンサーなどを使う場合、電源端子経由で電源を接続する場合など、すべての場合の電気のもどり道になります。

◉USB用コネクター

マイクロUSBケーブルをつないでコンピューターと接続できます。コンピューターからプログラムを書きこむときに使います。電源供給にも使えます。

◉マイク

音を検出できるセンサーです(v1.5にはありません)。

◉アンテナ

無線通信に使います。

◉プロセッサー&温度センサー

micro:bitの心臓部です。この部分にプログラムを書きこみ、実行します。温度センサーの機能もあります。

◉起動確認用LED

micro:bitの電源がオンになっているときに点灯します(v1.5にはありません)。

◉書きこみ確認用LED

データの書きこみ時などに、点灯/点滅します。

サイズは42×52×10mm、重さは9グラムで、手のひらにすっぽりおさまる大きさです。

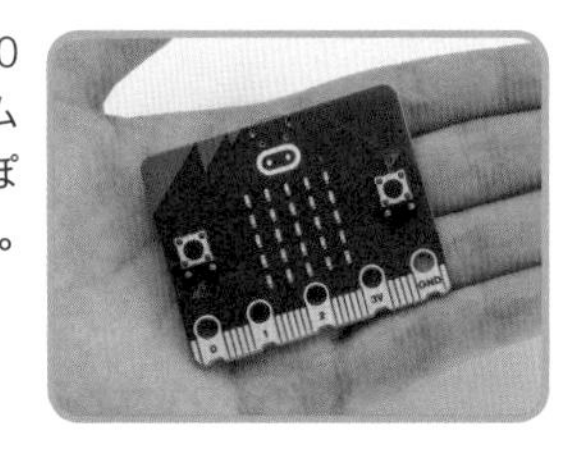

◉リセットボタン

これを押すと現在実行中のプログラムがリセットされ、最初から実行し直されます。

◉電池ボックス用コネクター

乾電池の電池ボックスをつなぐことができます。

裏

◉加速度センサー

傾きなどが検出できるセンサーです。

◉地磁気センサー

地球の磁場(磁界)の方向を計測するセンサーです。

◉スピーカー

音を出す部品です(v1.5にはありません)。

◉バージョン表示

ここにV1.5と書かれている場合、あなたのmicro:bitはv1.5です。V2.00と書かれている場合はv2です。

! 注意

micro:bitは水が苦手です。ぬれた手でさわらないように気をつけましょう。また、電源がオンになったmicro:bitは金属の上に置くとショートしてこわれる可能性があります。置かないように気をつけましょう。

1章 micro:bitの基本を知ろう

micro:bitに付いているセンサーについて

センサーとは、音や光、温度などの外の情報を計測して、コンピューターが読みこめる信号に変える装置です。

加速度センサー

物体の加速度（速度の変化）を計測することで、物体の傾き（かたむ）や振動（しんどう）、衝撃（しょうげき）の度合いなどを測ることができるセンサーです。数値（すうち）はG、ミリGなどで表されます。GはGravity、つまり重力の単位です。地球上では地球の中心に向かってつねに重力加速度が働いており、これも計測しています。X（左右）軸（じく）、Y（前後）軸（じく）、Z（上下）軸（じく）の3つの方向にかかる加速度を計測しています。

地磁気（ちじき）センサー

磁石（じしゃく）にはN極とS極が必ずあり、異（こと）なる極どうしは引きつけ合い、同じ極どうしは反発します。この引きつけ合ったり反発したりする力を磁気（じき）といいます。地球も大きな磁石（じしゃく）のようになっていて、磁気（じき）があります。この地球の磁気を「地磁気（ちじき）」といいます。地磁気（ちじき）センサーは地磁気（ちじき）もふくめた磁気（じき）の変化によって起こる電圧の変化を計測しています。

温度センサー

温度センサーは周囲の温度を計測しています。micro:bitの温度センサーはプロセッサーのICチップに入っており、ICチップの表面の温度を計測しています。そのため、正確な気温や室温を計測するものではありません。しかし、相対的に温度が上がったか、下がったかは検知できます。

光センサー

25個のLEDは光センサーとしても利用できます。LEDは中の半導体（はんどうたい）に電圧をかけることで光る部品ですが、光に当たると電気を生じさせるという性質も持っています。その性質を使って、光の強さを計測することができます。

マイク

音を検出するセンサーです。micro:bit v2に搭載（とうさい）されています。

1-3 micro:bitを使う準備をしよう

micro:bitについてひととおりわかったところで、さっそくプログラミングをはじめる準備をしましょう。ここではパソコンを使ったmicro:bitのプログラミング方法をくわしく紹介します。スマートフォンやタブレットを使う方法については29ページで説明しています。

1 micro:bitとパソコンを接続する

※micro:bitを持っていない場合は、ここをとばして「2 プログラミングソフトを立ち上げる」からはじめてもよいです。

1 パソコンを起動し、マイクロUSBケーブルでmicro:bitをつないでください。

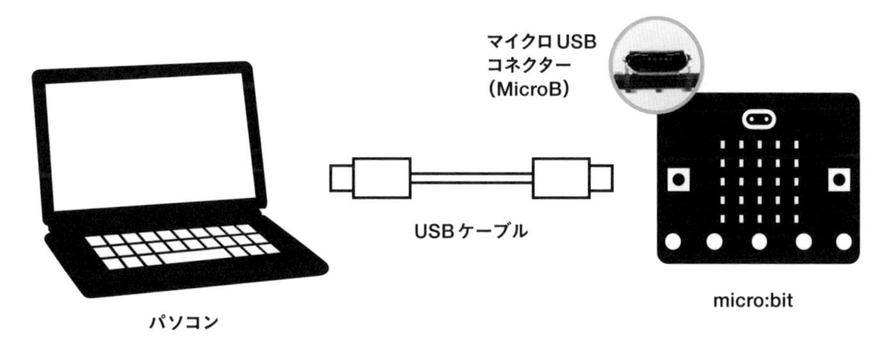

※購入後、はじめてmicro:bitの電源がオンになると、LEDにいろいろな表示が出ます。表示が出れば、通常どおり作動した証拠なので問題ありません。

2 パソコンのフォルダを開くと「MICROBIT」という名前のフォルダが新しく見えているはずです（画面は使用するパソコン、OSによって異なります）。

[Windowsの場合]

[Macの場合]

[Chromebookの場合]

Windows、Mac、Chromebookのいずれも、パソコンにあらかじめソフトをインストールする必要はない

2 プログラミングソフトを立ち上げる

1 本書ではMicrosoft MakeCode（以下、MakeCode）を使ったプログラミングについて説明します。インターネットブラウザ（Google Chrome、Microsoft Edge推奨）を立ち上げ、下記にアクセスしてプログラミングソフトを開いてください。「新しいプロジェクト」をクリックしてください。
https://makecode.microbit.org

「新しいプロジェクト」をクリック！（micro:bit では、プログラムのことを「プロジェクト」とも呼びます）

プロジェクトを作成する

プロジェクトに名前をつけてください。

テスト

コードのオプション

作成

2 「プロジェクトに名前をつけてください」というウィンドウが現れます。今回は「テスト」という名前を付けて、「作成」ボタンをクリックしてください。

3 右のようなプログラミングする画面が現れます。MakeCodeの各部の機能について紹介します。

● シミュレーター

作ったプログラムが自分が思ったとおりに動作するかどうかを確認することができます。

停止：シミュレーターを停止します。

再起動：シミュレーターを再起動します。再起動ごとにmicro:bitのもようの色が変わります。

バグ：デバッグモードを表示します。デバッグモードを使うと、作ったプログラムの動作を1つずつ順を追って確認することができます。

サウンド：シミュレーターの音を出したり消したりします。

フルスクリーン：シミュレーターをフルスクリーンで表示します。

● ツールボックス

プログラミングで使うブロックが入っている場所です。機能に応じて分類されています。ブロックをここから選んで、プログラミングエリアにドロップして使います。

● プログラミングエリア

ツールボックスから取り出したブロックを使ってプログラムを組み立てるための場所です。

MakeCode各部の機能

ここをクリックすると最初の場面にもどります。新しいプロジェクトをはじめたり、すでにあるプロジェクトを呼び出したりできます。

作ったプログラムをほかの人に見せたいときに使います。

シミュレーターをかくします。

作ったプログラムがブロックで表示されます。

作ったプログラムがJavaScriptで表示されます。

さまざまな設定ができます。

初心者向けのチュートリアル（解説）がはじまります。

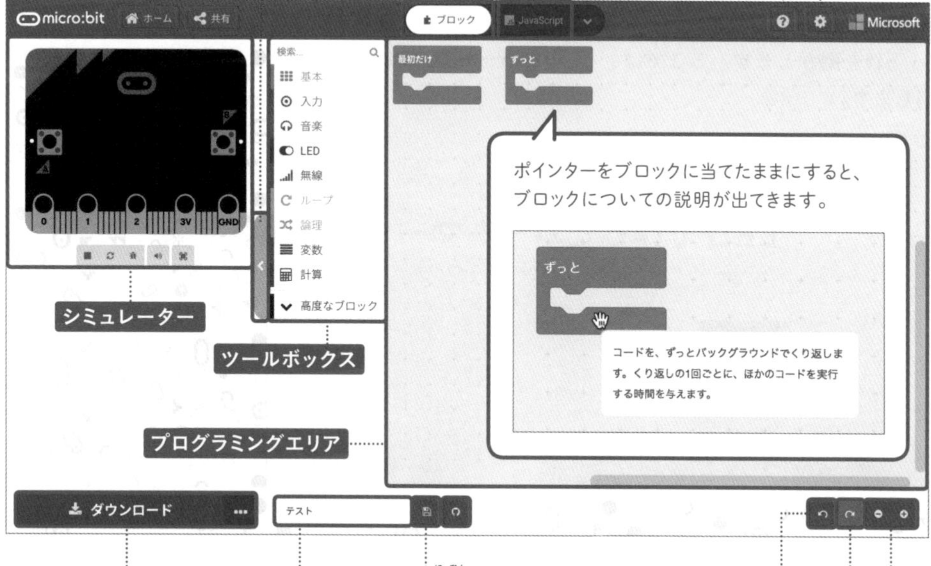

作ったプログラムをパソコンにダウンロードしたり、micro:bitに直接書きこんだりします。

プログラムを保存します。

プロジェクトの名前を付けます。手順 2 で「テスト」という名前を付けたので「テスト」と表示されています。ここで名前を変えることもできます。

1つ前の作業にもどります。

1つ先の作業に進みます。

プログラミングエリアに表示されるブロックの大きさを変えることができます。「＋」を押すとブロックが大きく表示され、「－」を押すと小さく表示されます。

POINT

プログラミングソフトが日本語で表示されなかったときは、右上の歯車マークをクリックして設定メニューを開き、「Language」→「日本語」を選びます。

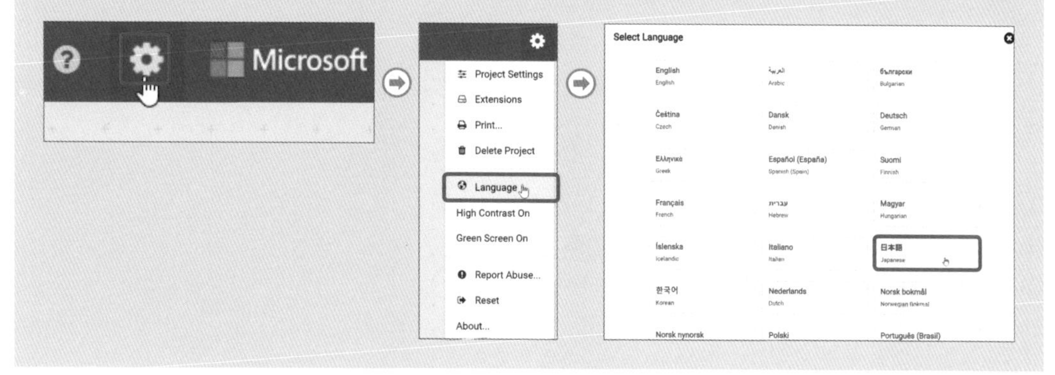

1-4 micro:bitでプログラミング

micro:bitは、あなたのアイデアを形にするためのマイコンボードです。プログラムで命令をあたえ、micro:bitを動かします。ここでは、LEDをハート型に点滅させる例をあげて、プログラムの作り方を説明します。

［ できること ］

LEDで作ったハートマークを点滅させる

どうすれば作れる？

まずは、micro:bitでハートマークを点滅させるために必要なステップを考えてみましょう。大きく分けて3つあります。

①どのLEDを光らせるか決める
②どれくらいの時間、LEDを光らせるか決める
③どれくらいの時間、光を消すか決める

さっそく、プログラミングしてmicro:bitに命令してみましょう。

プログラムの最終形

最終的なプログラムは以下のようになります。

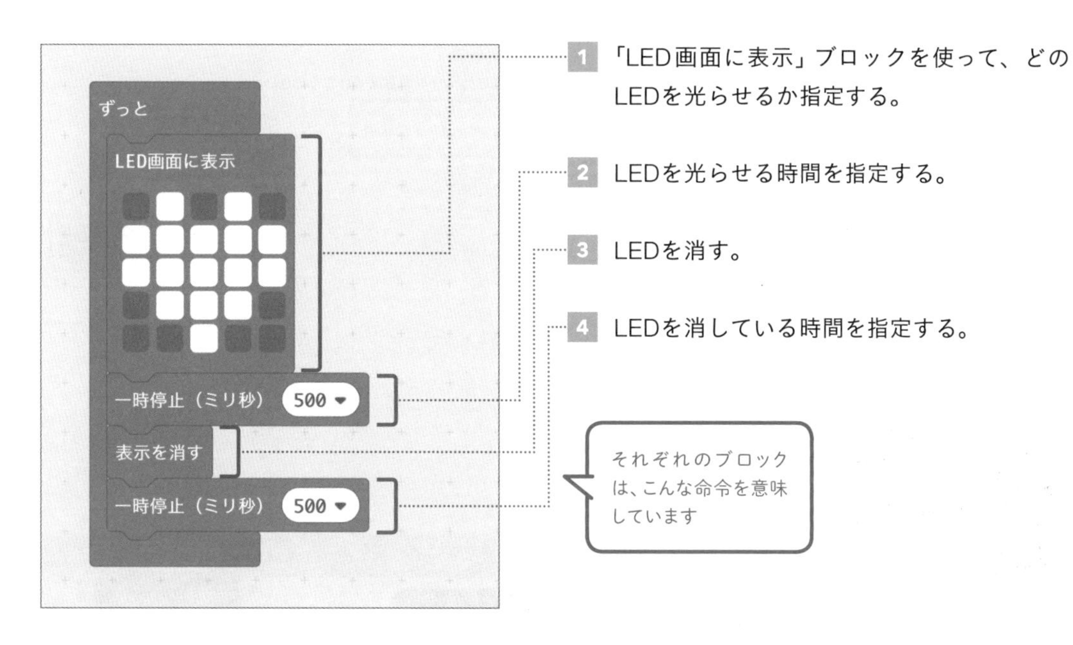

プログラミング

プログラミングソフトの画面で必要なブロックを選び、組み合わせてみましょう。

1 インターネットに接続したパソコンのブラウザを開いてください。ブラウザでMakeCodeのホーム画面（https://makecode.microbit.org/）を開き、「新しいプロジェクト」をクリックしてください。

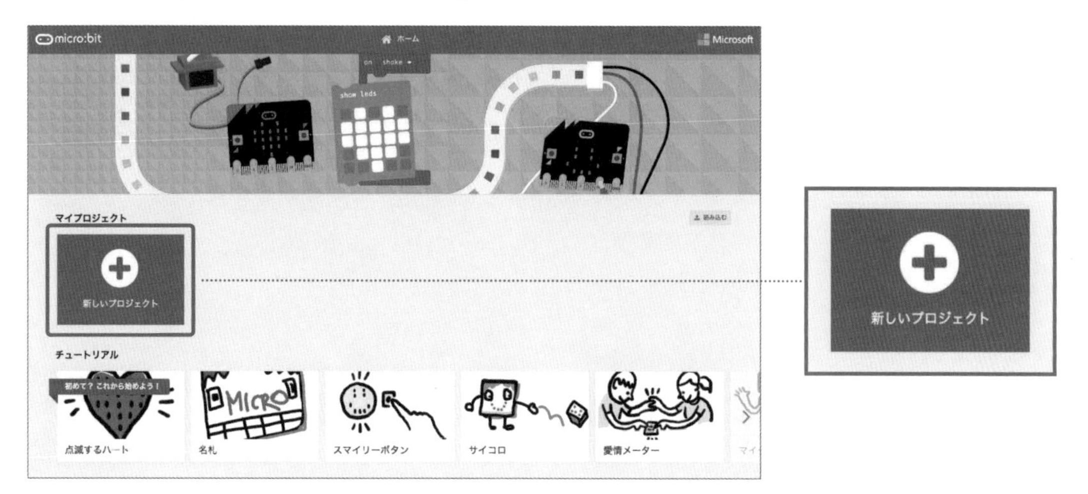

2 下のような画面が表示されますので、プロジェクトの名前を入力し、「作成」をクリックしてください。今回の名前は「ハートマークの点滅(てんめつ)」とします。

3 ツールボックスの中の「基本」をクリックしてください。

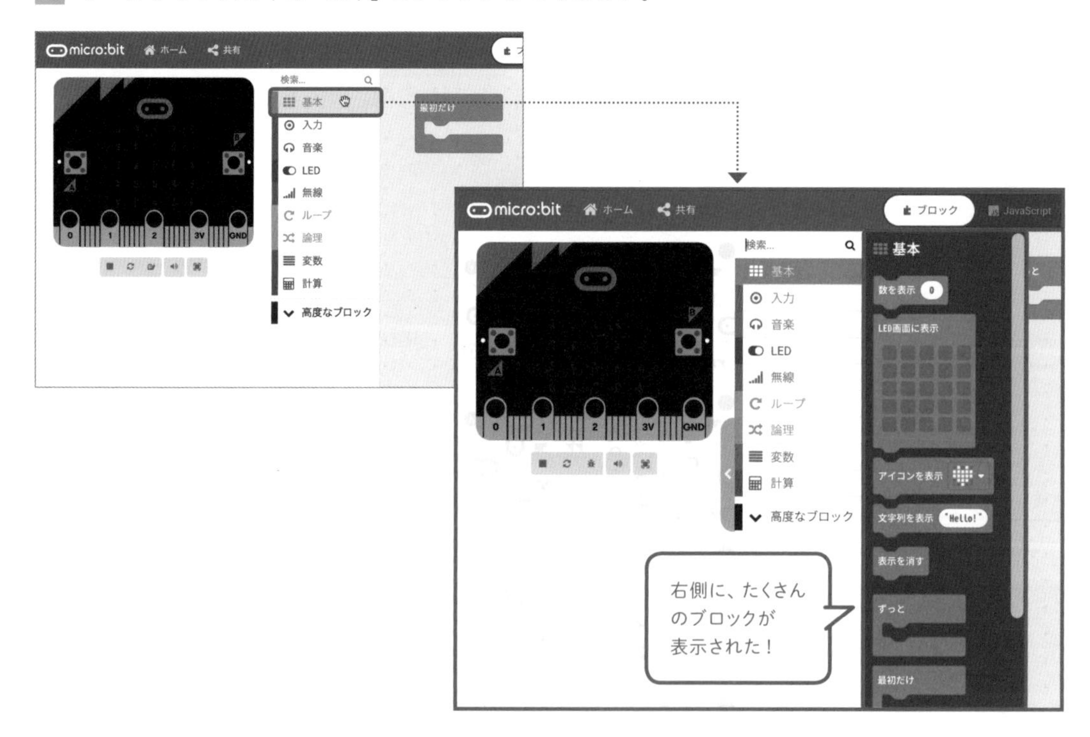

4 「基本」の中にある「LED画面に表示」ブロックを、ドラッグ＆ドロップでプログラミングエリアに移してください。

使用ブロック 基本→LED画面に表示

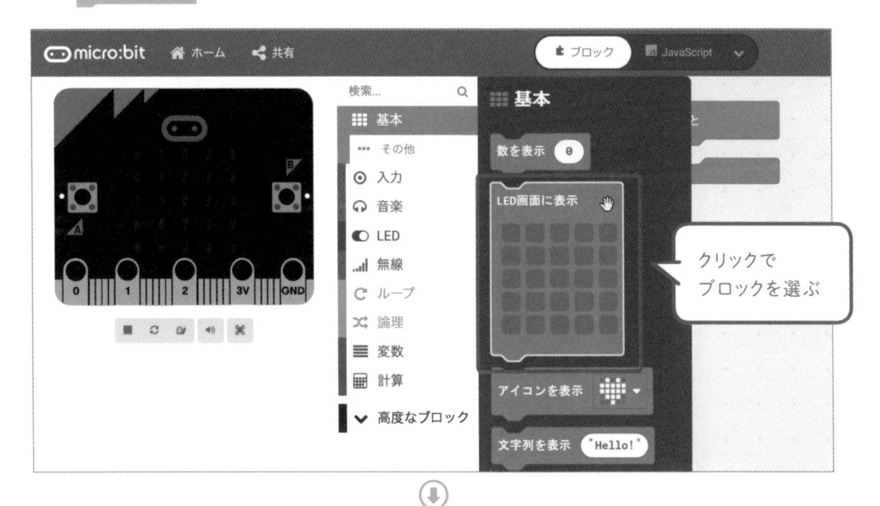

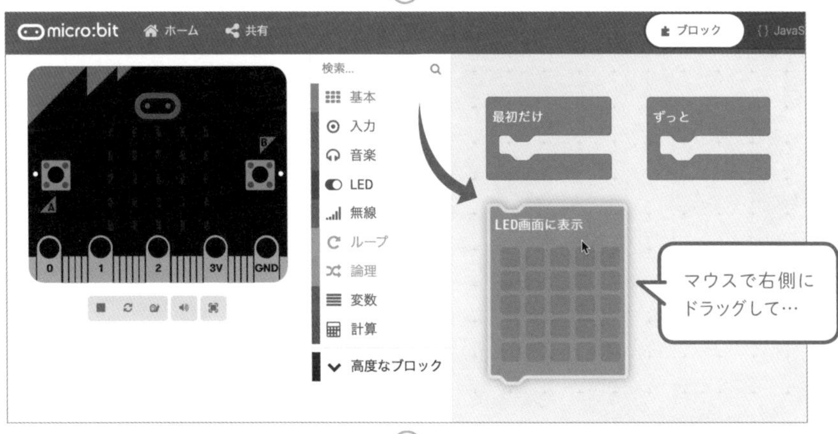

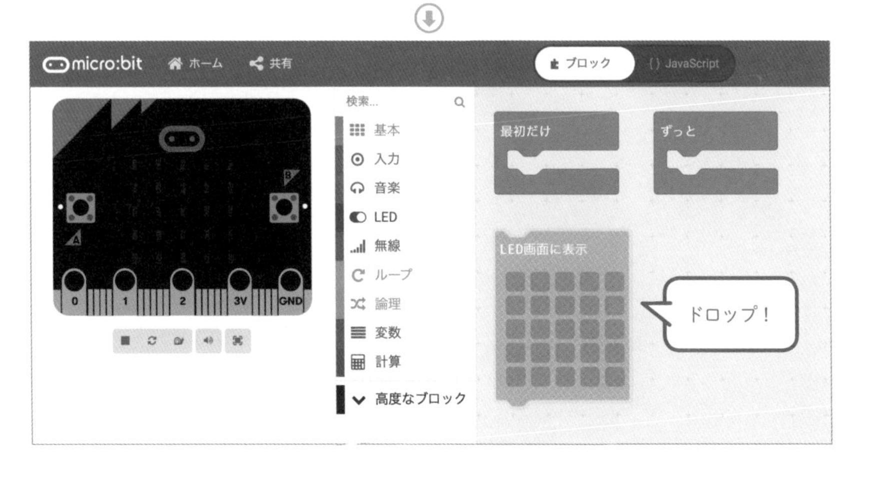

5 「ずっと」ブロックの出っぱりに「LED画面に表示」ブロックをつないでください。「カチッ」と音がしてブロックどうしがつながります。

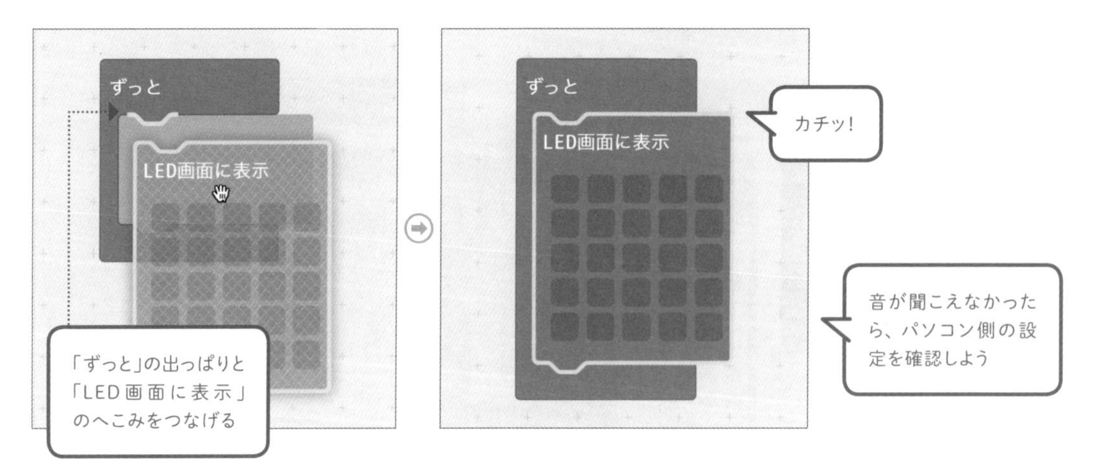

6 それぞれの四角をクリックすると、光のオン／オフを変えられます。ハート型にLEDが光るように、LEDをクリックしていきましょう。

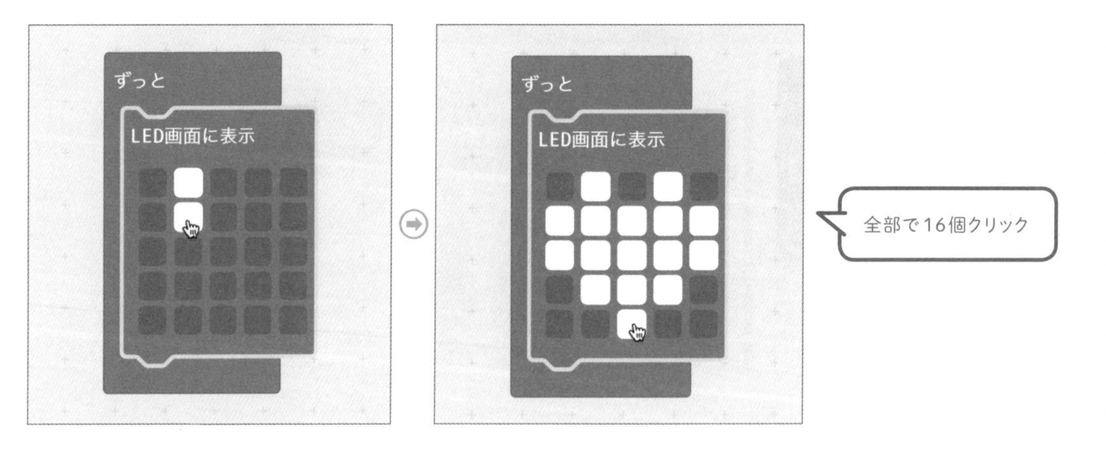

7 「一時停止（ミリ秒）」ブロックをつなぎ、数値（すうち）を100から500に変えてください。直接数字を入れても、▼マークをクリックしてプルダウンメニューから500ms（「ms」はミリ秒の意味）を選んでもかまいません。1秒は1000ミリ秒なので、500ミリ秒は0.5秒にあたります。

使用ブロック　基本→一時停止（ミリ秒）

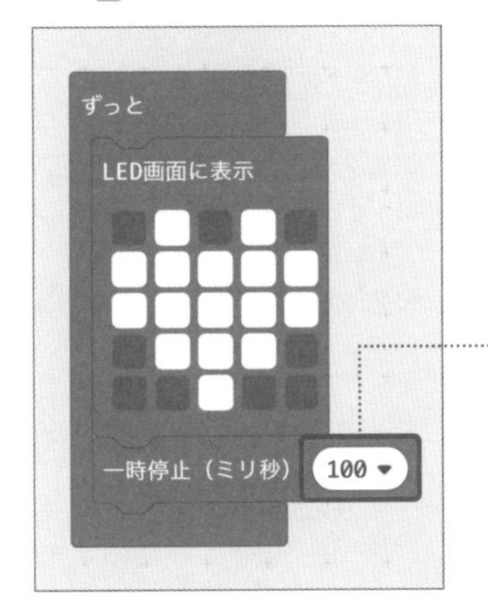

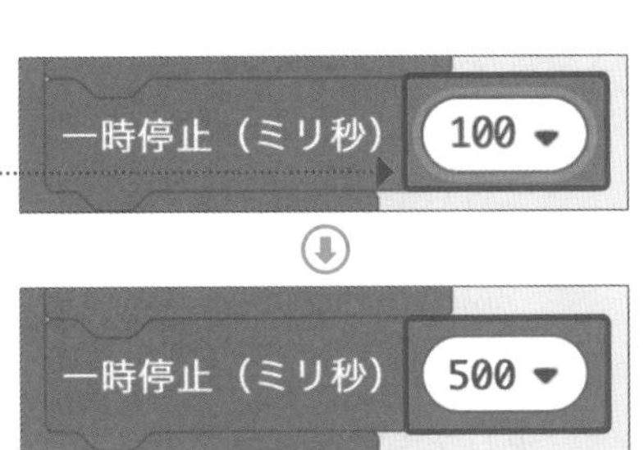

POINT

ここでいう「一時停止」の意味は、動画配信サービスなどにある「❚❚（一時停止）」と同じです。動画再生サービスで一時停止をクリックすると、動画の進行が一時的に止まり直前の画面が写し出されたままになります。同様にこの「一時停止（ミリ秒）」ブロックは、プログラムの進行、つまり次の命令へ移る作業を、指定した時間の分だけ止めます。次の命令へ移る作業が止まっている間は、直前の命令が実行され続けます。手順 7 の場合では、「LEDにハートマークが表示される」という命令が0.5秒間実行されたままになります。

8 「表示を消す」ブロックをつないでください。500ミリ秒光らせたあとに表示を消します。

使用ブロック

基本→表示を消す

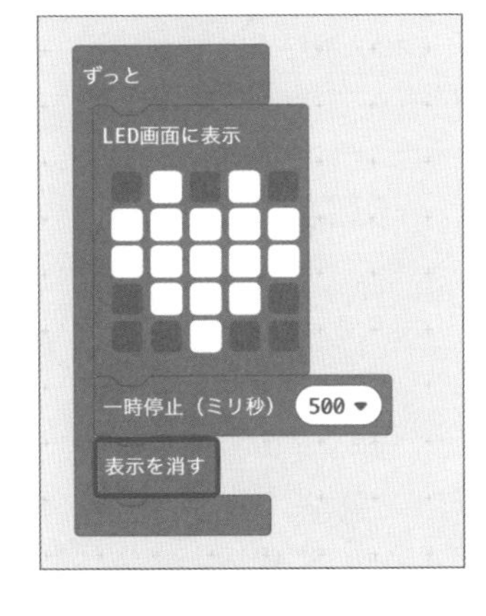

9 「一時停止（ミリ秒）」ブロックをつなぎ、数値（すうち）を500にしてください。500ミリ秒の間、表示が消えます。これでプログラムは完成です。

使用ブロック

基本→一時停止（ミリ秒）

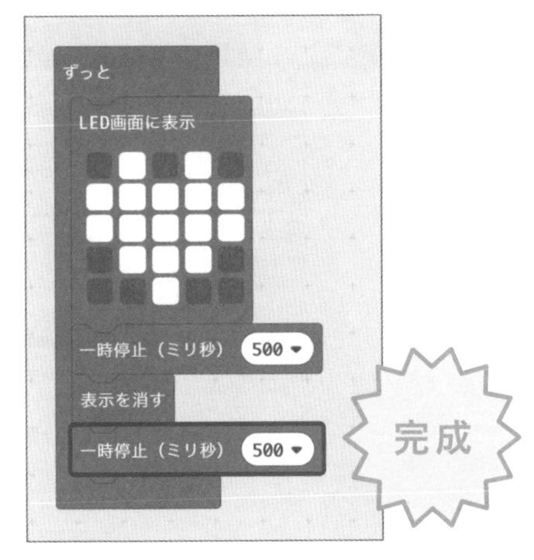

一度作業を保存して、あとで再開するには

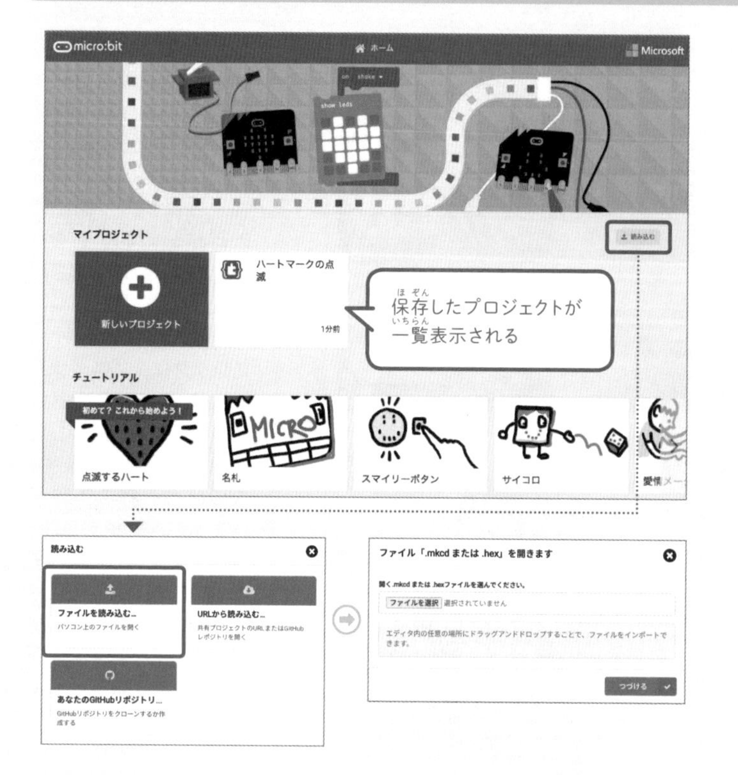

19ページ 1 の画面の「マイプロジェクト」の中の「新しいプロジェクト」の横に、保存したプロジェクトが一覧表示されています。再開したいプロジェクトをクリックすると、プログラミングエリアに呼び出せます。

読み込む

また、「マイプロジェクト」の右にある「読み込む」をクリックすると、左のようなウィンドウが表示され、パソコン上の「.hex ファイル」（プロジェクトファイル）を読みこませることができます。なお、「.hexファイル」をプログラミングエリアにドラッグ&ドロップしても読みこませることができます。

プロジェクトを削除するには

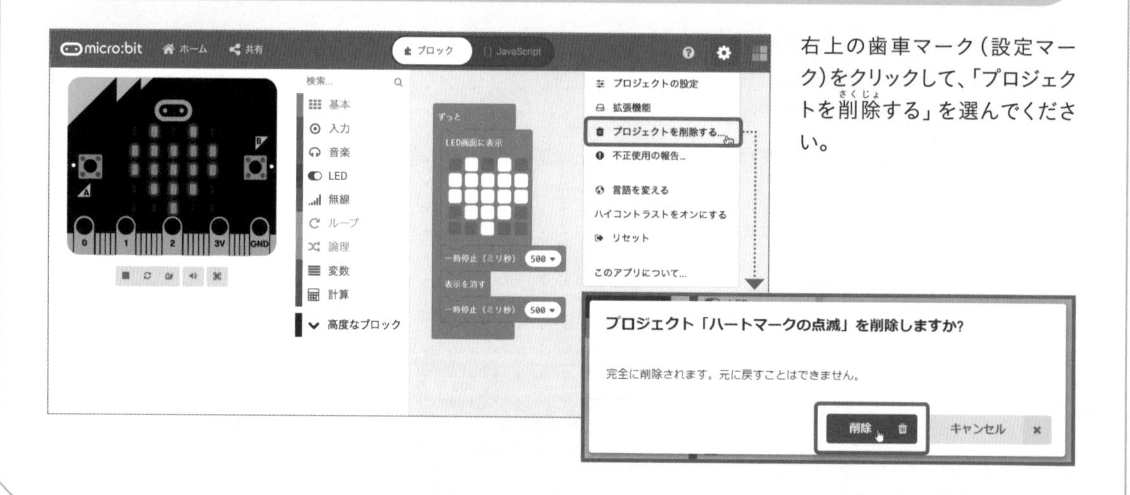

右上の歯車マーク（設定マーク）をクリックして、「プロジェクトを削除する」を選んでください。

いらないブロックを消すには… ドラッグ&ドロップで削除

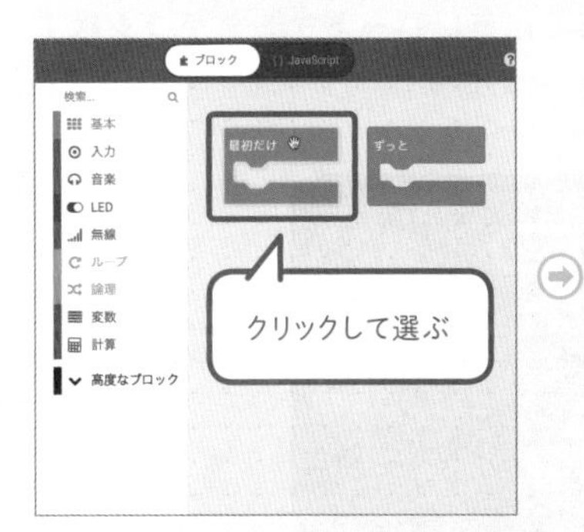

不要なブロックは、ツールボックスまでドラッグします。ゴミ箱マークが出たらドロップします。そうするとブロックが消えます。また、右クリックして現れるメニューで「ブロックを削除する」、あるいは、左クリックして選んでいる（ブロックのふちが黄色くなっている）状態でキーボードのDeleteキーを押して消す方法もあります。

プログラミングがまちがっていると… ブロックはつながらない

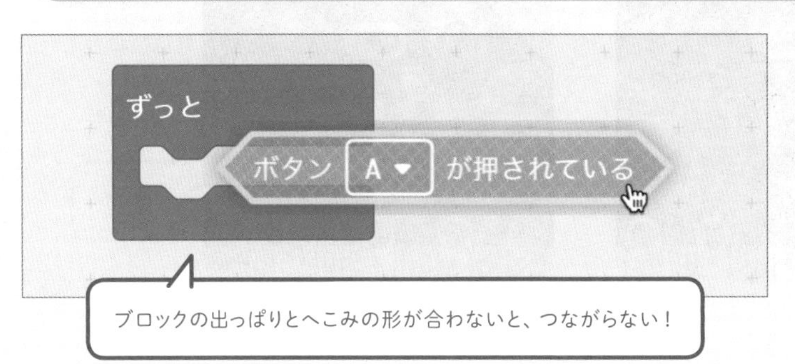

ブロックならどんなものでもつながるわけではありません。プログラムとして実行できない命令となるブロックは、影がうすいままでつながりません。影がうすいブロックは、プログラムとしては意味がないことを表しています。

ブロックが見つからないときは…「その他」の中にかくれていることも

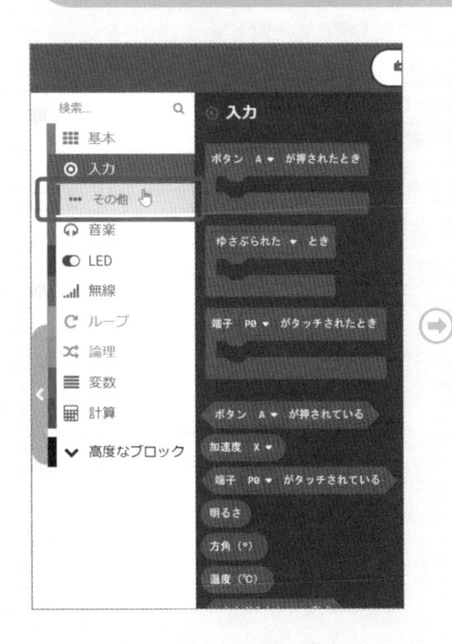

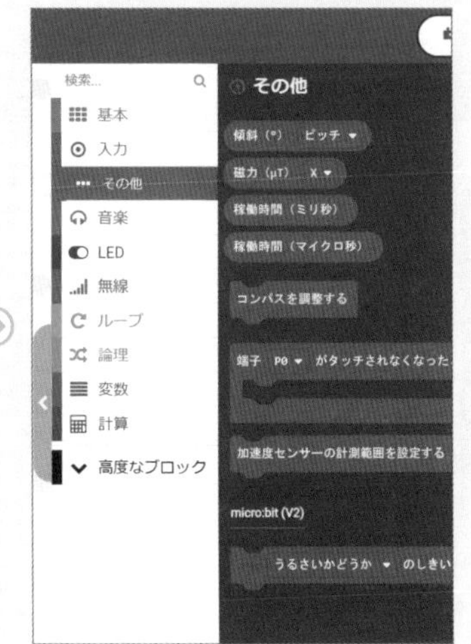

ブロックのグループを選んでも、必要なブロックが見えない場合があります。その場合は「その他」を選ぶと、ほかのブロックが現れます。そこからさがしてみてください。

シミュレーターで確認する

シミュレーターを見ると、手順6の操作を終えたところで、LEDに赤いハートマークがつくはずです。手順9の操作を終えると、チカチカと0.5秒間隔で点滅しはじめます。

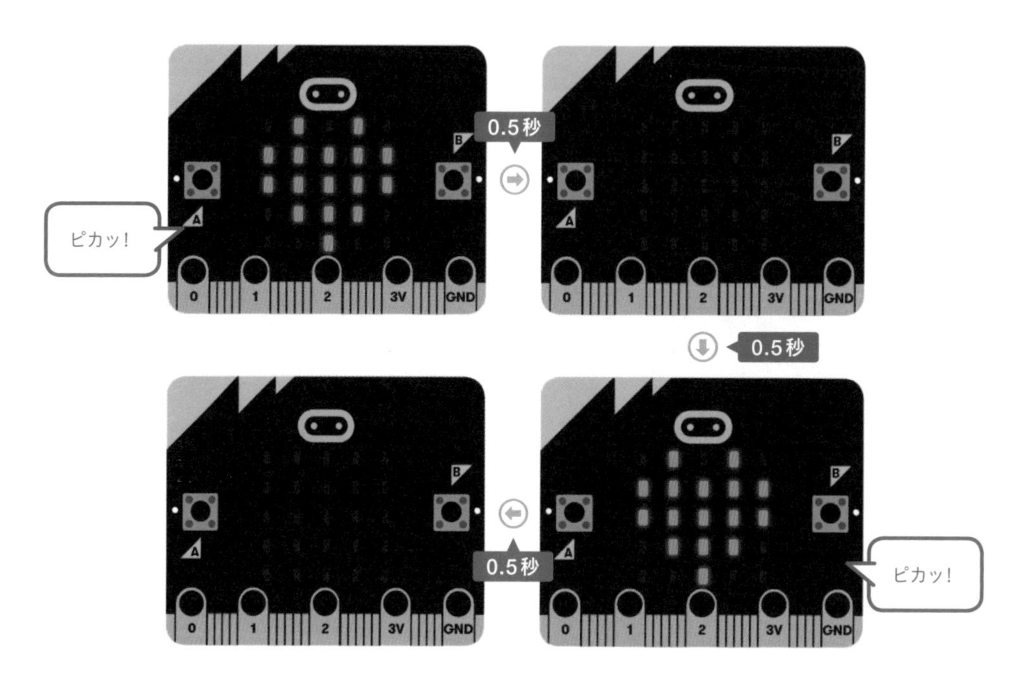

プログラミングソフト使いこなしテクニック

LEDは座標でも指定できる

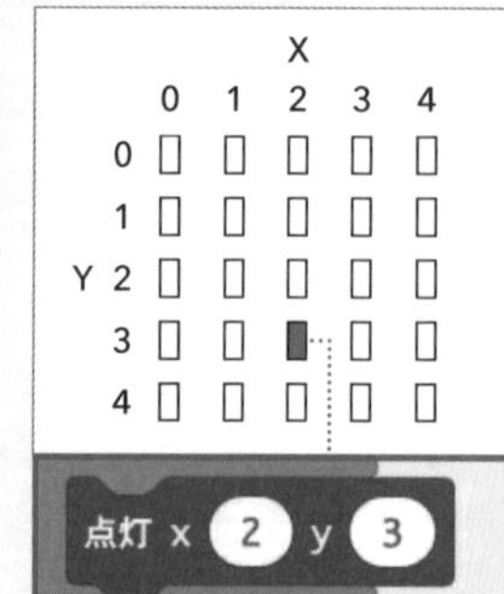

LEDを1個1個ばらばらに動作させる場合は、座標を使って指定すると便利です。その場合の配列は左のとおりです。

使用ブロック　LED→点灯 x 0 y 0

プログラムをダウンロードし、micro:bitに書きこむ

1 「ダウンロード」の右側にある「…」をクリックすると下のような画面が現れます。「デバイスを接続する」をクリックしてください。

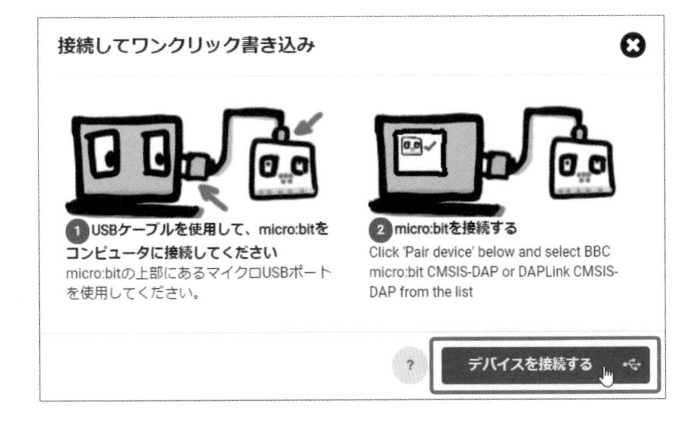

2 右のような画面が現れたら、USBケーブルでmicro:bitをコンピューターに接続し、「デバイスを接続する」をクリックしてください。

※手順2と手順3は初回のみ必要です。2回目以降は自動でそのままmicro:bitに書きこまれます。

接続してワンクリック書き込み

1 USBケーブルを使用して、micro:bitをコンピュータに接続してください
micro:bitの上部にあるマイクロUSBポートを使用してください。

2 micro:bitを接続する
Click 'Pair device' below and select BBC micro:bit CMSIS-DAP or DAPLink CMSIS-DAP from the list

デバイスを接続する

3 下のような画面が現れます。BBC micro:bit CMSIS-DAPをクリックしたあと、「接続」をクリックしてください。

4 「ダウンロード」ボタンの表示が右のように変わります。「ダウンロード」をクリックしてください。すぐにダウンロードがはじまります。

5 コピーの間、micro:bitの裏(うら)にある書きこみ確認用LEDがオレンジ色に点滅(てんめつ)します。点滅(てんめつ)が点灯に変わったらコピー完了(かんりょう)です。

4 ハートマークの点滅(てんめつ)がはじまります。

POINT

ブラウザによっては、この方法が使えないことがあります。そういう場合は、パソコンにプログラムファイル（.hexファイル）をダウンロードして、フォルダにコピーするやり方でも、micro:bitにプログラムを書きこむことができます。

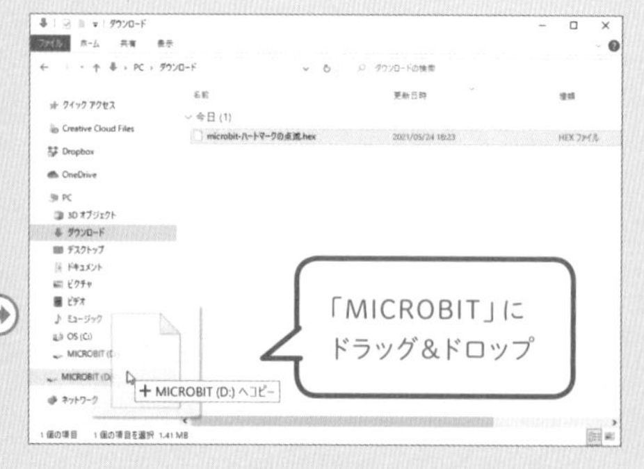

スマートフォンやタブレットでプログラムを作るには

専用アプリをダウンロードして、スマートフォンやタブレットからmicro:bitを操作することもできます。micro:bitとタブレットをBluetoothでペアリングして使います。

- **micro:bitのモバイルアプリ**
  https://microbit.org/get-started/user-guide/mobile/

① 専用アプリをダウンロードして開く

アプリストアから、AndroidまたはiOS用の公式micro:bitアプリをダウンロードします。

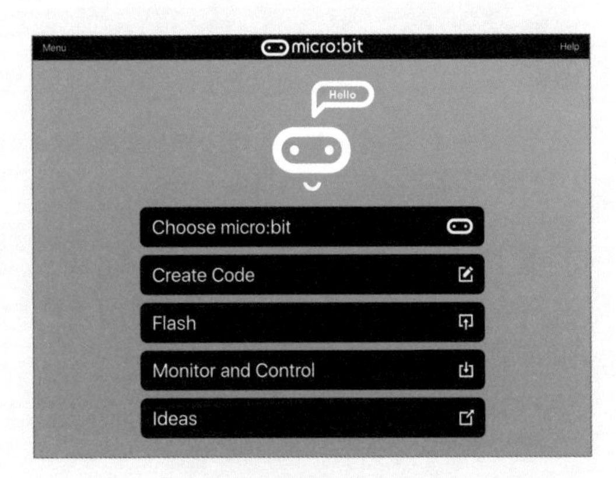

② micro:bitとタブレットをペアリングする

専用アプリを開いたら、「Choose micro:bit」(Androidの場合は「Pair」)からペアリングを行います。表記が英語なのでちょっとむずかしいと感じるかもしれませんが、一度ペアリングしておけば、以降はすぐにプログラムを作れます。ペアリングの手順は以下のとおりです。

1. 「PAIR A NEW MICRO:BIT」をタップしてください。
2. micro:bitのボタンAとボタンBを同時に押しながら、裏側のリセットボタンを押して離してください。LED画面が上から順番に光ります。すべてのLEDが光ったあと、模様が表示されたら、ボタンA、Bからも指を離し、アプリの「Next」をタップしてください。
3. micro:bitがペアリングモードになります。micro:bitのLED画面に表示される模様どおりにアプリの画面をタップし、「Next」をタップしてください。
4. 画面にペアリングのリクエストメッセージが出たらそれにしたがって「Next」をタップしてください。「Pairing successful」が出たら成功です。

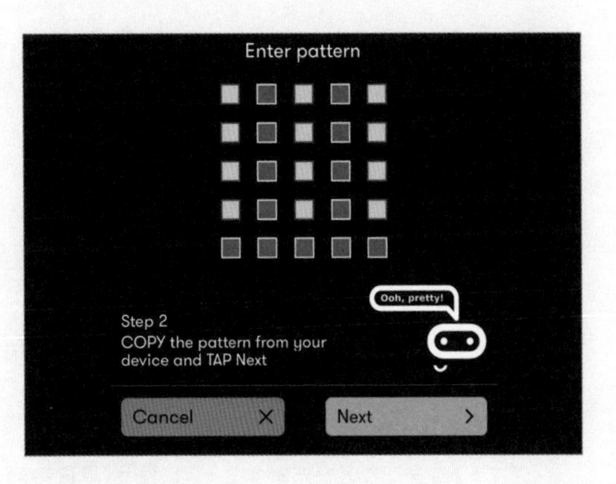

③ プログラムを作る

アプリの「Create Code」をタップするとプログラミングソフトが開きます。プログラミングのやり方はパソコンと同じです。

④ micro:bitへ書きこむ

「ダウンロード」をタップしてください。Bluetooth経由でmicro:bitへ書きこむ手順がはじまります。

もっと知りたい！

micro:bitを終了するときは

micro:bitには電源のオン／オフボタンがありません。USBケーブル経由でパソコンから電源を供給しています。終了するときは、USBケーブルを引きぬいてください。最後に書きこまれたプログラムはそのままmicro:bitに残っています。

micro:bitを単独で動かすには

micro:bitをパソコンから取りはずし、作品などに取り付けて単独で動かすには電源が必要です。代表的な電源のとり方を紹介します。

① 電池ボックスを使う

電池ボックスに乾電池を入れ、配線コードを電池ボックス用コネクターに差しこみます。

② ワークショップモジュールを使う

ワークショップモジュールに乾電池を入れ、micro:bitをコネクターに差しこみ、電源スイッチをオンにします。

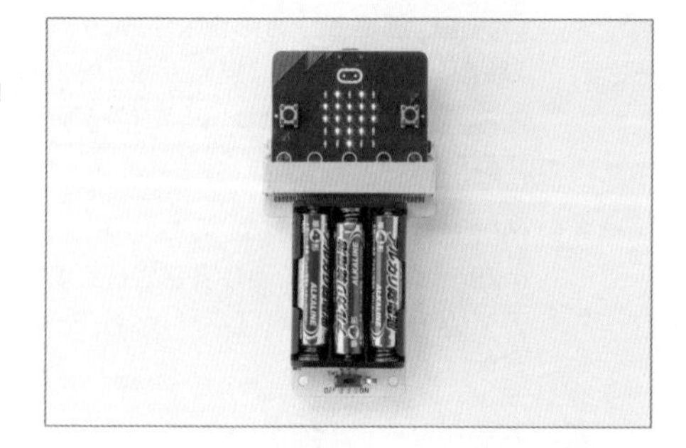

③ モバイルバッテリーを使う

スマートフォンなどを充電するときに使うUSB接続のモバイルバッテリーを使うこともできます。ただし、モバイルバッテリーの中には、流れる電流が微弱な場合に自動で電源をオフにする機能を搭載しているものがあります。自動オフ機能を搭載したモバイルバッテリーの場合、はmicro:bitを長時間動かし続けることはできません。

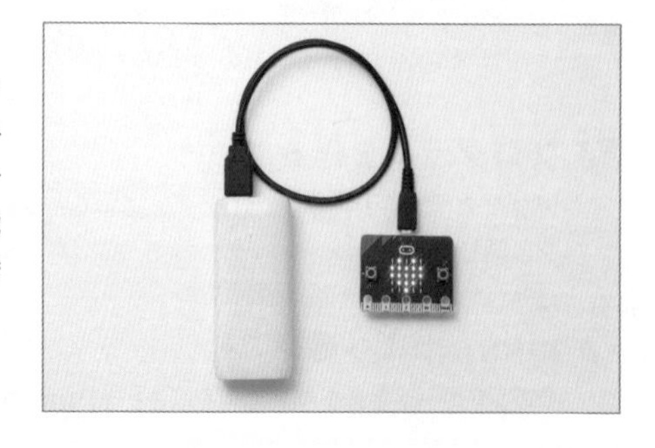

※ micro:bit用の部品やモジュールは、以下のサイトから入手できます。
https://sedu.link/products

2章

micro:bitの機能を知ろう

この章では、micro:bitに搭載(とうさい)されたボタンスイッチや各種センサーの使い方を、作例を通して解説しています。実際に作ることで、micro:bitの機能をひととおり知ることができます。

2-1 使う機能 ボタンスイッチ ボタンを使ってみよう

対応バージョン V1 V2

ボタンスイッチを使って、LEDに文字を表示しましょう。

できること

ボタンAを押すと「A」、ボタンBを押すと「B」、ボタンAとボタンBを同時に押すと「A+B」とLEDに表示する

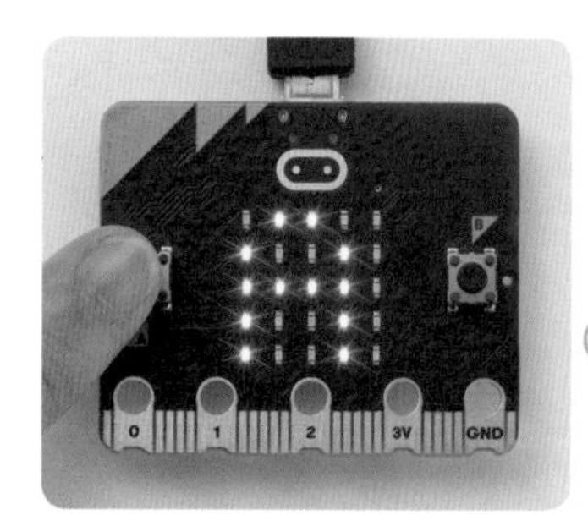

ボタンAを押すとAを表示。

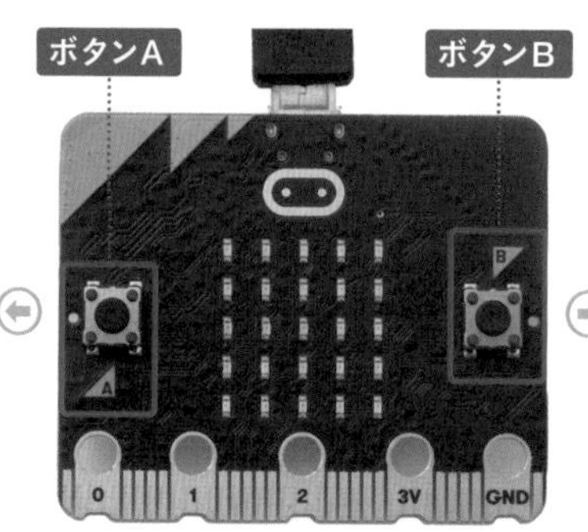

ボタンBを押すとBを表示。

ボタンAとボタンBを同時に押すと「A＋B」をスクロール表示。

どうすれば作れる?

以下の2つについて指定するプログラムを作り、micro:bitに書きこみます。

①ボタンの種類
②ボタンが押されたときに起きる動作

プログラムの最終形

最終的なプログラムは以下のようになります。

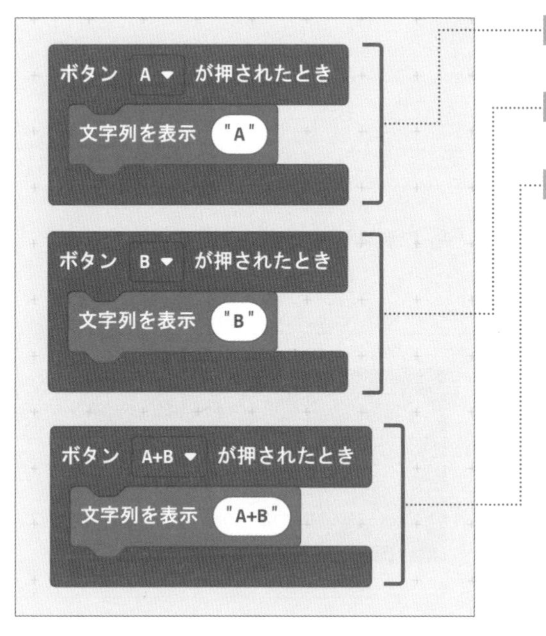

1 ボタンAを押したときの動作を指定する。

2 ボタンBを押したときの動作を指定する。

3 ボタンAとボタンBを同時に押したときの動作を指定する。

プログラミング

1 「ホーム」から「新しいプロジェクト」を選びます。これから作るプロジェクトの名前(今回は「ボタンスイッチ」とします)を書きこんで「作成」を選んでください。

2 まず、ボタンAの動作を指定します。「ボタンAが押されたとき」ブロックを、プログラミングエリアにドラッグ&ドロップします。

使用ブロック 入力→ボタンAが押されたとき

3 「文字列を表示」ブロックを入れ、「Hello!」の部分を「A」に変えてください。

使用ブロック 基本→文字列を表示

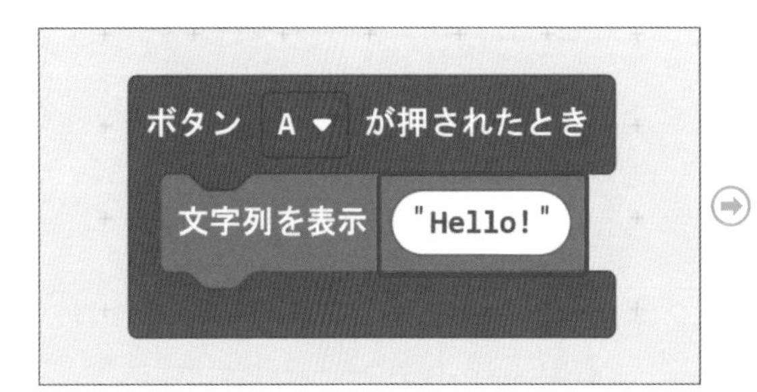

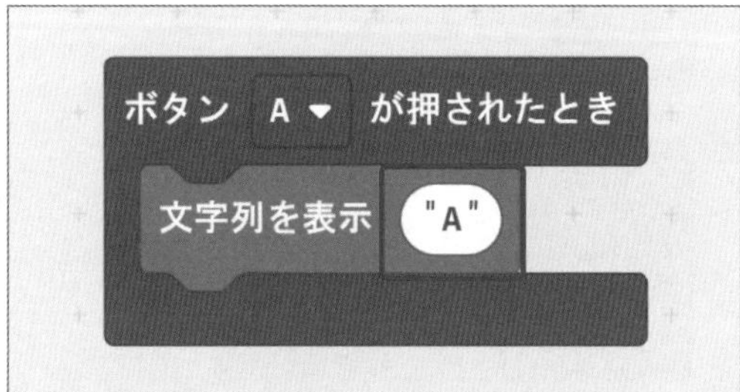

注意

入力できる文字は半角の英数字（大文字も小文字も使えます）と記号だけです。ひらがなやカタカナ、漢字も入力することはできますが、シミュレーターやmicro:bitでは表示されないので注意しましょう。

4 次に、ボタンBの動作を指定します。少し離(はな)して、「ボタンAが押されたとき」ブロックをプログラミングエリアにドラッグ&ドロップします。

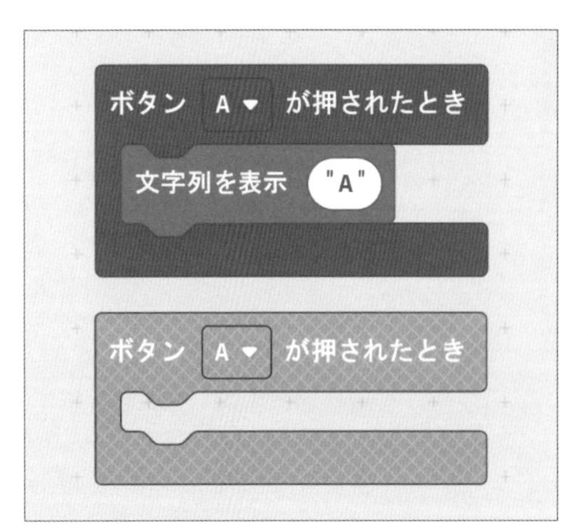

使用ブロック 入力→ボタンAが押されたとき

POINT

灰色(はいいろ)になっているブロックは実行されません。今回は、「ボタンAが押されたとき」ブロックがプログラミングエリアに2つあるため、あとから追加したブロックが灰色(はいいろ)になりました。

5 「A」部分を選択すると、下のような項目が現れます。「B」を選択しましょう。

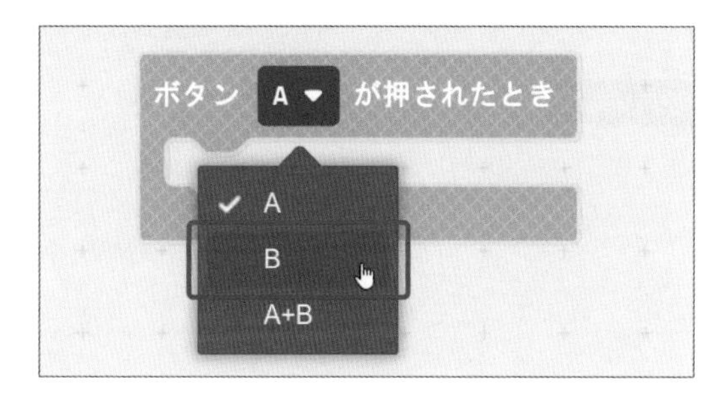

6 「文字列を表示」ブロックを入れ、「Hello!」の部分を「B」に変えてください。

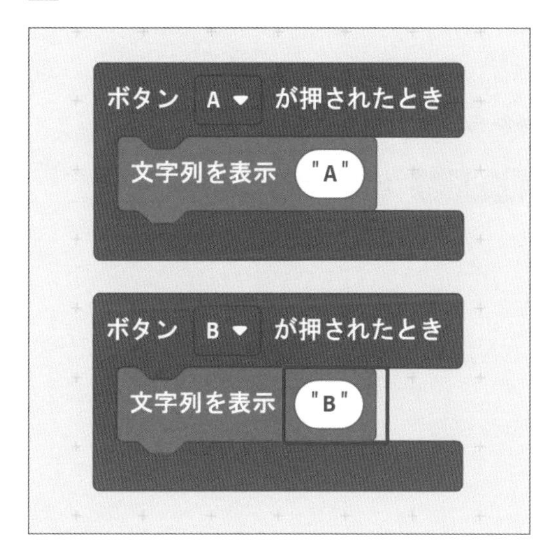

使用ブロック 基本→文字列を表示

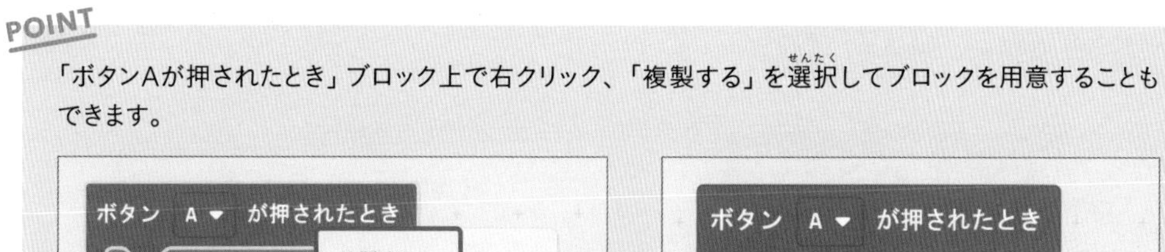

POINT

「ボタンAが押されたとき」ブロック上で右クリック、「複製する」を選択してブロックを用意することもできます。

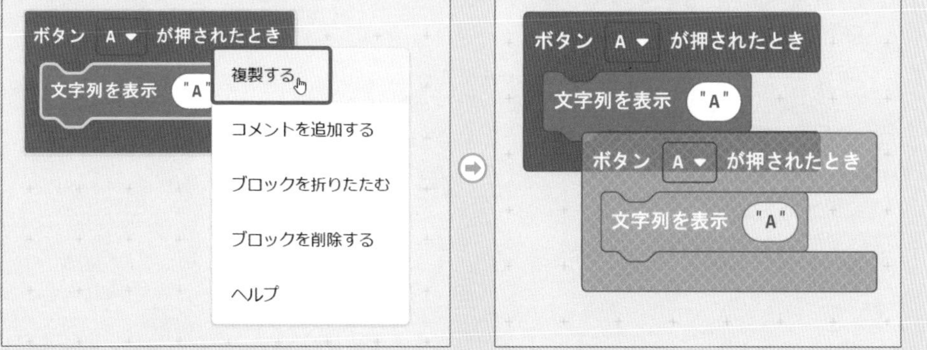

2章 micro:bitの機能を知ろう

7 最後に、ボタンAとボタンBを同時に押したときの動作を指定します。少し離（はな）して「ボタンAが押されたとき」ブロックをプログラミングエリアにドラッグ＆ドロップし、「A+B」を選択（せんたく）します。

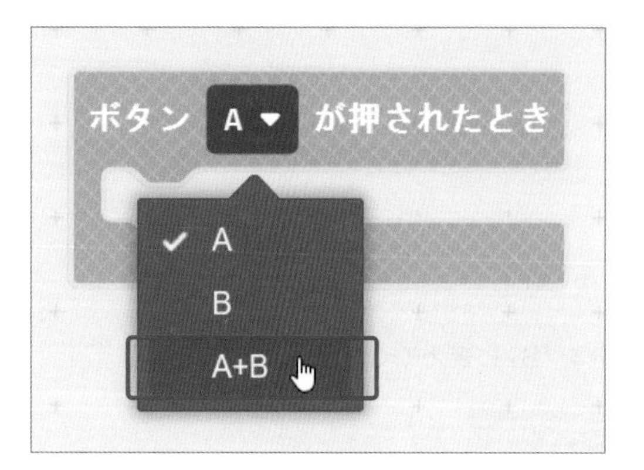

使用ブロック　入力→ボタンAが押されたとき

8 「文字列を表示」ブロックを入れ、「Hello!」の部分を「A+B」に変えてください。

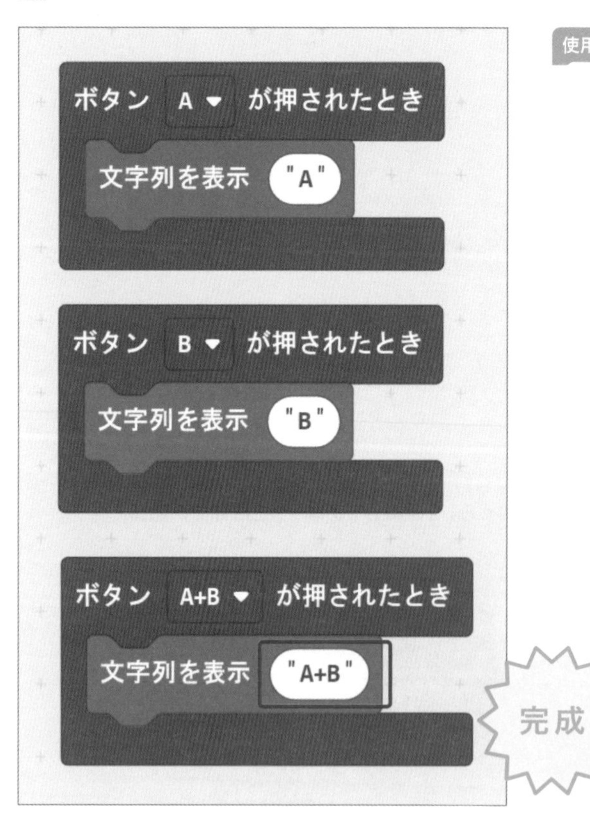

使用ブロック　基本→文字列を表示

シミュレーターで確認する

シミュレーターを見ると、ボタンBの下にボタンA+Bが現れているはずです。このボタンA+Bは、「ボタンA+Bが押されたとき」ブロックを使ったときだけ現れます。シミュレーターのボタンAとボタンBを同時に選択することができませんので、この新しく現れたボタンA+Bを使いましょう。ここを選択すれば、ボタンAとボタンBを同時に押したことになります。ボタンAを選択するとLED部分に「A」と、ボタンBを選択するとLED部分に「B」と、ボタンA+Bを選択するとLED部分に「A+B」と表示されることを確認してください。

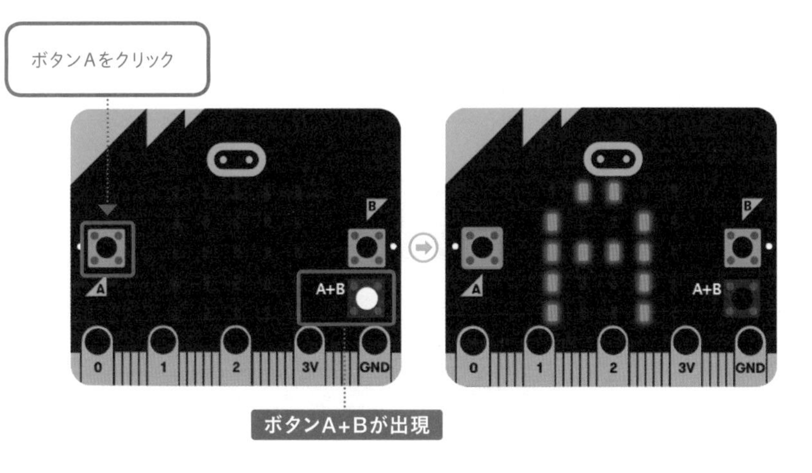

実際に試してみる

1 プログラムをmicro:bitにダウンロードします（27ページ参照）。

2 ボタンA、ボタンBをそれぞれ押したり、ボタンAとボタンBを同時に押したりして、LEDの表示を確認しましょう。

ほかにも、いろいろな文字を表示させてみましょう。

対応バージョン
V2

2-2 使う機能 スピーカー

スピーカーを使ってみよう

スピーカーを使って、メロディを流しましょう。

できること

ボタンAを押すとメロディ「ピコーン！」が1回流れる

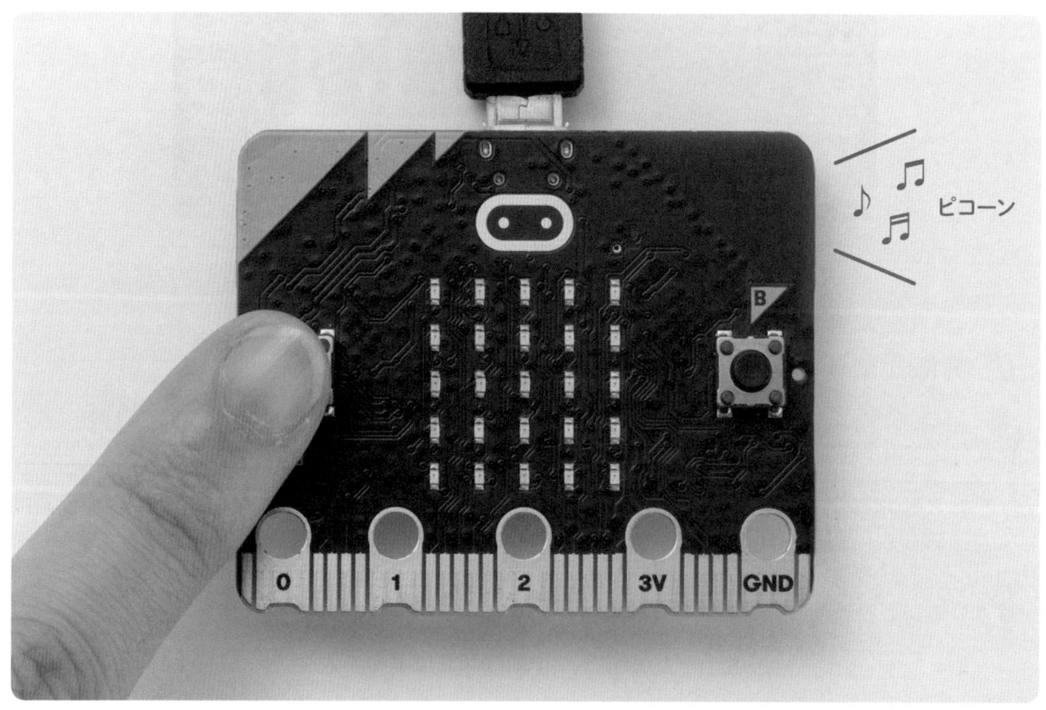

ボタンAを押すとメロディが流れる。

どうすれば作れる？

以下の2つについて指定するプログラムを作り、micro:bitに書きこみます。

①ボタンの種類
②ボタンが押されたときに起きる動作

プログラムの最終形

最終的なプログラムは以下のようになります。ボタンAを押したときメロディが流れるよう指定します。

注意

バージョン1.5以前のmicro:bitを使っている場合

スピーカーを搭載(とうさい)していないバージョン（v1.5以前）のmicro:bitを使う場合は「バングルモジュール」（購入(こうにゅう)先は245ページを参照）を組み合わせるのがおすすめです。「バングルモジュール」は、スピーカーと電源(でんげん)（コイン電池）が1枚(まい)におさまった基本モジュールです。付属のバンドを使えば腕(うで)にまいて使うこともできます。

バングルモジュール

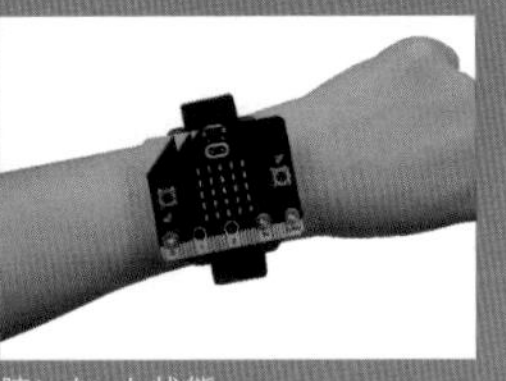

腕にまいた状態

プログラミング

1 「ホーム」から「新しいプロジェクト」を選びます。これから作るプロジェクトの名前（今回は「スピーカー」とします）を書きこんで「作成」を選んでください。

2 「ボタンAが押されたとき」ブロックを、プログラミングエリアにドラッグ&ドロップします。

使用ブロック 入力→ボタンAが押されたとき

3 「メロディを開始する ダダダム くり返し 一度だけ」ブロックを入れます。

使用ブロック 音楽→メロディを開始する ダダダム くり返し 一度だけ

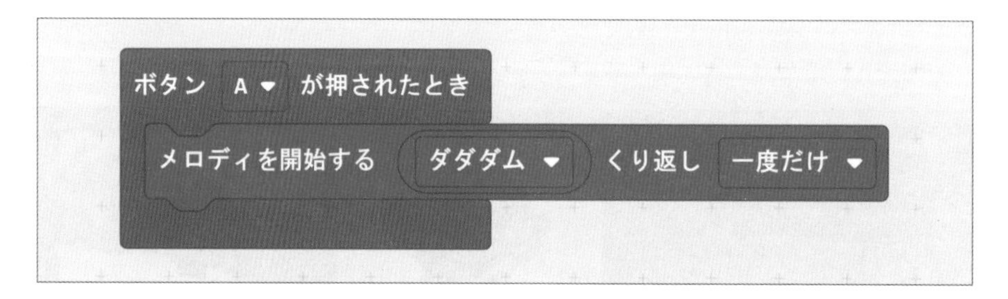

4 「ダダダム」部分を選ぶと、さまざまなメロディが現れます。今回は「ピコーン！」を選びましょう。「ピコーン！」が見当たらない場合は、右側スクロールバーを下に移動してみてください。

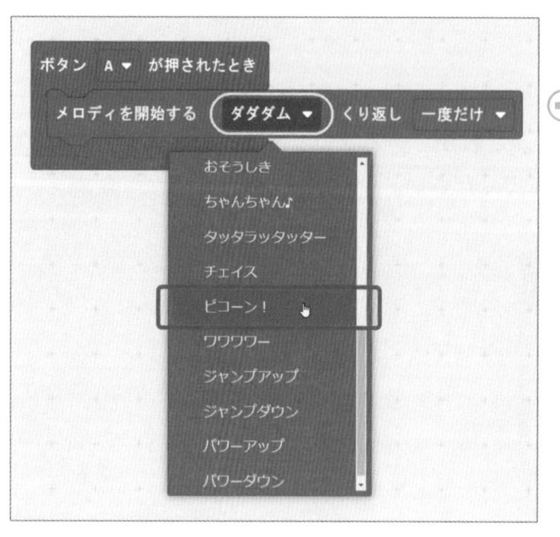

完成

シミュレーターで確認する

シミュレーターを見ると、イヤホンジャックがmicro:bitに接続されているはずです。これは「音楽」ブロックを使ったときだけ現れます。ボタンAを押すとパソコン／タブレットから「ピコーン！」と音が鳴ることを確認してください。

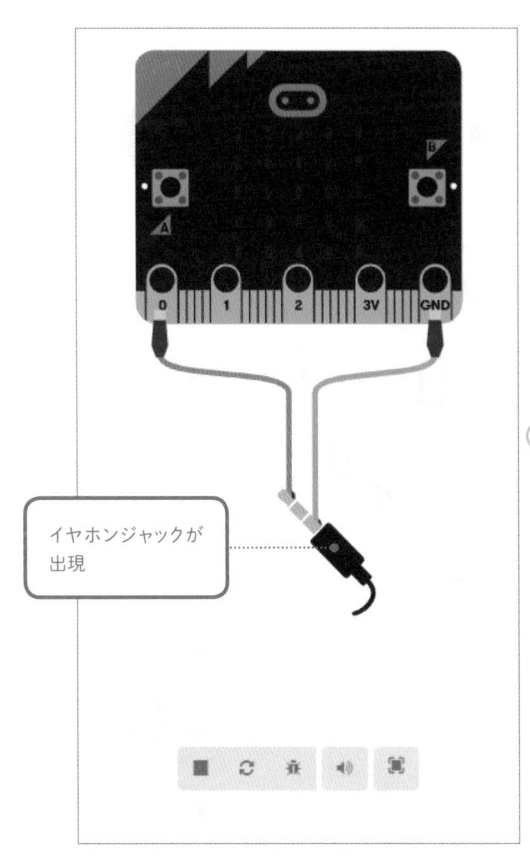

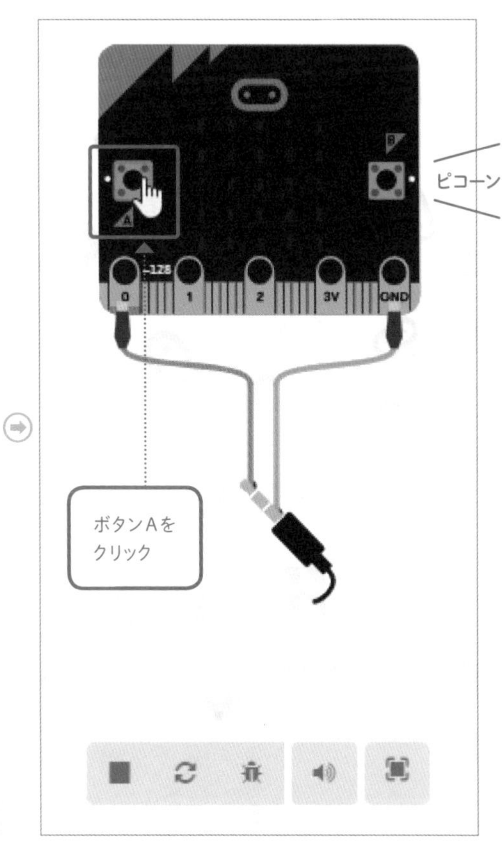

POINT

メロディが聞こえないときは、パソコン／タブレットのスピーカー音量を確認してみてください。

実際に試してみる

1 プログラムをmicro:bitにダウンロードします（27ページ参照）。

2 ボタンAを押してmicro:bitからメロディが流れることを確認しましょう。

対応バージョン V1 V2

2-3 使う機能 マイク
マイクを使ってみよう

マイクを使って、大きな音がしたときに「びっくり顔」を表示しましょう。

できること

micro:bitの近くで音を鳴らすと「びっくり顔」が表示される

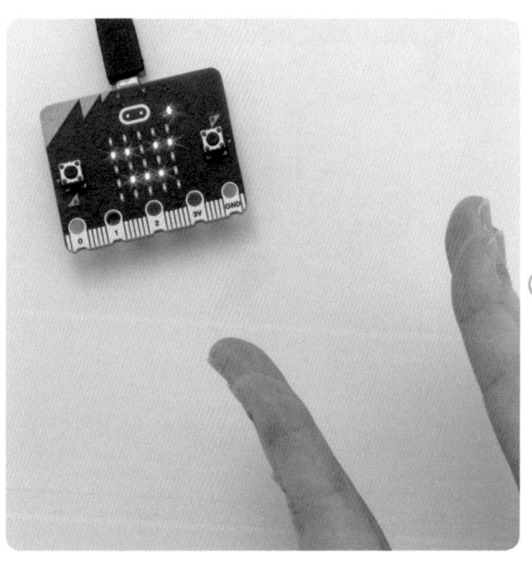

手をたたくと、「ねむい顔」から「びっくり顔」に変化します。

どうすれば作れる?

以下の2つについて指定するプログラムを作り、micro:bitに書きこみます。

①大きな音がしたときに起きる動作
②静かになったときに起きる動作

プログラムの最終形

最終的なプログラムは以下のようになります。

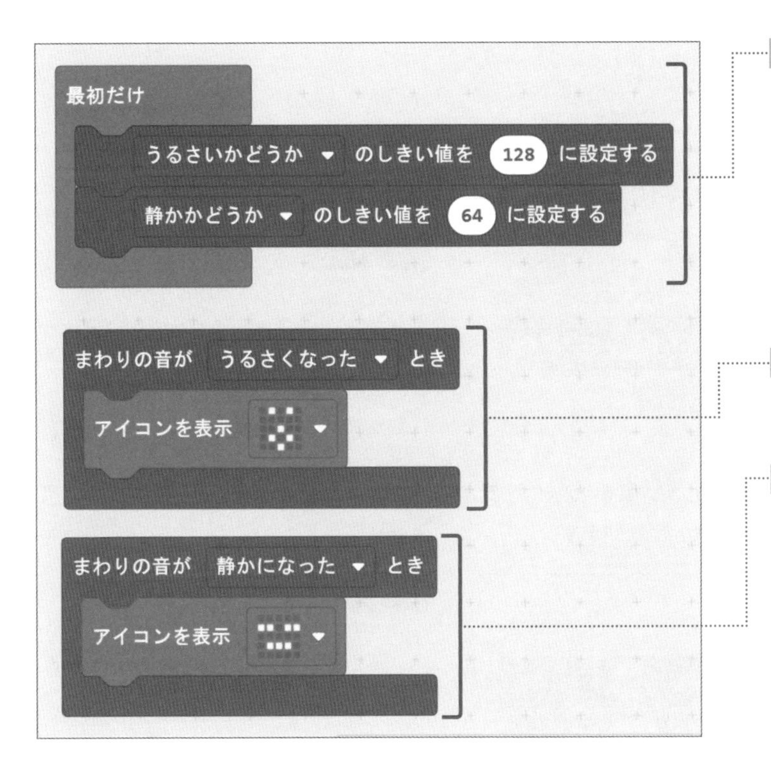

1 「まわりの音がうるさくなったとき」ブロックと「まわりの音が静かになったとき」ブロックが実行される／されないの境目となる音量＝しきい値を設定する。

2 大きな音がしたときの動作を指定する。

3 静かになったときの動作を指定する。

POINT

micro:bitではマイクに入力される音量を0〜255の数値で表現します。数値が大きいほど音が大きいことを意味します。

プログラミング

1 「ホーム」から「新しいプロジェクト」を選びます。これから作るプロジェクトの名前（今回は「マイク」とします）を書きこんで「作成」を選んでください。

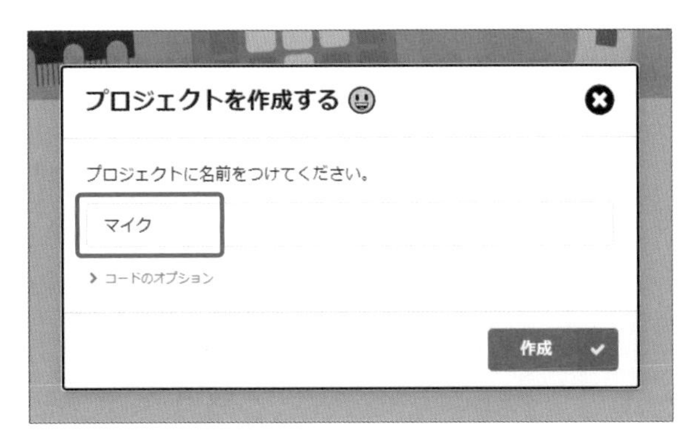

2 「最初だけ」ブロックを使います。

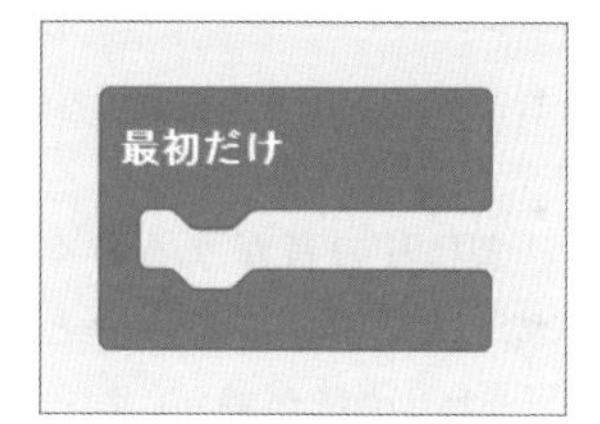

使用ブロック 基本→最初だけ

3 「うるさいかどうかのしきい値を128に設定する」ブロックをつなぎます。

使用ブロック 入力→その他→うるさいかどうかのしきい値を128に設定する

4 もう一度「うるさいかどうかのしきい値を128に設定する」ブロックをつなぎ、「うるさいかどうか」部分を選択し「静かかどうか」を選びます。

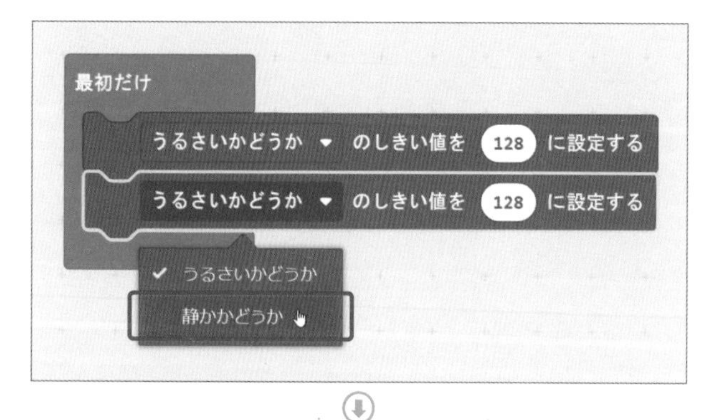

使用ブロック 入力→その他→うるさいかどうかのしきい値を128に設定する

⬇

5 「128」を「64」に変更します。

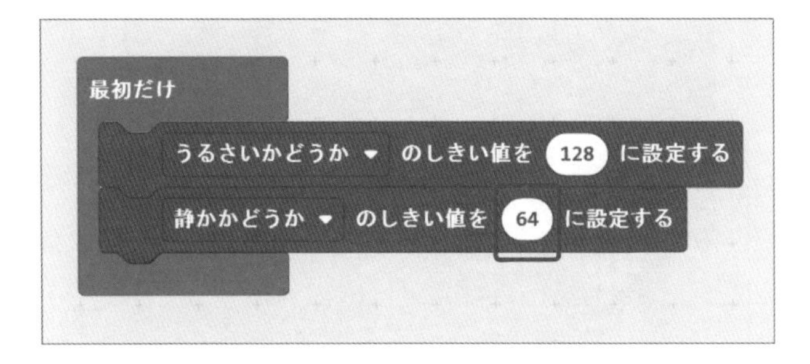

6 少し離（はな）して「まわりの音がうるさくなったとき」ブロックを、プログラミングエリアにドラッグ＆ドロップします。

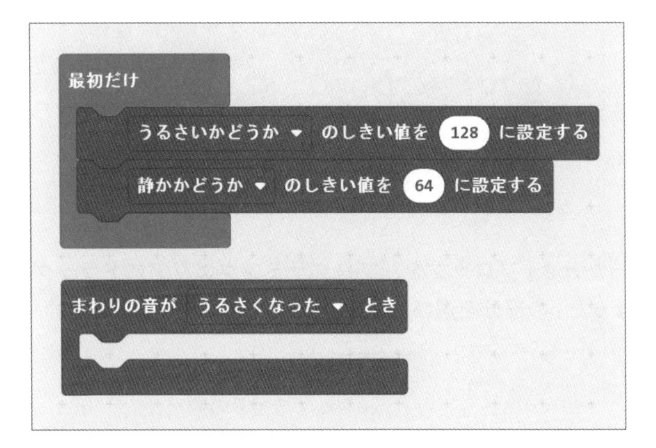

使用ブロック 入力→まわりの音がうるさくなったとき

7 「アイコンを表示」ブロックをつなぎます。

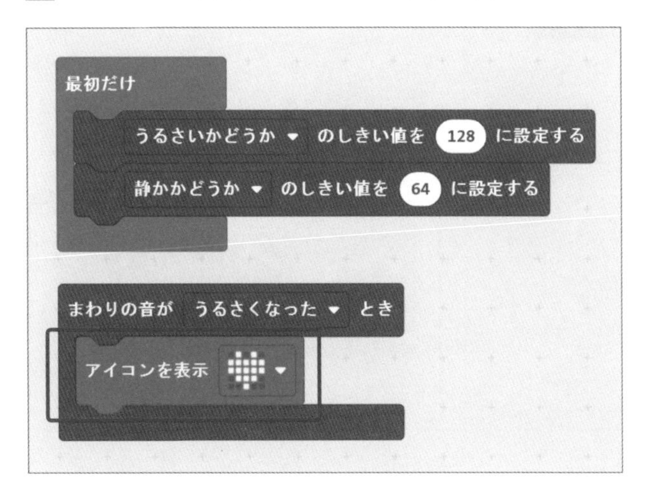

使用ブロック 基本→アイコンを表示

8 「ハートマーク」部分を選ぶといろいろなマークが表示されます。ここでは「びっくり顔」を選びましょう。

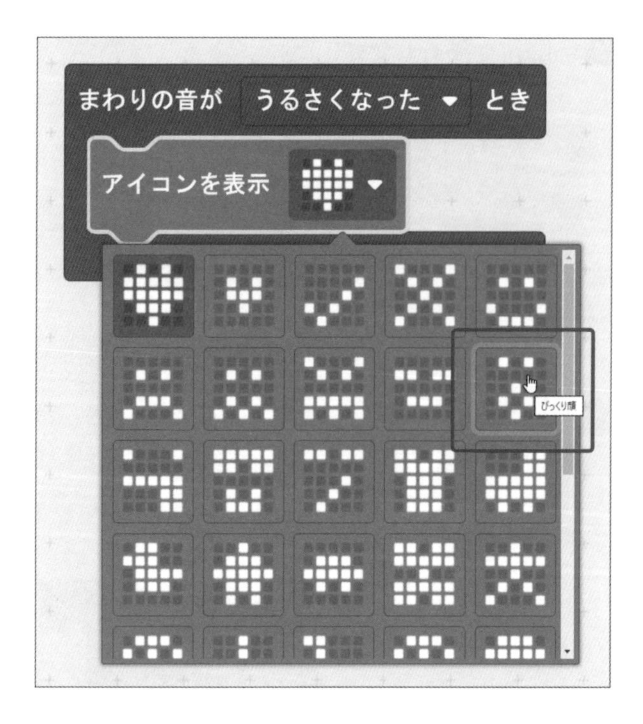

9 少し離（はな）して「まわりの音がうるさくなったとき」ブロックを、プログラミングエリアにドラッグ＆ドロップします。そして「うるさくなった」の部分を選び、「静かになった」に変えましょう。

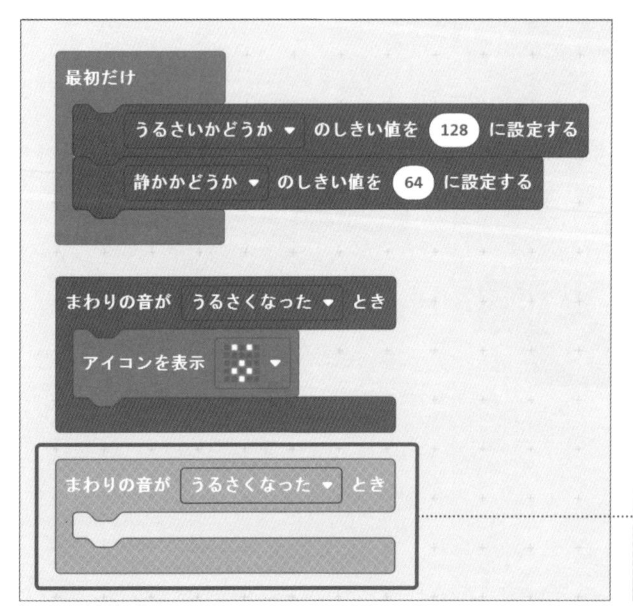

使用ブロック　入力→
まわりの音が
うるさくなったとき

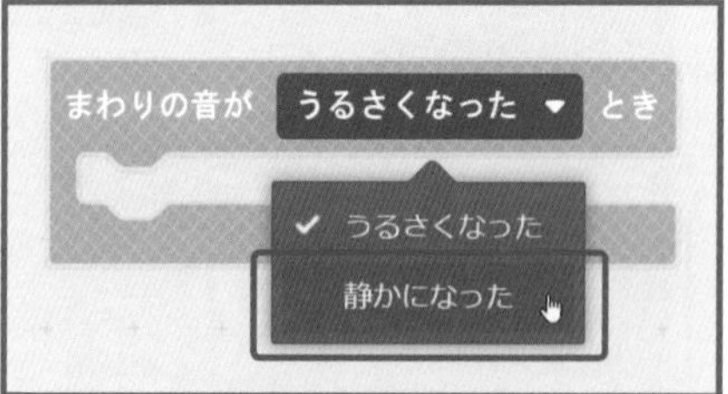

10 「アイコンを表示」ブロックをつなぎ、「ねてる顔」を選びましょう。

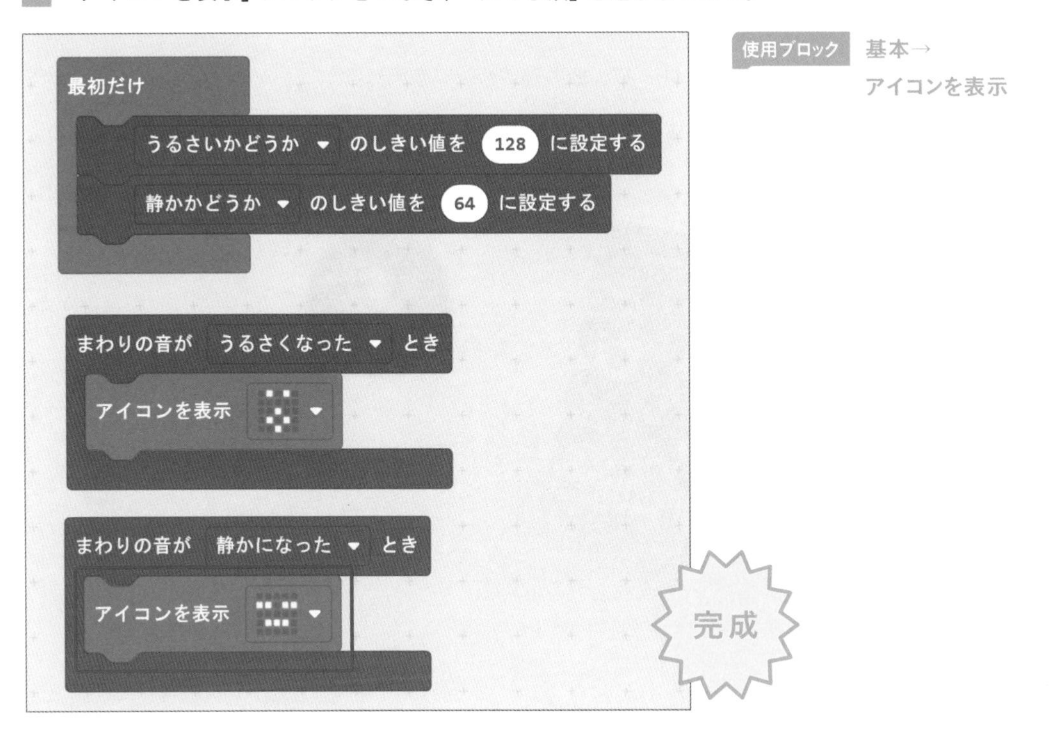

使用ブロック 基本→アイコンを表示

シミュレーターで確認する

シミュレーター上に赤色のマイクマークが出現し、音量が表示されます。これは、マイク入力に関するブロックを使ったときだけ現れます。音量によってシミュレーターのmicro:bitに表示されるアイコンが変化することを確認してください。

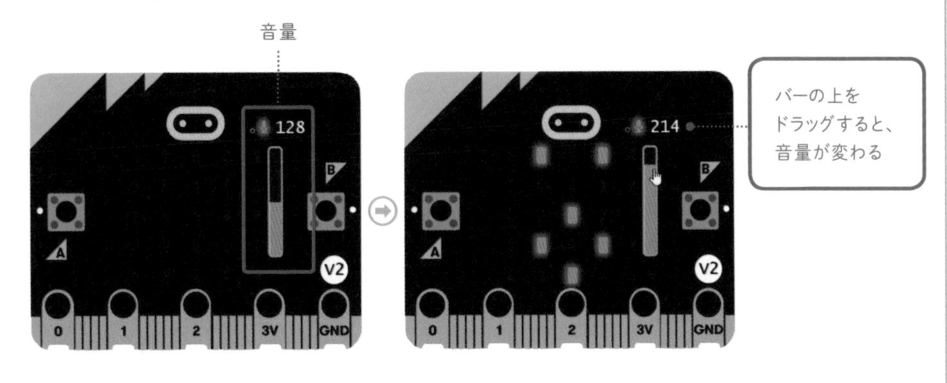

POINT

シミュレーター上の音量は仮想の音量です。パソコン／タブレットのマイクに入力されている音ではありません。

実際に試してみる

1 プログラムをmicro:bitにダウンロードします（27ページ参照）。

2 micro:bitの近くで音を出してみてください。表示されるマークが変わることを確認しましょう。

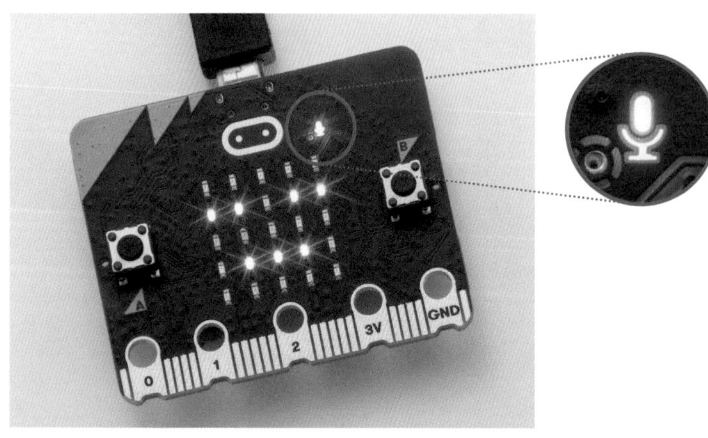

マイクを使っているときは、micro:bitのマイクマークが赤色に点灯します。

POINT

音を出しても「びっくり顔」が表示されない場合は、「うるさいかどうか」のしきい値を調整してください。

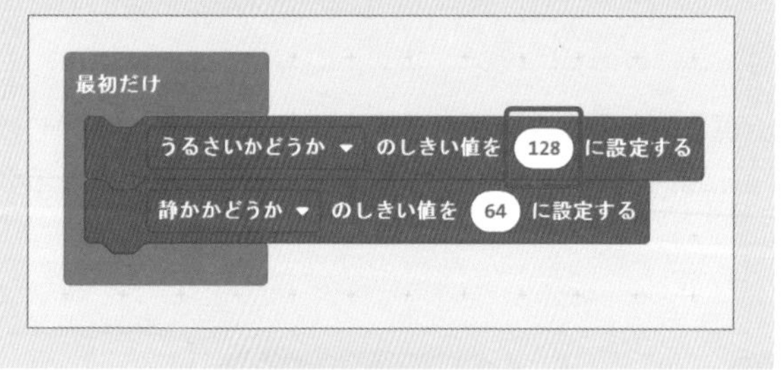

2-4

使う機能 温度センサー

温度センサーを使ってみよう

対応バージョン V1 V2

温度センサーを使って、micro:bitの温度を調べてみましょう。

できること

micro:bitで計測した温度を表示する

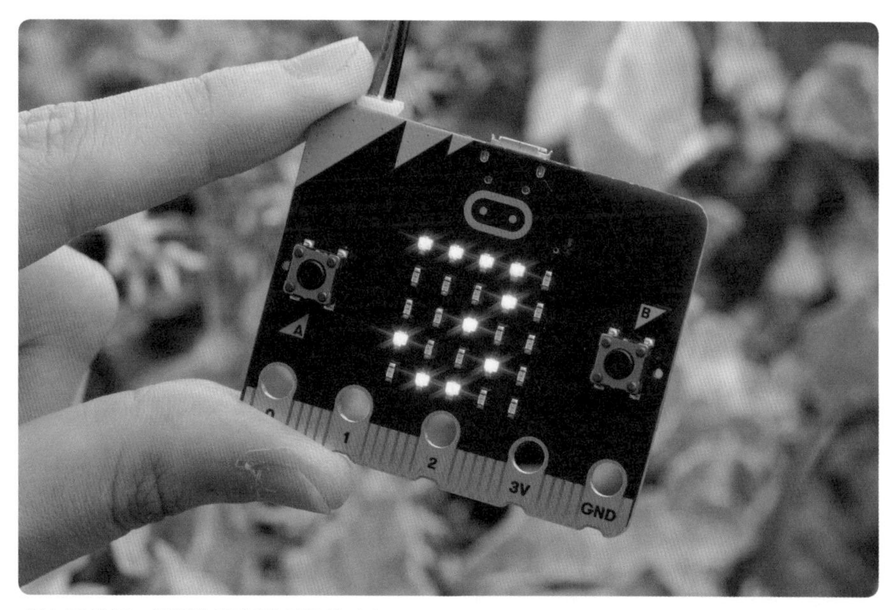

ボタンAを押すと、温度がLED画面に表示されます。

POINT

micro:bitが測っている温度はあくまで基板(きばん)上のICチップの温度です。温度センサーを使うプログラムで表示される数値(すうち)は、気温や室温ではありません。

どうすれば作れる?

以下の2つについて命令するプログラムを作り、micro:bitに書きこみます。

①温度を測定する。
②測定した温度をLED画面に表示する。

プログラムの最終形

最終的なプログラムは以下のようになります。ボタンAを押したとき、測定した温度をLED画面に表示させます。

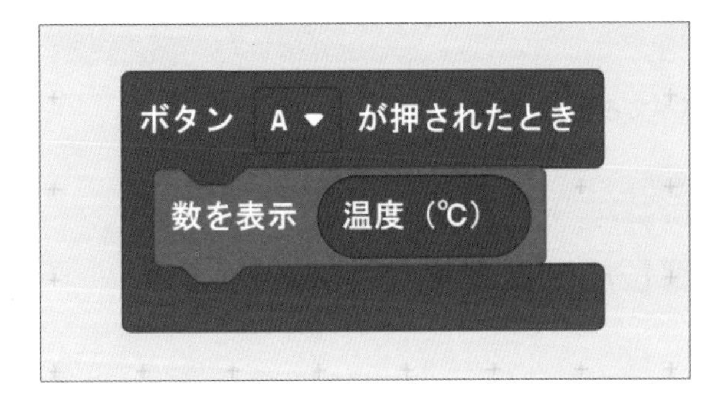

プログラミング

1 「ホーム」から「新しいプロジェクト」を選びます。これから作るプロジェクトの名前(今回は「温度センサー」とします)を書きこんで「作成」を選んでください。

2 「ボタンAが押されたとき」ブロックを、プログラミングエリアにドラッグ&ドロップします。

使用ブロック　入力→ボタンAが押されたとき

3 「数を表示 0」ブロックをつなぎます。

使用ブロック 基本→数を表示 0

4 「0」の部分に「温度 (℃)」ブロックを入れてください。

使用ブロック 入力→温度 (℃)

シミュレーターで確認する

ボタンAをクリックすると、シミュレーター上に温度計が出現し、温度計の温度 (℃) がLED画面にも表示されます (1ケタずつスクロールして表示されます)。

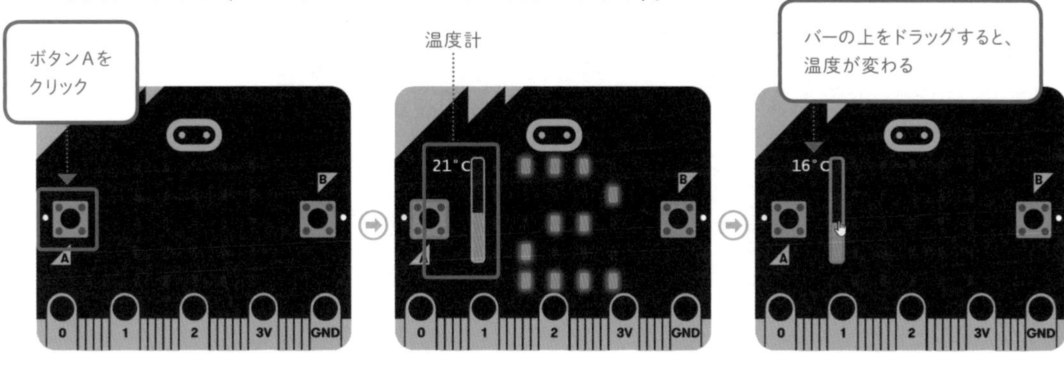

実際に試してみる

1 プログラムをmicro:bitにダウンロードします (27ページ参照)。

2 ボタンAを押し、LEDの数字で温度を確認します。

対応バージョン V1 V2

2-5 光センサーを使ってみよう

使う機能 光センサー

LEDを光センサーとして使い、明るさを調べてみましょう。

できること

micro:bitで計測した明るさの度合いを表示する

明るさを測りたい場所にmicro:bitを持っていきましょう。ボタンAを押すと、明るさの度合いが数値でLED画面に表示されます。

どうすれば作れる?

以下の2つについて命令するプログラムを作り、micro:bitに書きこみます。

①明るさを測定する。
②測定した数値(すうち)をLED画面に表示する。

プログラムの最終形

最終的なプログラムは以下のようになります。ボタンAを押したとき、光センサーを作動させ、測定した明るさの度合いをLED画面に表示させます。

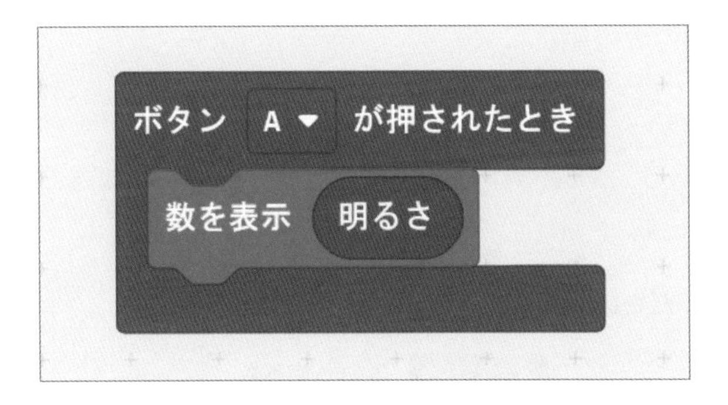

プログラミング

1 「ホーム」から「新しいプロジェクト」を選びます。これから作るプロジェクトの名前(今回は「光センサー」とします)を書きこんで「作成」を選んでください。

2 「ボタンAが押されたとき」ブロックを、プログラミングエリアにドラッグ&ドロップします。

使用ブロック 入力→ボタンAが押されたとき

2章 micro:bitの機能を知ろう

3 「数を表示 0」ブロックをつなぎます。

使用ブロック 基本→数を表示 0

4 「0」の部分に「明るさ」ブロックを入れてください。

使用ブロック 入力→明るさ

シミュレーターで確認する

ボタンAをクリックすると、シミュレーター上に明るさマークが出現し、マーク横の数字がLED画面にも表示されます（1ケタずつスクロールして表示されます）。この数字は明るさの度合いを示しています。0〜255の範囲（はんい）で変化し、数字が大きいほど明るいことを意味します。

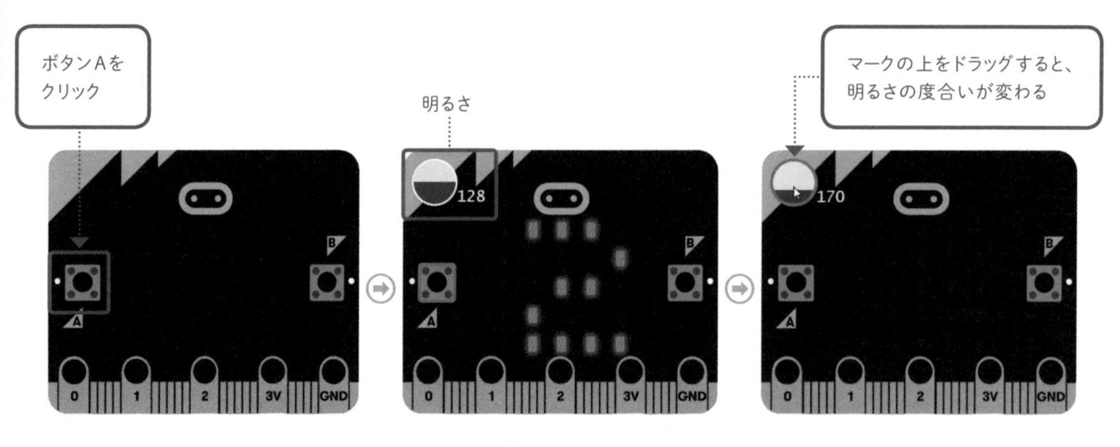

実際に試してみる

1. プログラムをmicro:bitにダウンロードします（27ページ参照）。
2. 明るさを測りたい場所でボタンAを押します。
3. 測定された明るさの度合いが、LEDの数字で表示されます。
4. 手をかざしたり、照明に近づけて明るさを調べてみましょう。数字が変化するのがわかります。

POINT

パソコンからはなれた場所で測定したい場合は、電池ボックスやワークショップモジュールを使用しましょう（30ページ参照）。

もっと知りたい！

LEDは光っているのにどうして光センサーになるの？

LEDはずっと光っているように見えますが、実際はすばやい点滅（てんめつ）をくりかえしています。その点滅（てんめつ）が消えているときに光センサーのはたらきをしています。LEDには光が当たると電気が流れるという性質があるので、流れる電気の大きさから明るさ（光の強さ）を測ることができます。

2-6

使う機能 加速度センサー

対応バージョン V1 V2

加速度センサーを使ってみよう

加速度センサーを使って、micro:bitをゆさぶったら数字が表示されるサイコロを作りましょう。

できること

ゆさぶられたとき、ランダムに数字が出るようにする

micro:bitをゆさぶってみましょう。LED画面に1から6までの数字がランダムに表示されます。

どうすれば作れる?

以下の2つについて命令するプログラムを作り、micro:bitに書きこみます。

①ゆさぶられたときに、1から6までの数字をランダムに選ぶ。
②選んだ数字をLED画面に表示する。

プログラムの最終形

最終的なプログラムは以下のようになります。ゆさぶられたときに、1から6までの数字をランダムに選び、LED画面に表示させます。

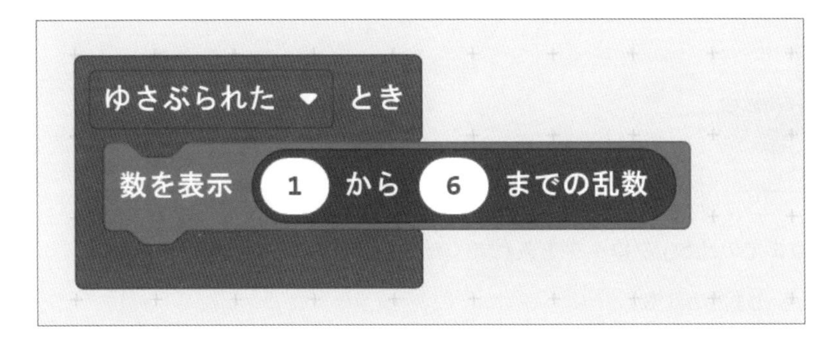

プログラミング

1 「ホーム」から「新しいプロジェクト」を選びます。これから作るプロジェクトの名前(今回は「加速度センサー」とします)を書きこんで「作成」を選んでください。

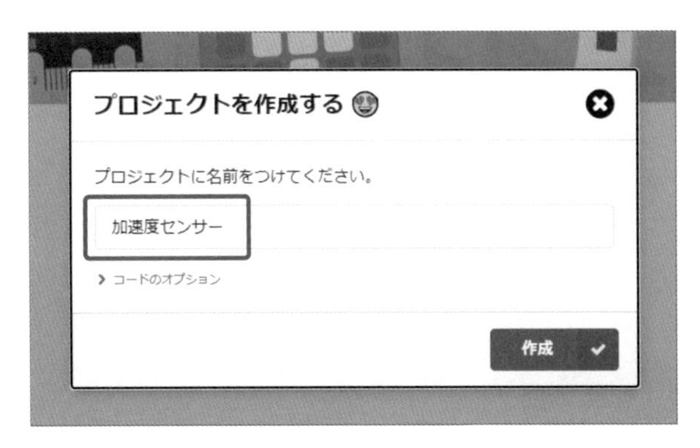

2 「ゆさぶられたとき」ブロックを、プログラミングエリアにドラッグ&ドロップします。

使用ブロック　入力→ゆさぶられたとき

3 「数を表示 0」ブロックをつなぎます。

使用ブロック 基本→数を表示 0

4 「0」の部分に「0から10までの乱数」ブロックを入れてください。

使用ブロック 計算→0から10までの乱数

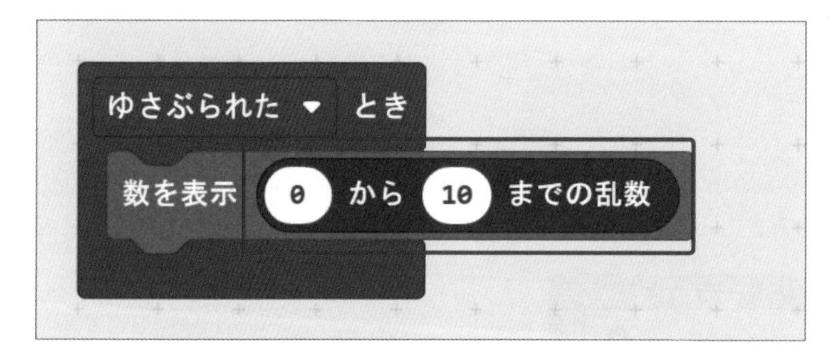

5 「0」の部分に「1」を、「10」の部分に「6」を入力してください。

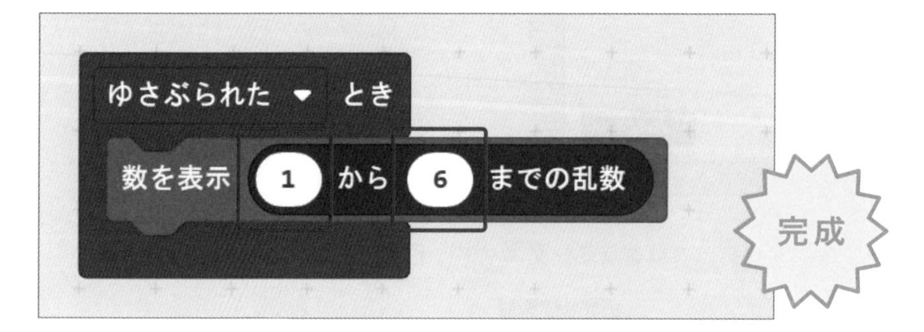

シミュレーターで確認する

シミュレーター上のボタンBの上に「●SHAKE」という文字が現れているはずです。この「●SHAKE」は「ゆさぶられたとき」ブロックを使ったときだけ現れます。シミュレーターのmicro:bitをゆさぶることはできないので、「●」部分をクリックします。これで、ゆさぶったことになります。何回かクリックして、1から6までの数字がランダムに表示されることを確認しましょう。

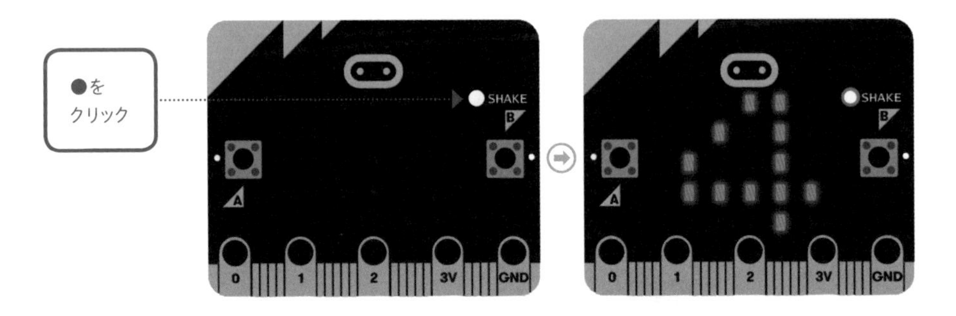

実際に試してみる

1. プログラムをmicro:bitにダウンロードします（27ページ参照）。
2. micro:bitをゆさぶってみましょう。1から6までの数字がランダムに表示されます。サイコロとして遊ぶこともできますね。

POINT

パソコンからはなれた場所で使いたい場合は、電池ボックスやワークショップモジュールを使用しましょう（30ページ参照）。

POINT

今回は加速度センサーを使ってmicro:bitがゆさぶられたことを検知しましたが、「画面が上になったとき」や「左に傾（かたむ）けたとき」など、ほかにもさまざまな状態を検知することができます。「ゆさぶられたとき」ブロックの「ゆさぶられた」部分をクリックして検知できる状態を調べてみましょう。

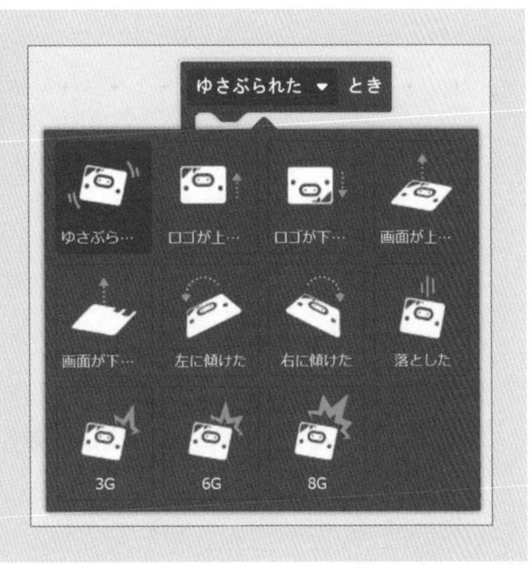

2-7

使う機能 タッチセンサー（ロゴマーク）

対応バージョン V1 V2

タッチセンサーを使ってみよう

ロゴマークのタッチセンサー機能を使って、タッチされている間、LED画面に「にっこりマーク」を表示させましょう。

できること

ロゴマークがタッチされている間、「にっこりマーク」を表示する

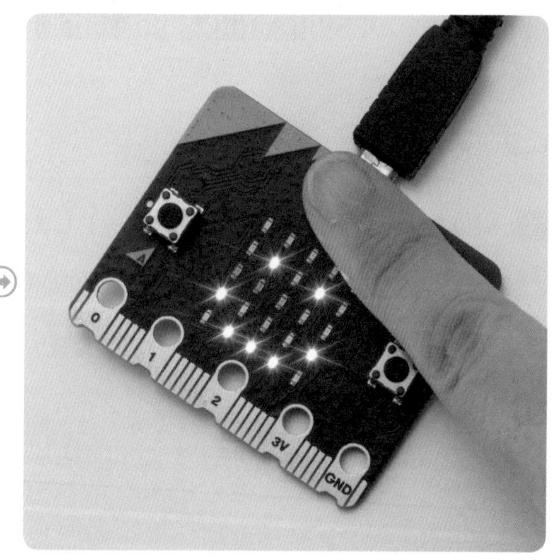

ロゴマークをさわりましょう。さわっている間だけ、LED画面に「にっこりマーク」が表示されます。

どうすれば作れる?

以下の3つについて命令するプログラムを作り、micro:bitに書きこみます。

① ロゴマークがタッチされているかどうか調べる。
② タッチされている場合は、LED画面にマークを表示する。
③ タッチされていない場合は、LED画面の表示を消す。

 プログラムの最終形

最終的なプログラムは以下のようになります。

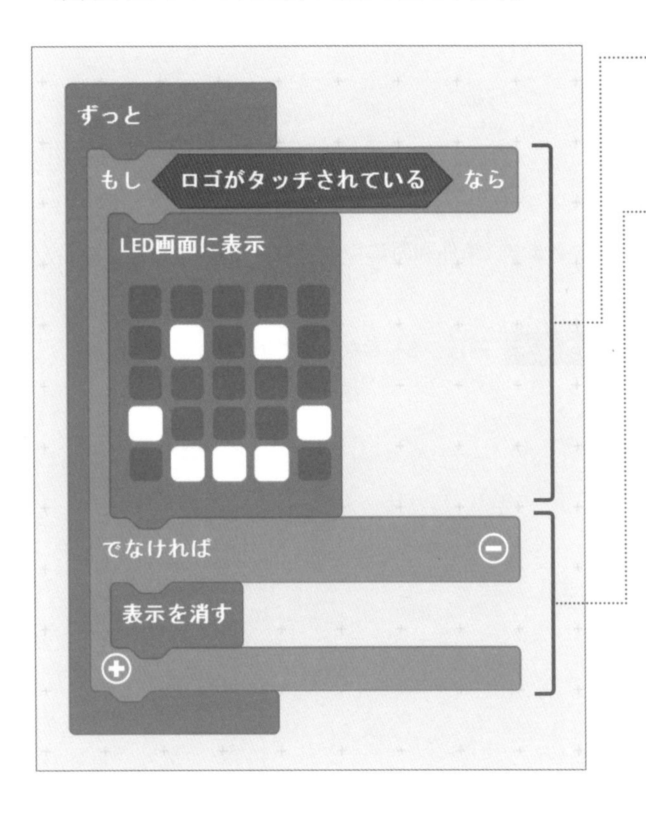

1 ロゴマークがタッチされている場合は、LED画面に「にっこりマーク」を表示する。

2 タッチされていない場合は、LED画面の表示を消す。

プログラミング

1 「ホーム」から「新しいプロジェクト」を選びます。これから作るプロジェクトの名前(今回は「タッチセンサー」とします)を書きこんで「作成」を選んでください。

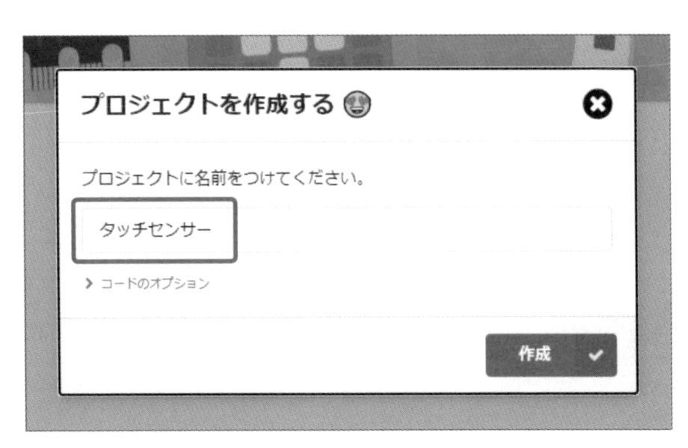

2 「ずっと」ブロックを使います。

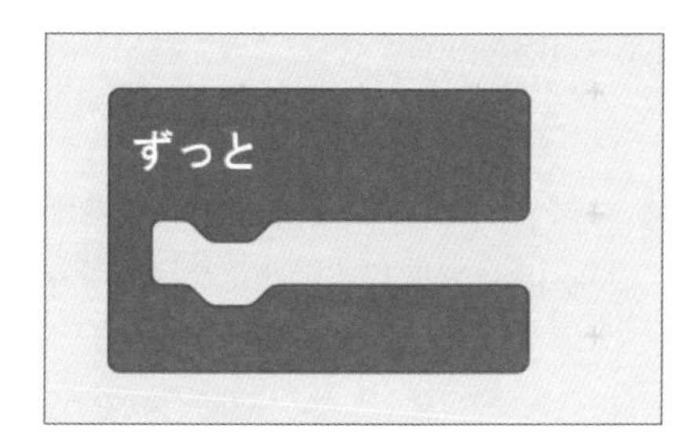

使用ブロック　基本→ずっと

3 「もし真(しん)なら／でなければ」ブロックをつなぎます（条件判断(じょうけんはんだん)については、65ページでくわしく紹介(しょうかい)しています）。

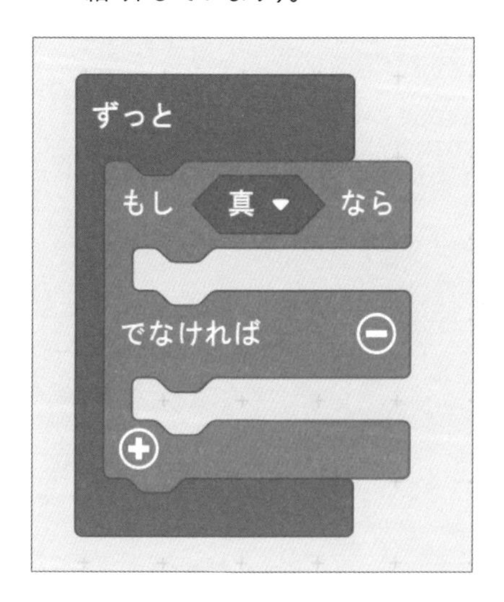

使用ブロック　論理→もし真なら／でなければ

4 「真(しん)」の部分に「ロゴがタッチされている」ブロックを入れてください。

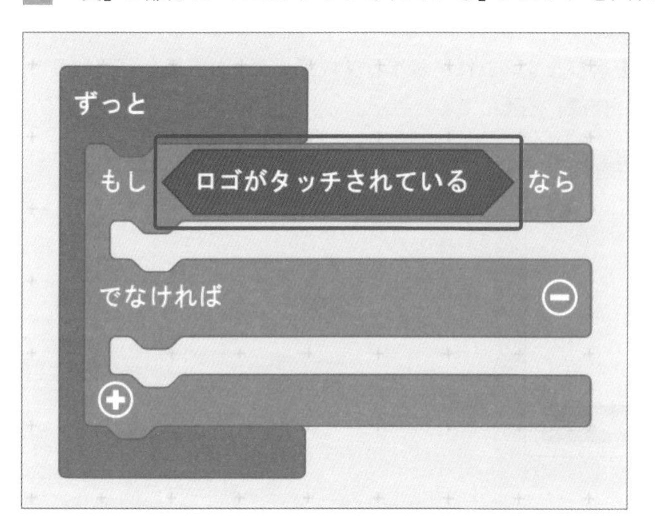

使用ブロック　入力→ロゴがタッチされている

5 「LED画面に表示」ブロックをつなぎ、「にっこりマーク」となるようにLEDを指定します。

使用ブロック 基本→LED画面に表示

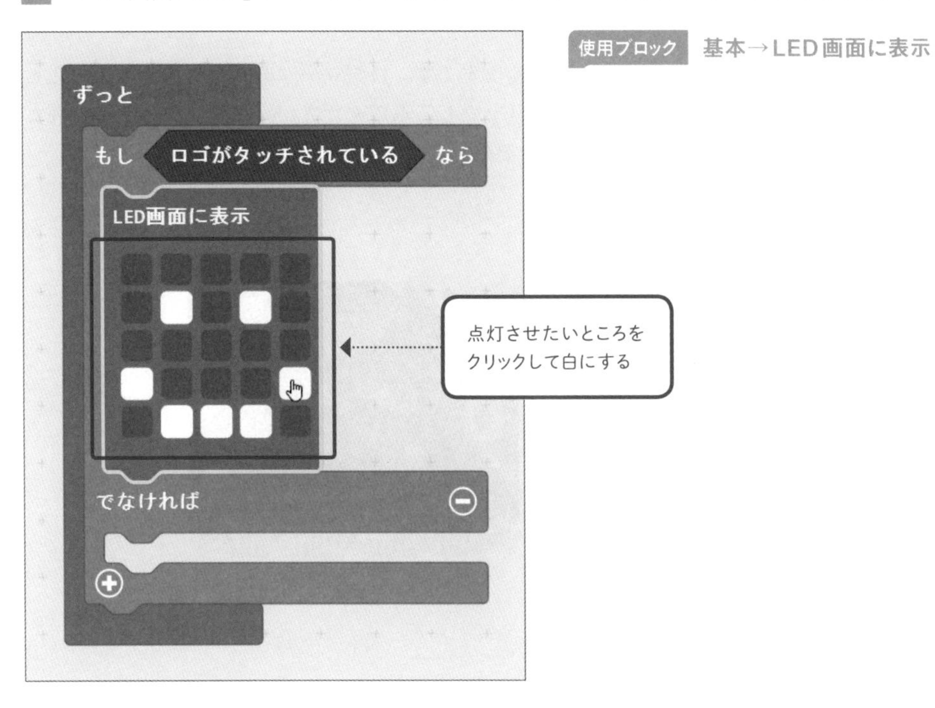

6 「表示を消す」ブロックをつなぎます。

使用ブロック 基本→表示を消す

シミュレーターで確認する

シミュレーター上のロゴマークが黄色になっているはずです。ロゴマークのタッチ機能を使ったときだけ黄色になります。ロゴマークの黄色部分をクリックしてみてください。クリックしている間だけ、LED画面に「にっこりマーク」が表示されることを確認しましょう。

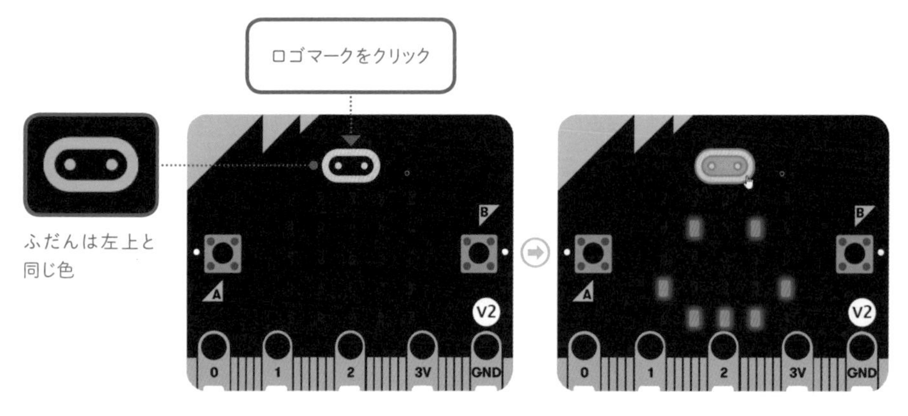

実際に試してみる

1 プログラムをmicro:bitにダウンロードします(27ページ参照)。

2 ロゴマークをさわっている間だけ、LED画面にマークが表示されることを確認しましょう。

注意

バージョン1.5以前のmicro:bitを使っている場合

ロゴマーク部分にタッチセンサー機能を搭載(とうさい)していないバージョン(v1.5以前)のmicro:bitを使う場合は、代わりに端子(たんし)のタッチセンサー機能を使いましょう。その場合は、「ロゴがタッチされている」ブロックの代わりに、「入力」のところにある「端子P0がタッチされている」ブロックを使いましょう。

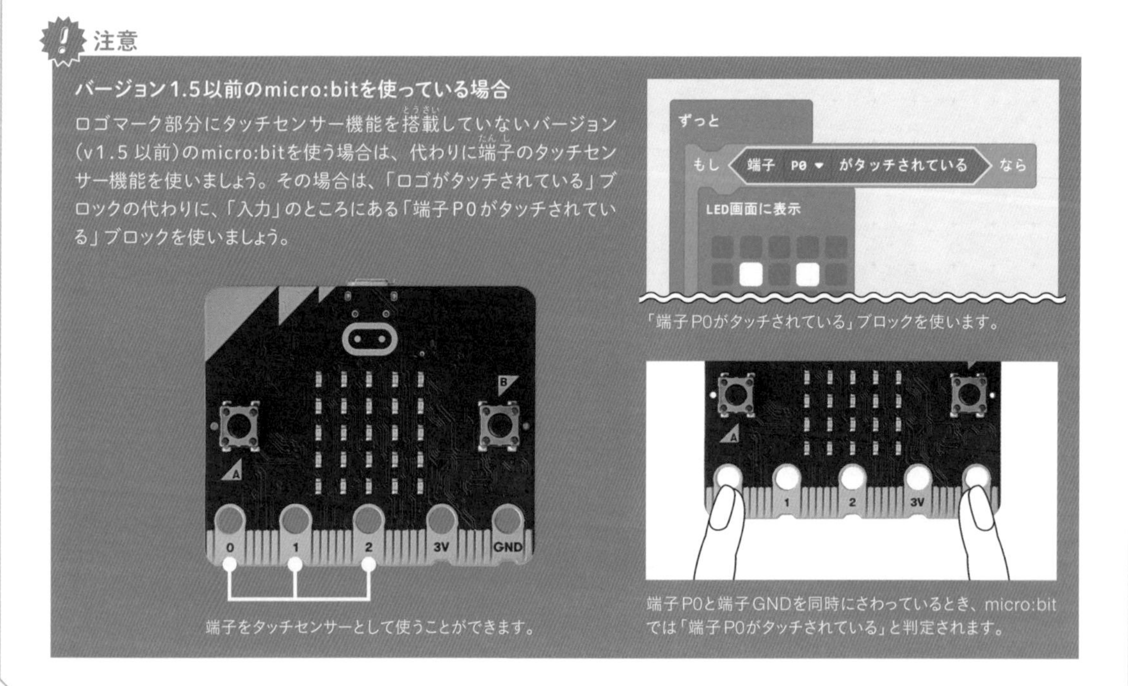

「端子P0がタッチされている」ブロックを使います。

端子をタッチセンサーとして使うことができます。

端子P0と端子GNDを同時にさわっているとき、micro:bitでは「端子P0がタッチされている」と判定されます。

プログラミングソフト使いこなしテクニック

使いこなそう! 条件判断

2-7「タッチセンサーを使ってみよう」で初登場した「条件判断」。プログラミングではよく使う考え方で、この本でもたびたび使います。ここでは、「条件判断」についてくわしく紹介します。

条件判断とは

「もし〜なら」と条件を指定して、条件を満たす場合/満たさない場合で動作を分けるプログラムのことを、条件判断といいます。

2-7「タッチセンサーを使ってみよう」では、「ロゴマークがタッチされている」を条件として、条件を満たしているとき=タッチされているときは「LED画面にマークを表示」、満たしていないとき=タッチされていないときは「表示を消す」と、動作を分けました。

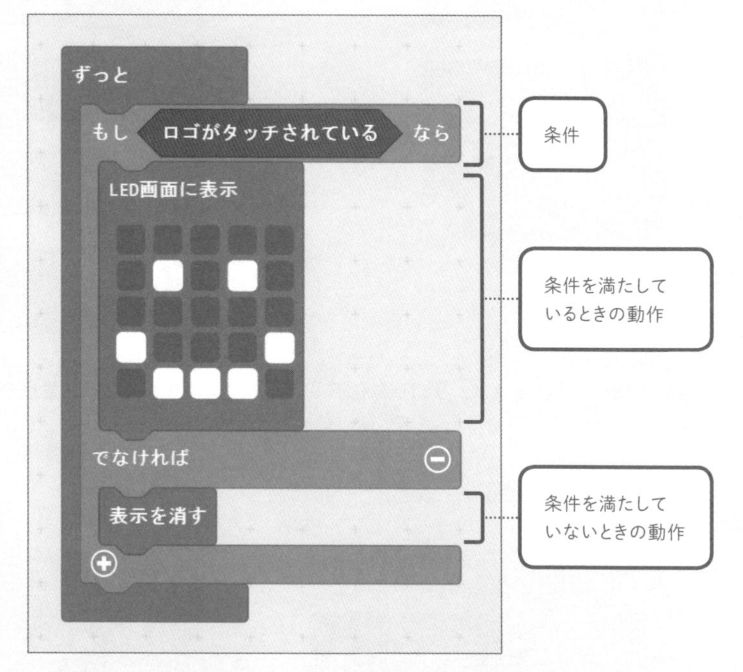

POINT

プログラミングでは、条件を満たすことを「真」、満たさないことを「偽」と表現します。

条件判断ブロック

「論理」の中にある「もし真なら」または「もし真なら/でなければ」ブロックを使います。

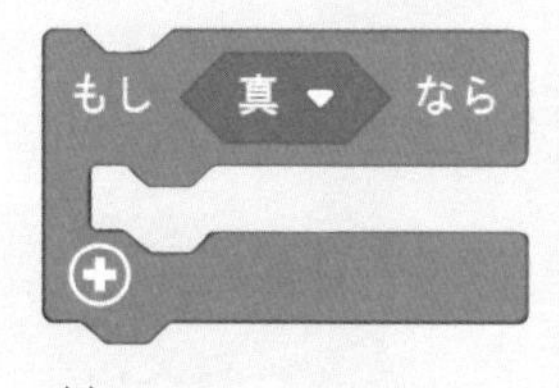

「真」の部分に「条件」となるブロックを入れます。

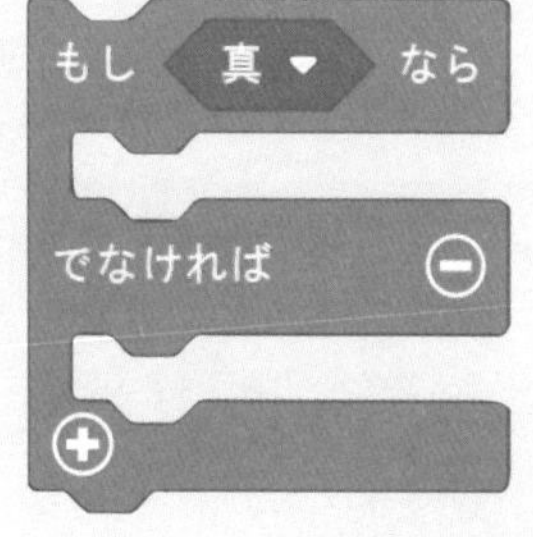

2章 micro:bitの機能を知ろう

「条件」は増やしたり、減らしたりすることができます。「条件」が複数ある場合、上から順番に１つずつ判断されます。

[条件を増やすとき]

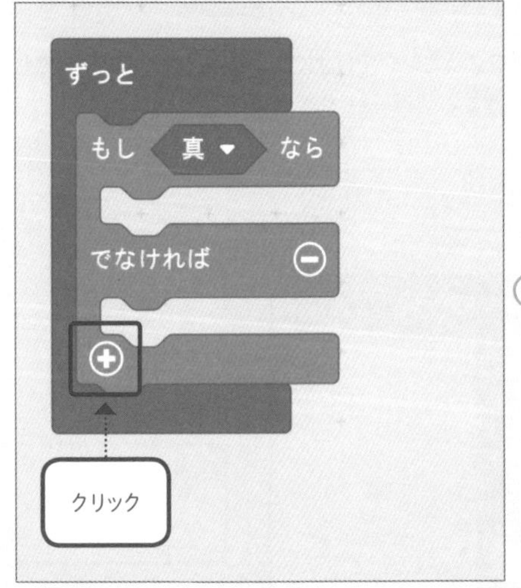

条件を増やしたい場合は、ブロック左下「＋」マークをクリックしましょう。

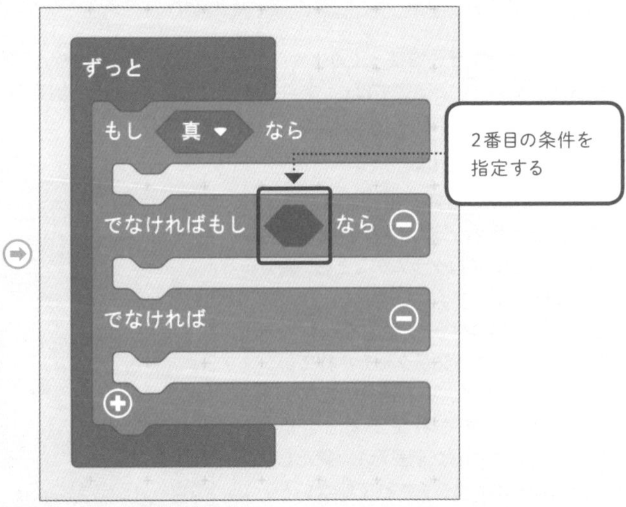

２番目の条件は、１番目の条件を満たさない場合に判断されます。

[条件を減らすとき]

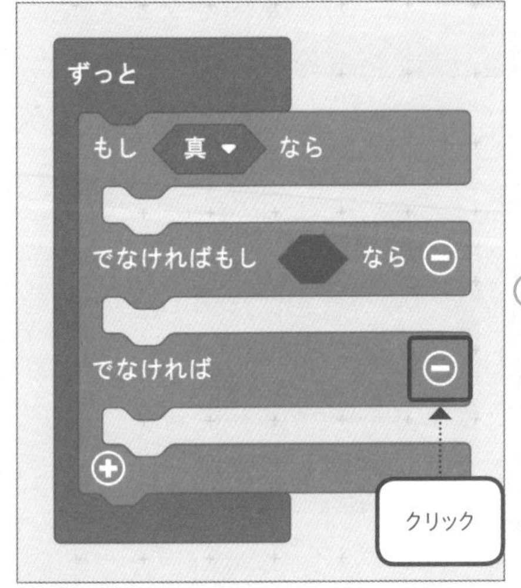

条件を減らしたい場合は、「ー」マークをクリックします。

条件の順番に注意しよう

複数の条件を用意した場合、条件の順番によってプログラムの動作が変わりますので注意しましょう。
たとえば、こちら2つのプログラム（パターン1、パターン2）はどちらもボタンを押している間だけ文字が表示されるプログラムですが、条件の順番だけ異なっています。

[パターン1]

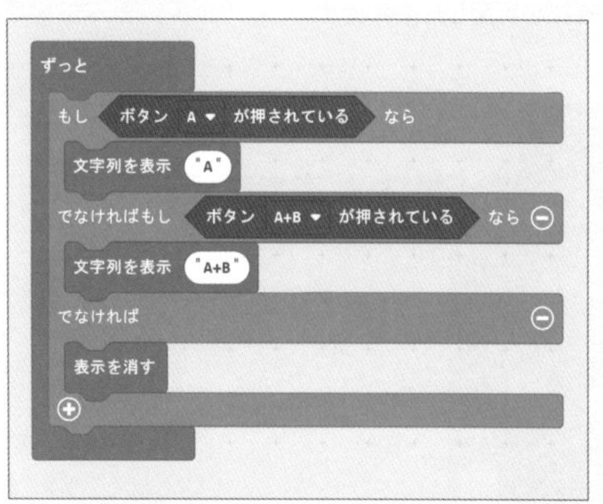

[パターン2]

ずっと
もし ボタン A+B が押されている なら
文字列を表示 "A+B"
でなければもし ボタン A が押されている なら
文字列を表示 "A"
でなければ
表示を消す

まず、ボタンAを押しているときに実行される動作を考えてみましょう。どちらのプログラムも、「文字列を表示"A"」ブロックが実行されます。

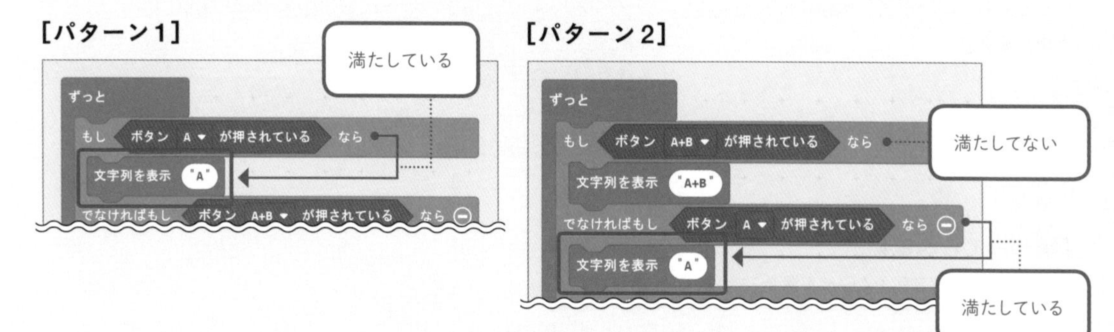

次に、ボタンAとボタンB両方を押しているときに実行される動作を考えてみましょう。パターン1は「文字列を表示"A"」ブロックが、「文字列を表示"A+B"」ブロックが実行されます。

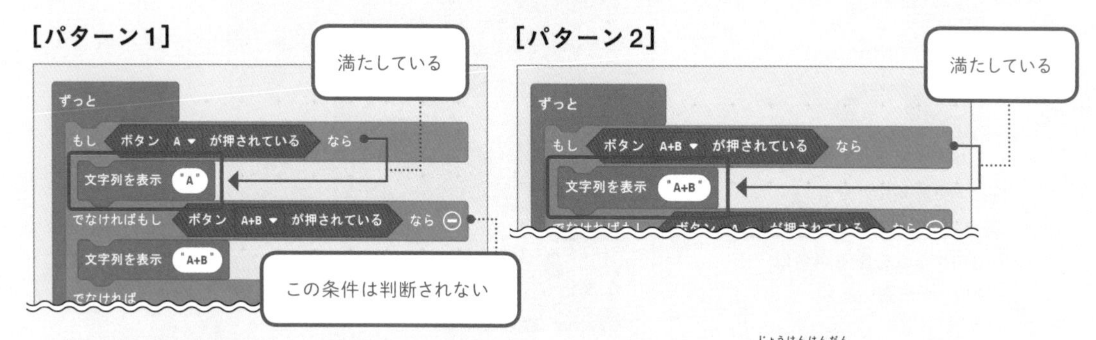

このように条件を複数用意する場合、条件の順番によって動作が変わります。もし条件判断を使ったプログラムが期待どおりに動かない場合は、順番が正しいかどうか確認してみましょう。

●条件ブロックの種類

六角形のブロックが条件ブロックとなります。ツールボックスには、さまざまな条件ブロックが用意されています。各ブロックのくわしい説明は210-211ページ、221-222ページを参照してください。

[入力]

ボタンスイッチ、加速度センサー、タッチセンサーといった入力機能を利用した条件です。

ボタン A ▾ が押されている

端子 P0 ▾ がタッチされている

ゆさぶられた ▾ 動き

ロゴがタッチされている

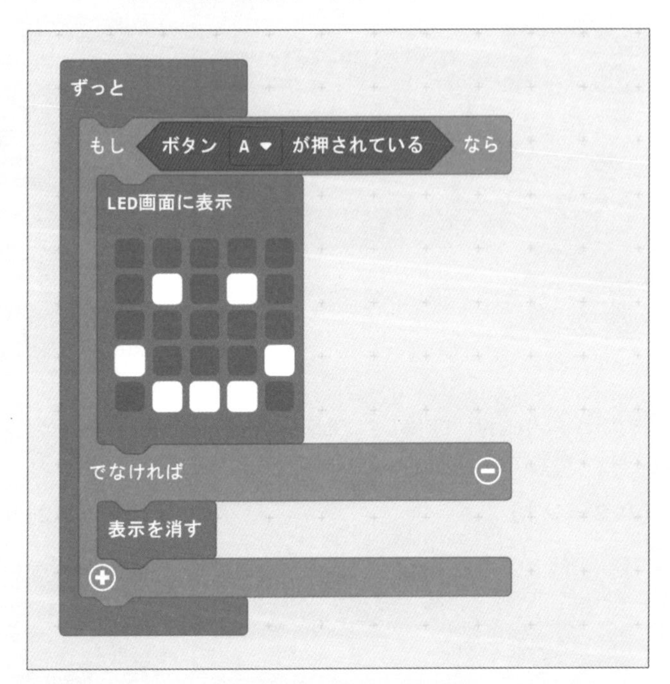

たとえば、「ボタンAが押されている場合、LEDにマークを表示する」プログラムを作る場合は「ボタンAが押されている」ブロックを使います。

[論理→くらべる]

数の大きさや文字列をくらべる場合に利用する条件です。

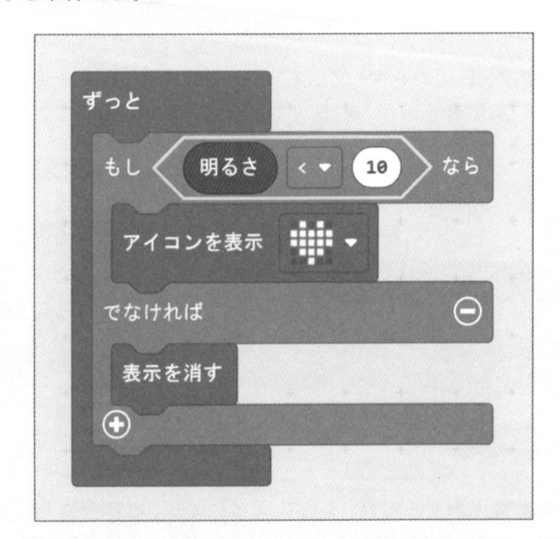

たとえば、「明るさの値が10より小さい場合、LEDにアイコンを表示する」プログラムを作る場合は「0<0」ブロックを使います。

[論理(ろんり)→真偽値(しんぎち)]

複数の条件を「同時に」判断したい場合に利用するブロックです。

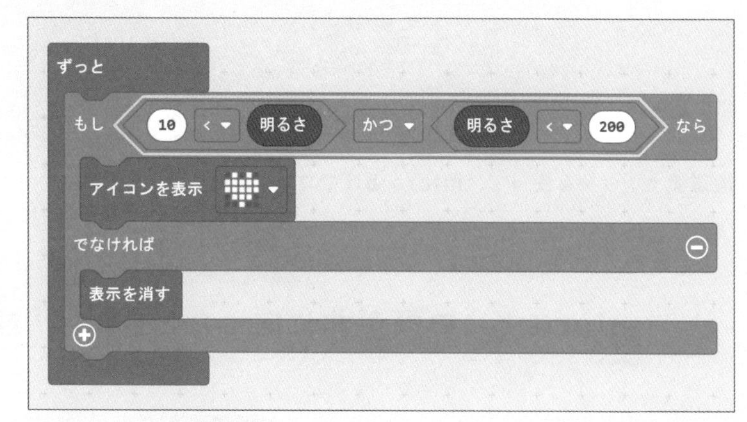

たとえば、「明るさの値が10より大きく、200 より小さい場合、LEDにアイコンを表示する」プログラムを作る場合は「かつ」ブロックを使います。

「条件の否定(ひてい)」を条件にしたい場合に利用するブロックです。

ではない

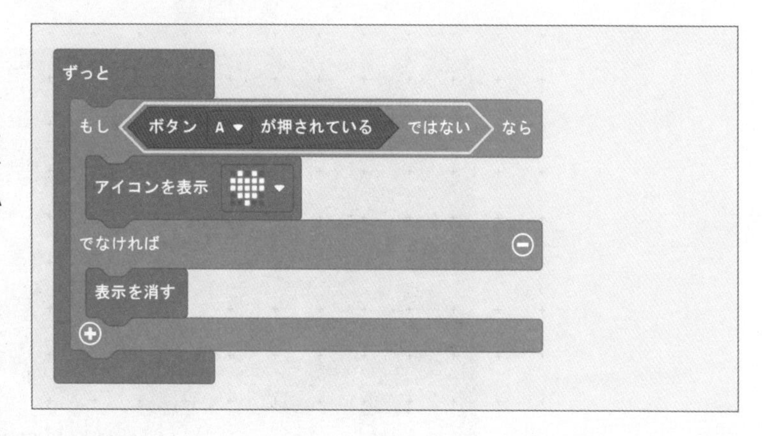

たとえば、「ボタンAが押されていない」を条件にしたい場合に、「ではない」ブロック左側に「ボタンAが押されている」を入れます。

「真(しん)であること」「偽(ぎ)であること」を意味するブロックです。

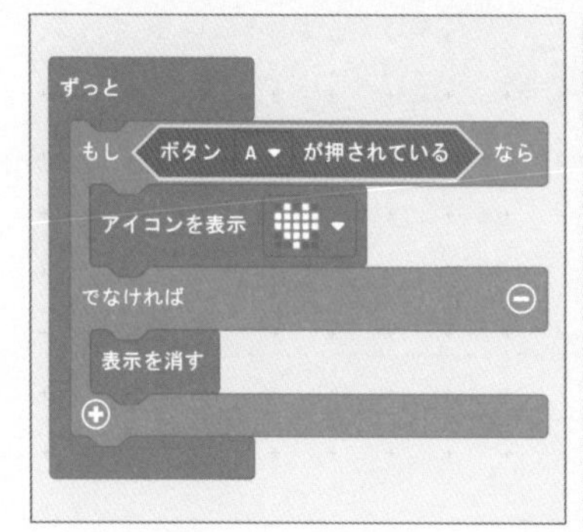

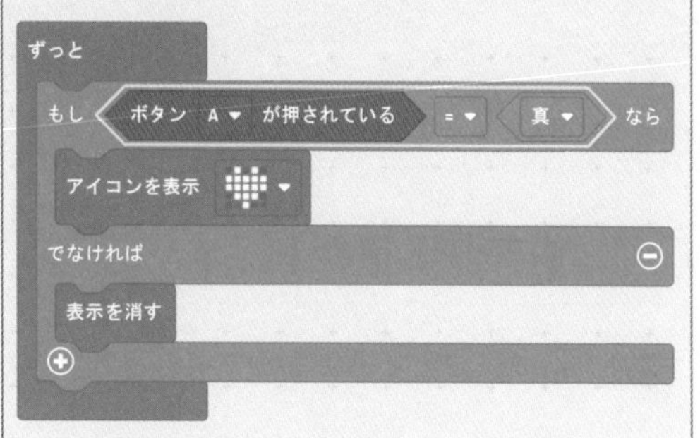

右の2つのプログラムはどちらも、「ボタンAが押されているなら」という条件になっています。

2-8

使う機能 地磁気センサー

対応バージョン V1 V2

地磁気センサーを使ってみよう

地磁気センサーを使って、micro:bitでコンパスを作りましょう。

できること

micro:bitの頭が北に向いたときだけ「N」と表示する

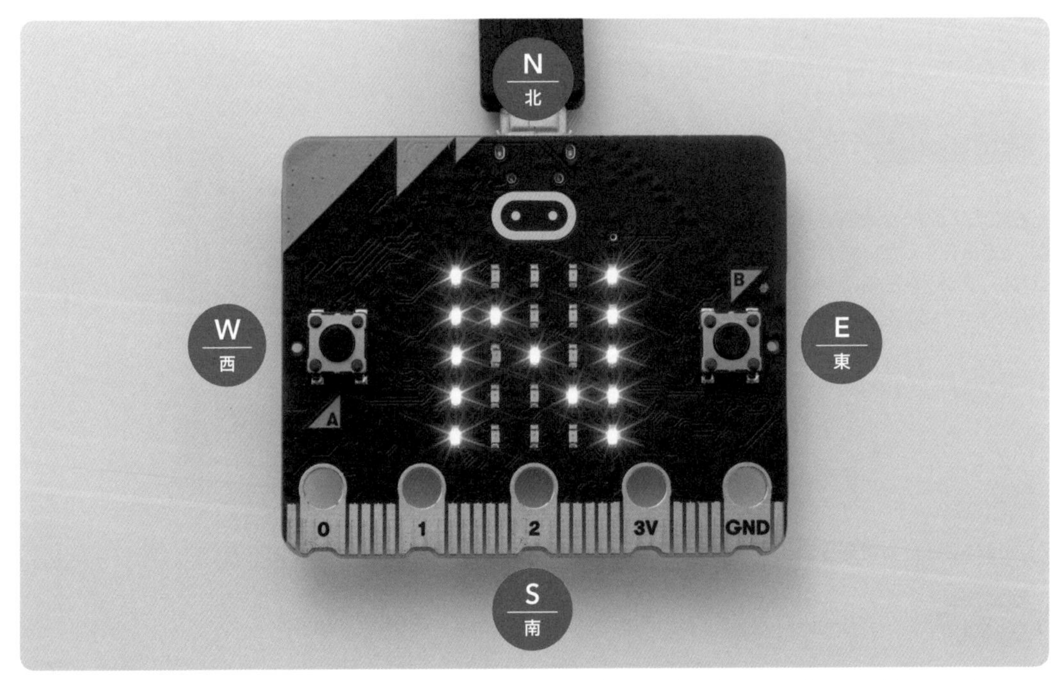

micro:bitの頭をいろいろな方向へ向けてみます。北を向いたときだけ「N」と表示されます。方角が1つわかれば、ほかの方角もわかります。

どうすれば作れる?

以下の3つについて命令するプログラムを作り、micro:bitに書きこみます。

① 方角を調べる。
② 方角が指定した範囲内である場合は、LED画面に「N」と表示する。
③ 方角が範囲外である場合は、LED画面の表示を消す。

プログラムの最終形

最終的なプログラムは以下のようになります。

1 N（北）の方角を指定する。

2 N（北）を向いたときに「N」と表示する。

3 ちがう方角のときは表示を消す。

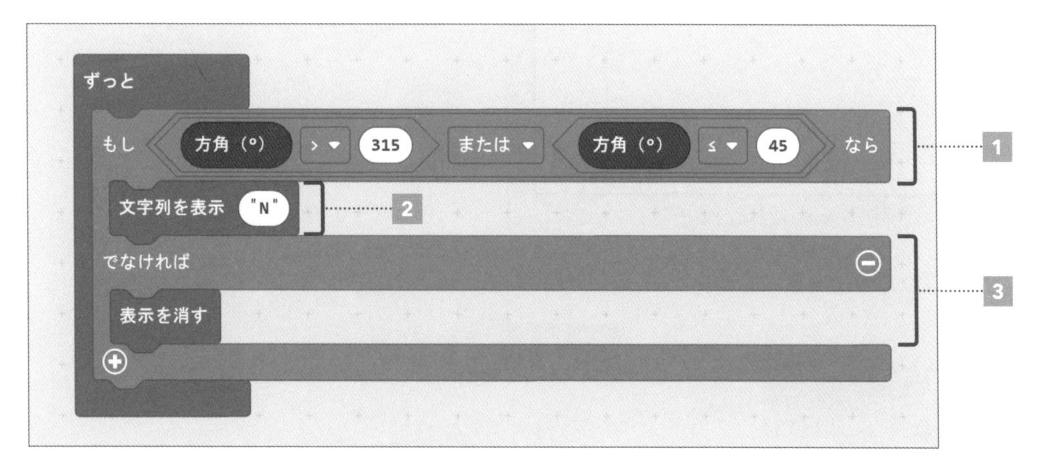

POINT

micro:bitの方角は、0～359の角度で表現されます。0°のとき「北」、90°のとき「東」、180°のとき「南」、270°のとき「西」となります。
今回は、方角が0°～45°、または、316°～359°のときに「N（北）」と表示するようにします。

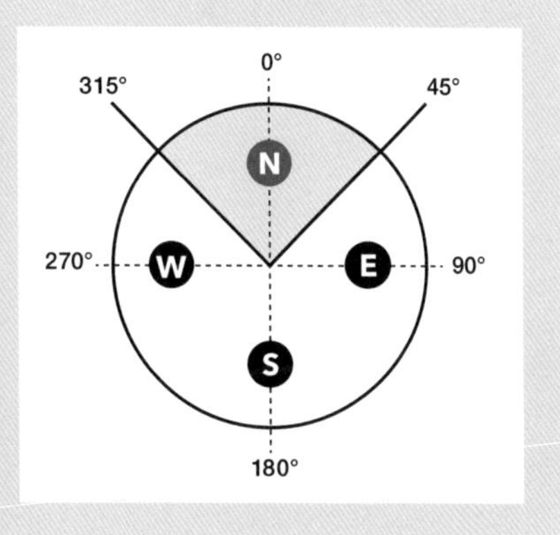

プログラミング

1 「ホーム」から「新しいプロジェクト」を選びます。これから作るプロジェクトの名前（今回は「地磁気センサー」とします）を書きこんで「作成」を選んでください。

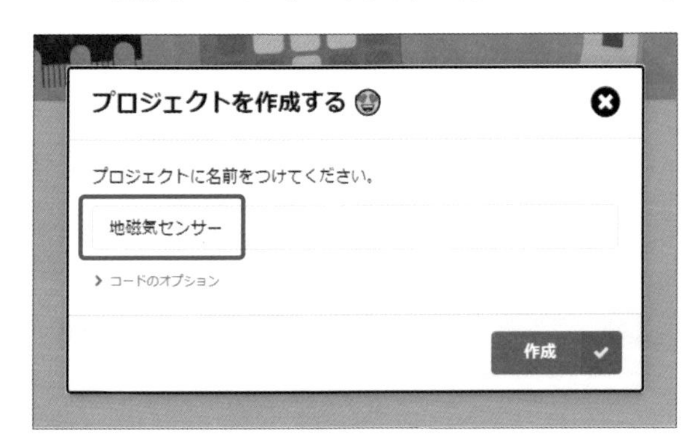

2 「ずっと」ブロックを使います。

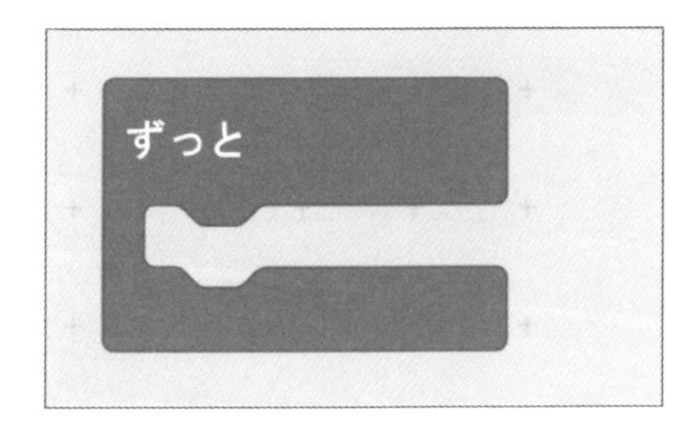

使用ブロック 基本→ずっと

3 「もし真なら／でなければ」ブロックをつなぎます（条件判断については、65ページでくわしく紹介しています）。

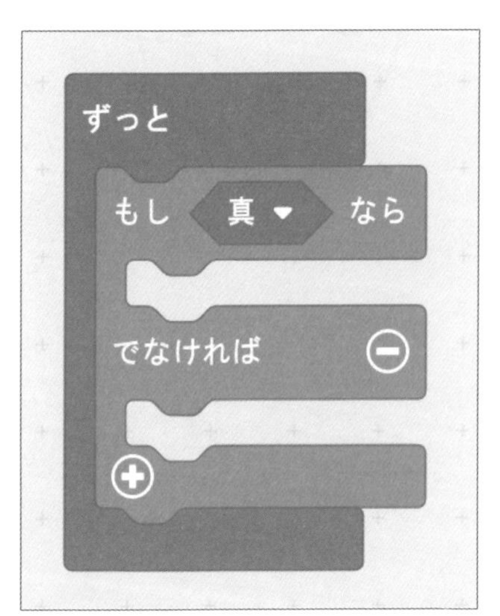

使用ブロック 論理→もし真なら／でなければ

4 「真」の部分に「または」ブロックを入れてください。

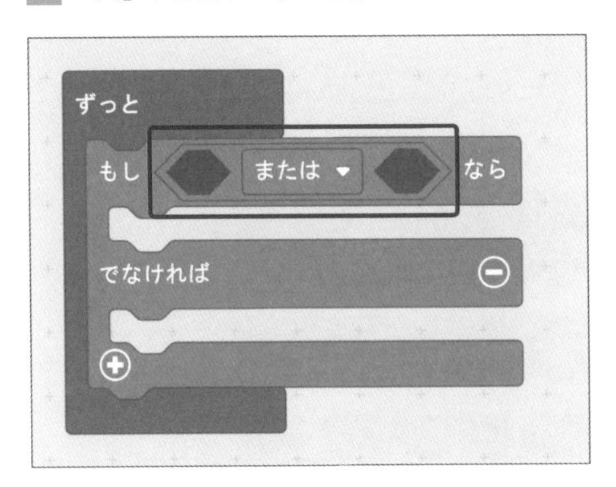

使用ブロック 論理→または

5 「または」ブロックの前と後ろに「0<0」ブロックを入れてください。

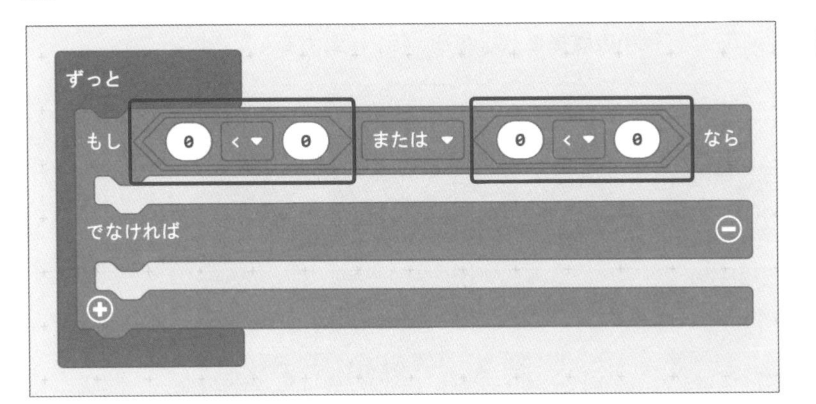

使用ブロック 論理→0<0

6 前半の「0<0」の「<」部分を選び「>」に変えます。また、後半の「0<0」を「0≦0」に変えます。

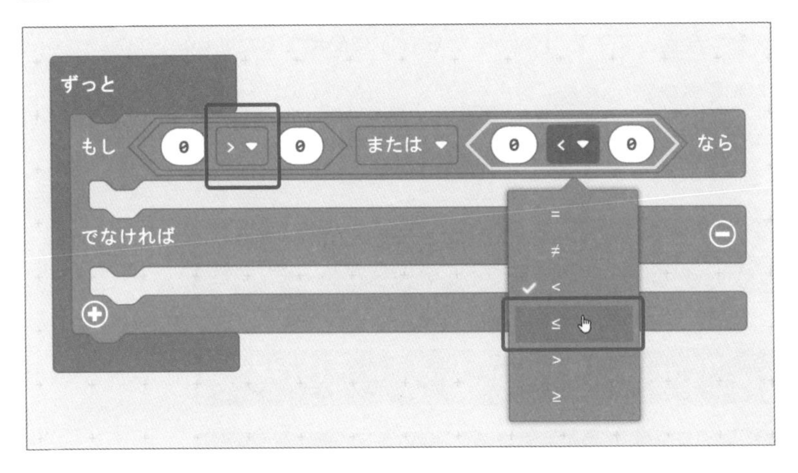

7 「0>0」ブロック、「0≦0」ブロック、それぞれの前半に「方角(°)」ブロックを入れてください。

使用ブロック 入力→方角(°)

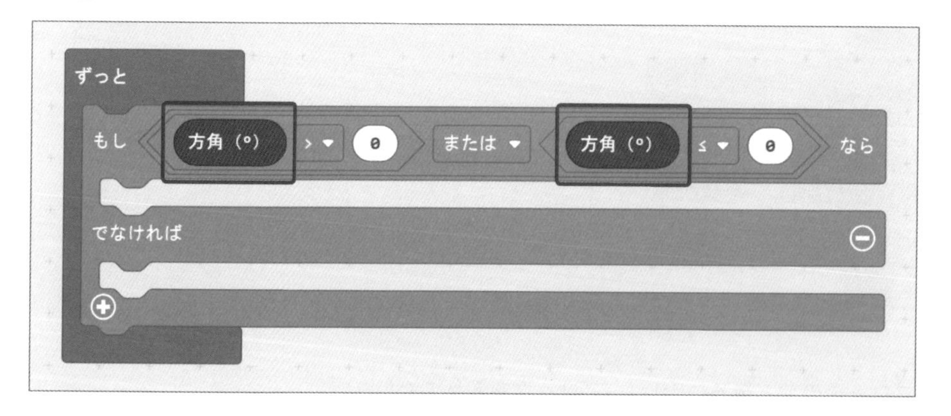

8 前半の数字を「0」から「315」に、後半の数字を「0」から「45」に変えてください。

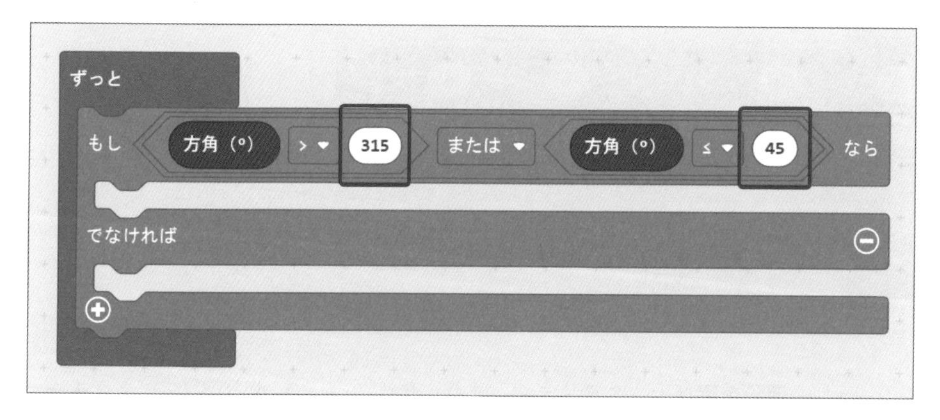

9 「文字列を表示」ブロックをつなぎ、文字を「Hello!」から「N」に変えてください。

使用ブロック 基本→「文字列を表示」

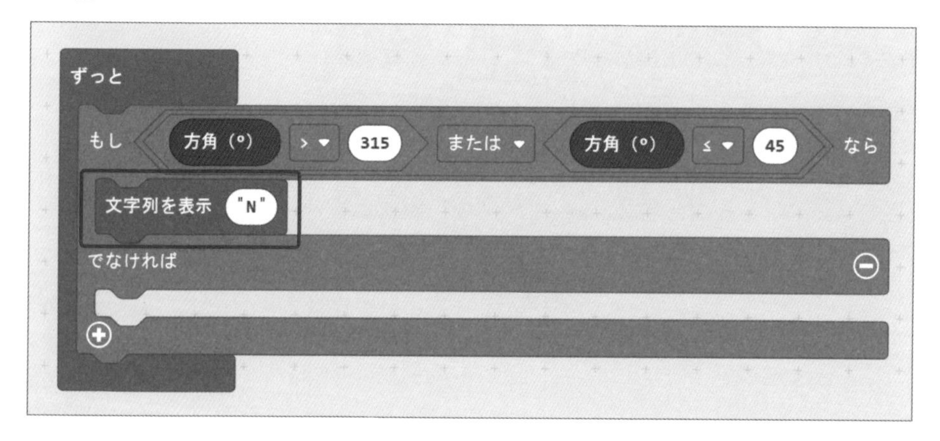

10 「表示を消す」ブロックをつなぎます。

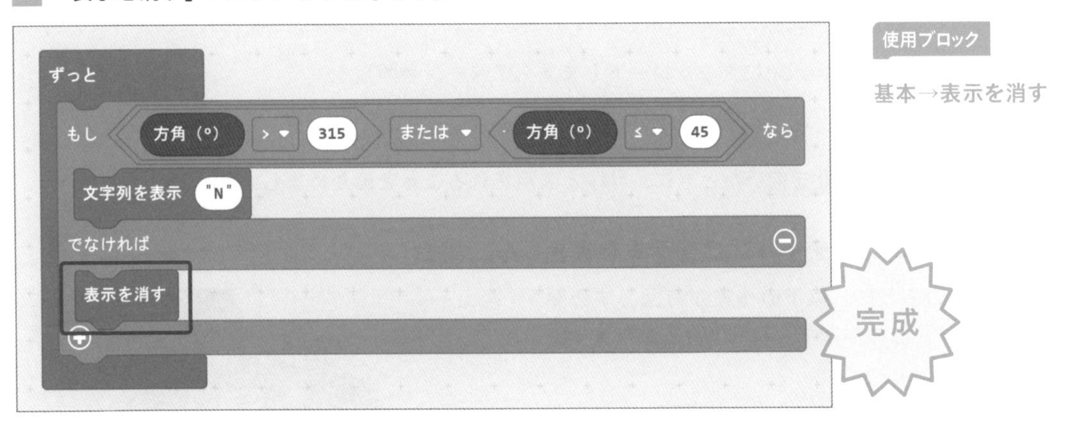

シミュレーターで確認する

シミュレーター上のロゴマークの右端(みぎはし)が矢印になり、左側に「90°」と方角が表示されているはずです。矢印を回すと、micro:bitを回転させるシミュレーションができ、方角の数字が変化します。この数字が「0°から45°」または「316°から359°」のとき、LEDに「N」の文字が表示されます。

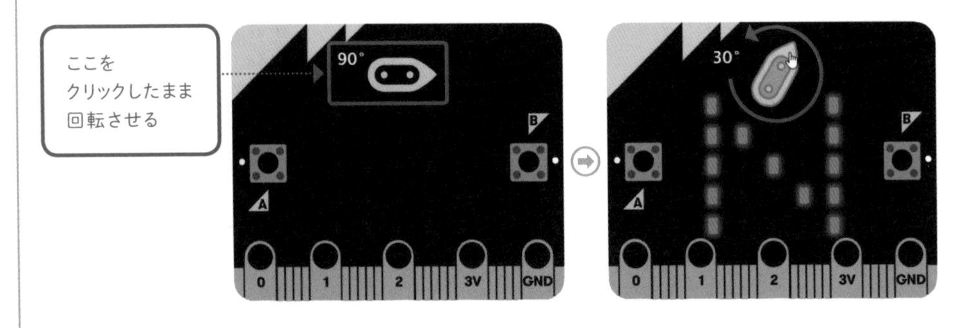

POINT

4つの方向全部をLEDで表示することもできます。その場合は、残りの範囲(はんい)の角度を46°～135°、136°～225°、226°～315°の3方向に分けて、それぞれにE（東）、S（南）、W（西）の表示をわり当てましょう。いずれの場合も、micro:bitの頭を向けた方角の文字が、LEDに表示されます。

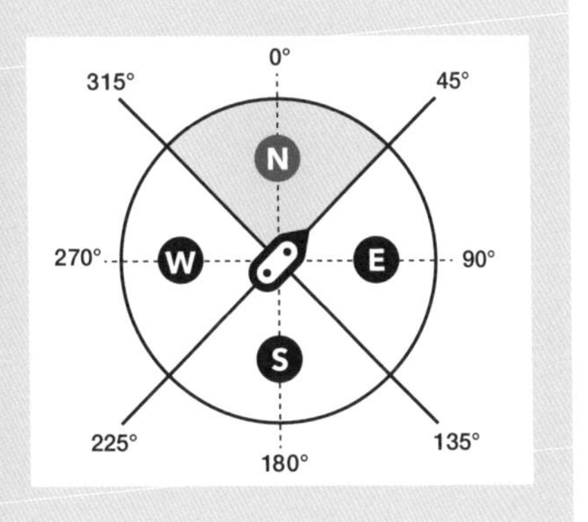

☞ 実際に試してみる

1. プログラムをmicro:bitにダウンロードします（27ページ参照）。
2. LED画面の表示にそって、コンパスを調整します。
3. micro:bitの頭が北を向いたときに、「N」と表示されることを確かめましょう。

●地磁気センサーを使うプログラムを書きこんだ場合

手順 1 のあとに、以下の作業が毎回必ず必要になります。この作業で、基準となる水平方向を設定します。

LED画面に「TILT TO FILL SCREEN」と文字が流れ、その後LEDがいくつか光ったら、micro:bitを傾けたり回したりして、図1のようにすべてのLEDが点灯するように光を移動させてください。

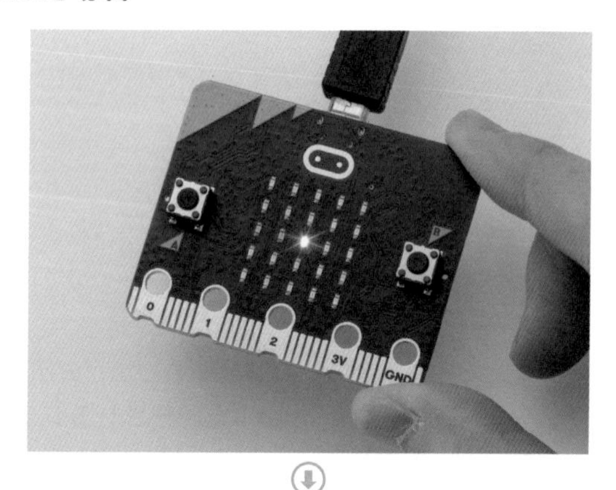

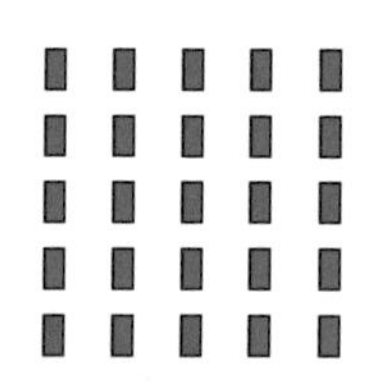
図1 すべてのLEDを点灯させます。

地磁気センサーを正しく使うには、micro:bitを地面に対して水平にたもつ必要があります。傾けてしまうと地磁気を正しく検知できず、示す方位に誤差が生じてしまいます。この誤差は、あらかじめ基準となる水平方向を決めることで、補正することができるのです。

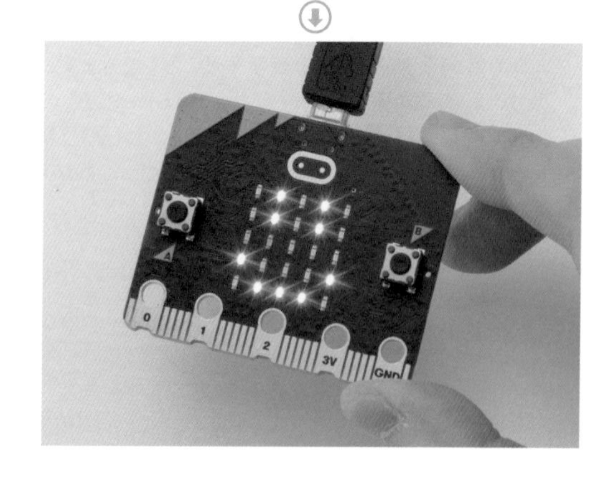

すべてのLEDが点灯したあとにニコニコマークが出れば、地磁気センサーの調整は完了です。書きこんだプログラムが実行されます。

2-9 使う機能 無線通信機能

対応バージョン V1 V2

無線通信機能を使ってみよう

micro:bitの無線通信機能を使って、micro:bitからmicro:bitへ文字列を送ってみましょう。

できること

ボタンが押されたら文字列を送信、別のmicro:bitのLEDに表示させる

micro:bitを2台用意し、送信側、受信側それぞれに別のプログラムを入れます。
送信側のmicro:bitのボタンAを押すと、受信側のLED画面に文字列が表示されます。

どうすれば作れる?

送信側、受信側のプログラムを作り、それぞれmicro:bitに書きこみます。

送信側：ボタンが押されたら、無線通信で文字列を送信する。
受信側：無線通信で文字列を受信したら、LED画面に表示する。

※送信側と受信側でそれぞれ別のプロジェクトを作ることになります。

無線通信を行う場合は、最初にグループIDを設定しましょう。

送信側

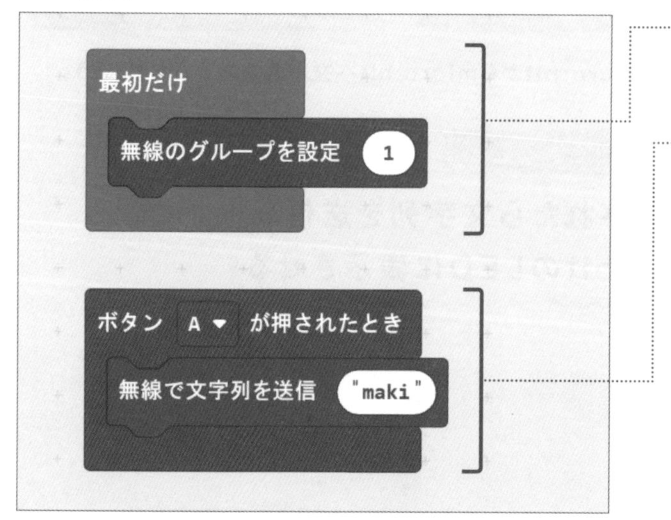

1 無線のグループIDを設定する(この場合は「1」)。

2 ボタンAが押されたとき、無線通信で文字列を送信する。

受信側

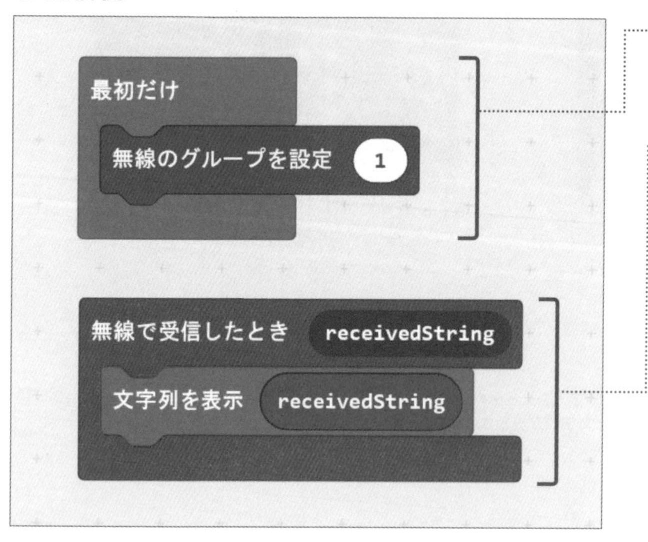

1 無線のグループIDを設定する(この場合は「1」)。

2 無線で文字列を受信したとき、LED画面に受信した文字列を表示する。

注意

通信を行いたいmicro:bitどうしは、同じグループIDを設定しましょう。IDが異なるmicro:bitどうしは通信できないので注意しましょう。

プログラミング

●送信側

1 「ホーム」から「新しいプロジェクト」を選びます。これから作るプロジェクトの名前(今回は「送信」とします)を書きこんで「作成」を選んでください。

2 「最初だけ」ブロックに、「無線のグループを設定1」ブロックをつないでください。

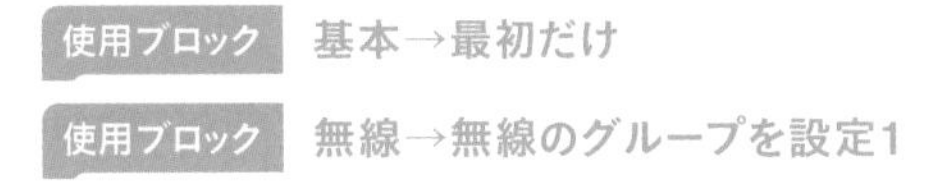

3 少し離(はな)して、「ボタンAが押されたとき」ブロックをプログラミングエリアにドラッグ＆ドロップします。

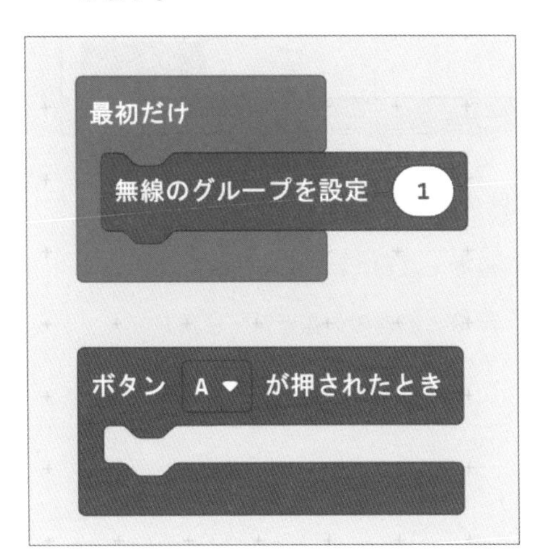

使用ブロック 入力→ボタンAが押されたとき

2章 micro:bitの機能を知ろう

4 「無線で文字列を送信」ブロックを入れ、「" "」の部分に名前など文字列を入力しましょう。これで、送信側のプログラムは完成です。

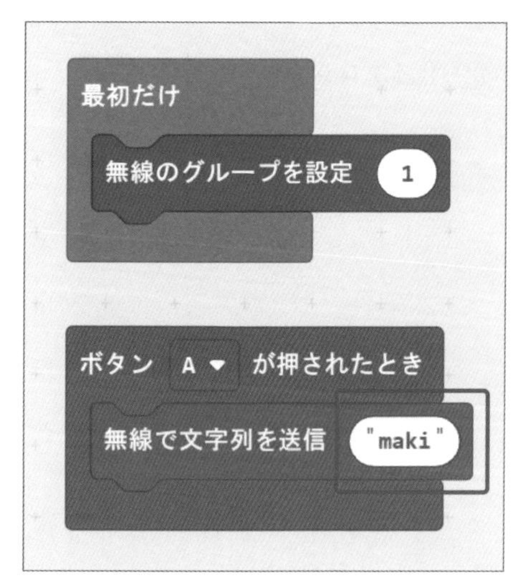

使用ブロック 無線→無線で文字列を送信

注意

「" "」には、半角の英数字（大文字も小文字も使えます）と記号を入力しましょう。ひらがなやカタカナ、漢字も入力することはできますが、受信側のmicro:bitのLED画面には表示されないので注意しましょう。

●受信側

1 「ホーム」にもどり、「新しいプロジェクト」を選びます。これから作るプロジェクトの名前（今回は「受信」とします）を書きこんで「作成」を選んでください。

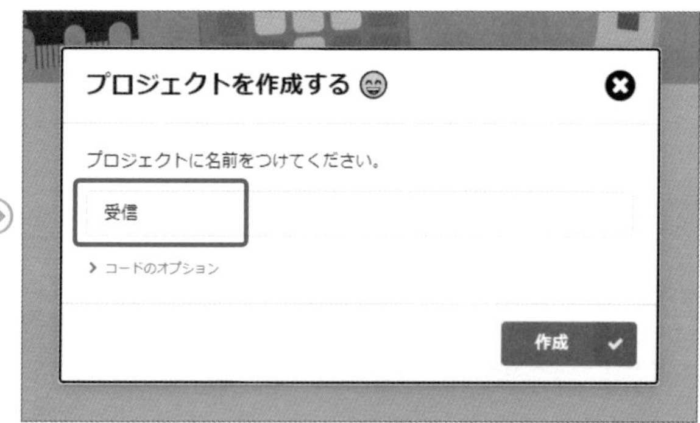

2 「最初だけ」ブロックに、「無線のグループを設定1」ブロックをつないでください。

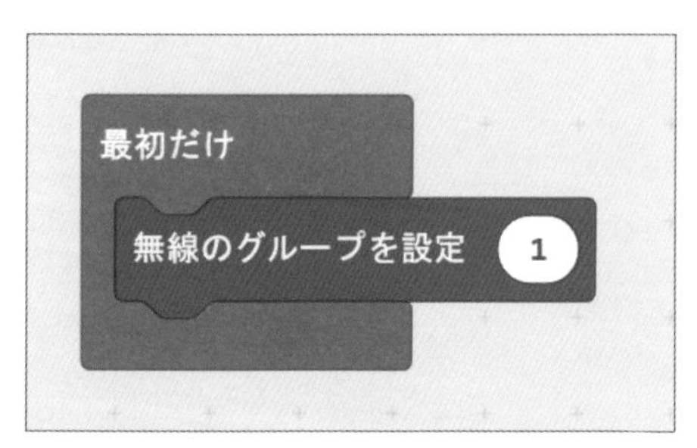

使用ブロック 基本→最初だけ

使用ブロック 無線→無線のグループを設定1

3 少し離して、「無線で受信したとき receivedString」ブロックをプログラミングエリアにドラッグ＆ドロップします。

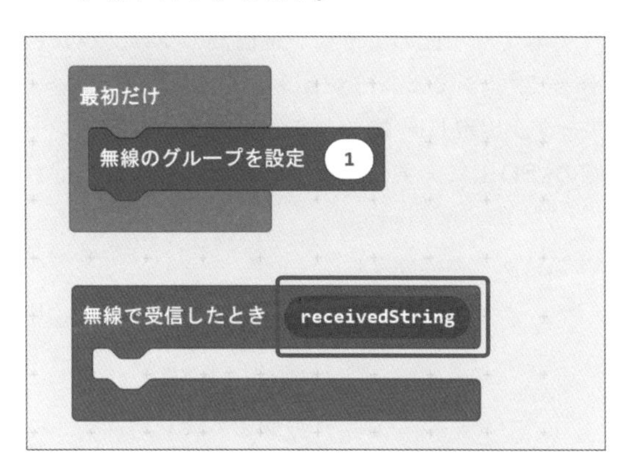

使用ブロック 無線→無線で受信したとき receivedString

注意

「無線で受信したとき」ブロックは 3種類あります。ブロックの見た目が似ているため注意しましょう(3種類のブロックについては85ページで紹介)。

4 「文字列を表示」ブロックをつなぎます。

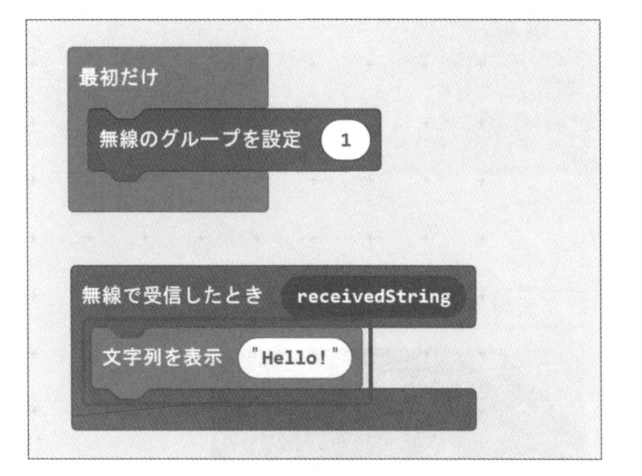

使用ブロック 基本→「文字列を表示」

5 「無線で受信したとき receivedString」ブロックの「receivedString」部分を選択＆ドラッグし、「文字列を表示」ブロックの「"Hello!"」部分に入れます。これで、受信側のプログラムも完成です。

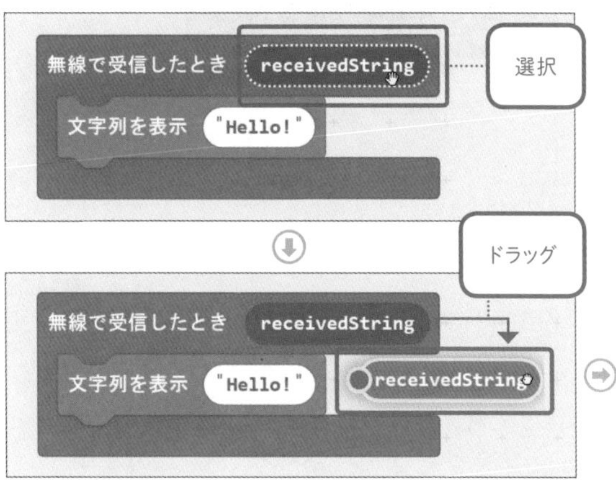

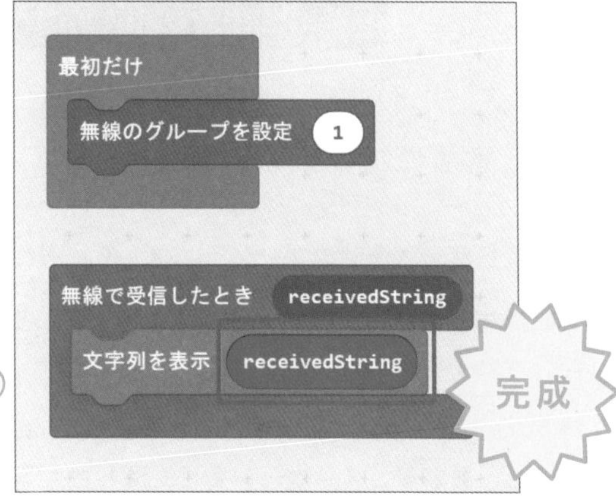

シミュレーターで確認する

新たなプロジェクト（たとえば「送受信」とします）として、下図のように、送信側のプログラムと受信側のプログラムを同じプログラミングエリアに作って※、シミュレーションしてみましょう。

シミュレーターのボタンAを押すと、右上に無線マークが出現し一瞬（いっしゅん）光って、受信側のシミュレーターが出現します。もう一度ボタンAを押すと受信側のLED上に文字列が表示され、無線通信が行われたことがわかります。

※ 2つのhexファイルを同時に1つのプログラミングエリアに読みこむことはできないため、このようにします。

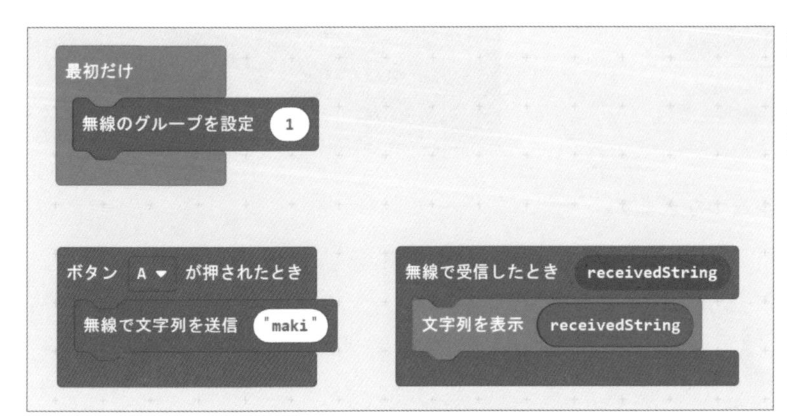

送信と受信をまとめたプログラム。共通する「最初だけ＋無線のグループを設定1」ブロックは1つだけでかまいません。

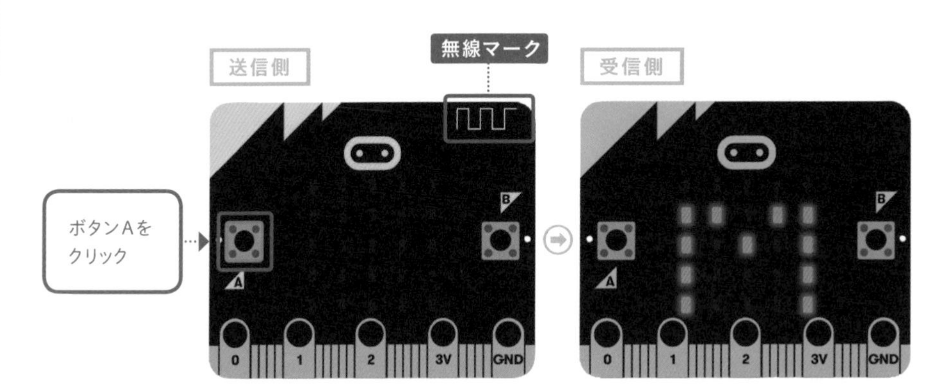

実際に試してみる

1. 受信側、送信側のプログラムを、それぞれのmicro:bitにダウンロードします（27ページ参照）。
2. 送信側のmicro:bitのボタンAを押すと、受信側のmicro:bitのLEDに送られてきた文字列が表示されます。

「シミュレーターで確認する」で作ったように、送信と受信、両方の命令を1つのプログラムにまとめると、お友達とメッセージを送受信し合える「メッセンジャー」として遊べるようになります。

プログラミングソフト使いこなしテクニック

とっても便利！ 無線通信

micro:bitが２台以上あれば、無線通信機能を使ってさまざまなデータをやり取りできるようになり、作品の幅が広がります。ここでは、無線通信機能の使い方について紹介します。

[ラジコンカー]

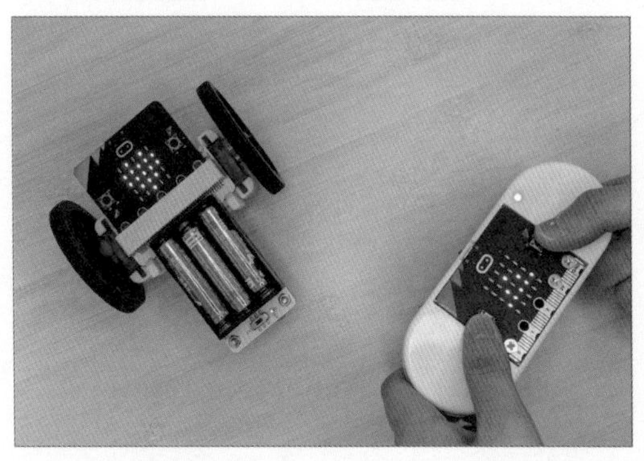

リモコン：押されたボタンに応じて、タイヤを動かす命令を送信する。
ミニカー：受信した情報をもとにタイヤをコントロールする。

[射的ゲーム]

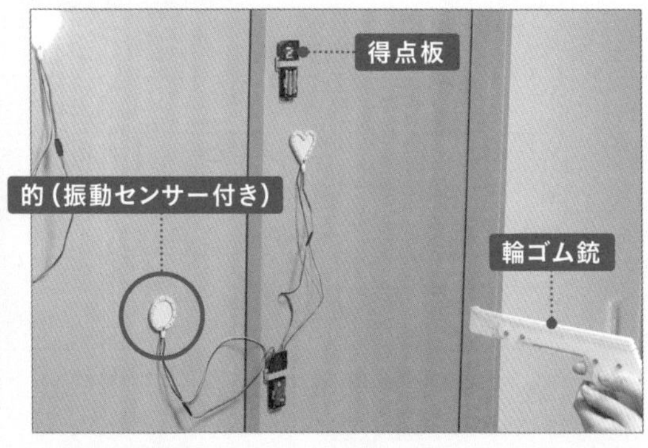

的：振動を検知したら、得点板micro:bitにポイントを送信する。
得点板：受信したポイントの合計値をLED画面に表示する。

●グループの設定

micro:bitどうしで無線通信を行う場合、まず最初に無線グループの設定を行います。下図のように、グループID（0～255の数値で設定）が同じmicro:bitどうしが通信できます。

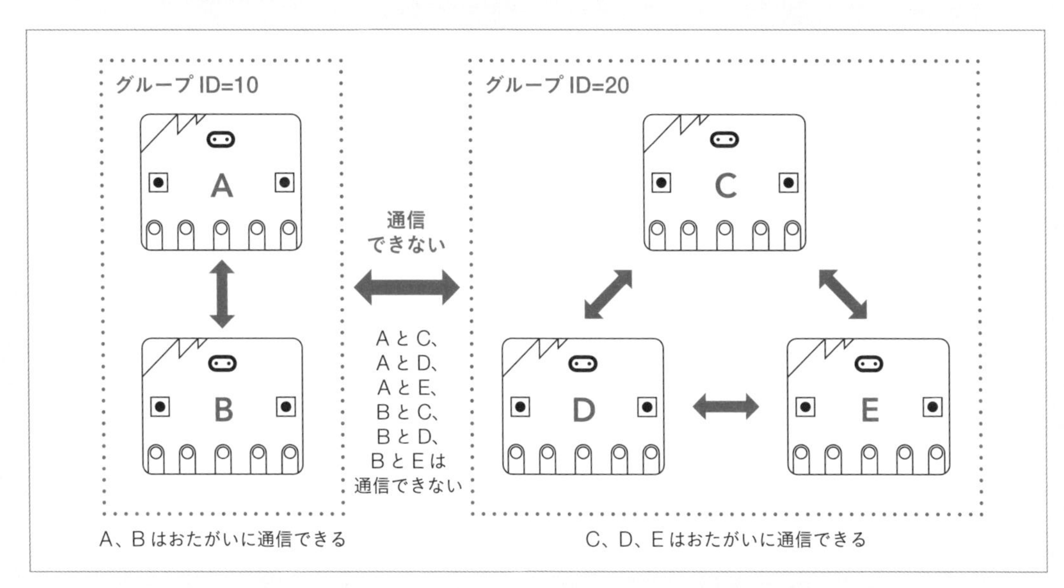

たとえば、ラジコンカーを複数ペア動かす場合は、各ペアのグループIDが異なるように設定しましょう。同じグループIDに設定すると、ほかのペアのミニカーが動いてしまうかもしれません。

[正しい設定]

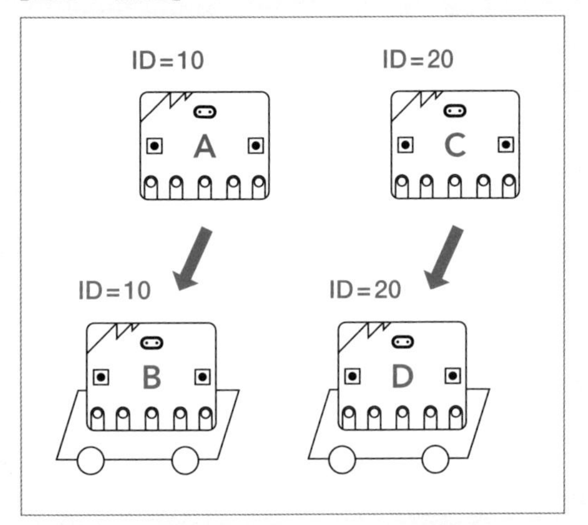

ミニカーBは、リモコンAの信号で動く。リモコンCの信号では動かない。

[まちがった設定]

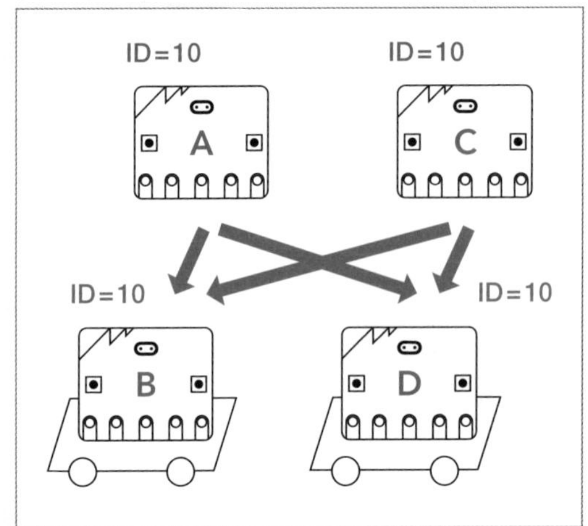

ミニカーBは、リモコンAとリモコンC、両方の信号で動いてしまう。

POINT

無線通信の信号がとどく範囲は、およそ10mです。ただし、家具など障害物が多い部屋の中では信号はとどきにくく、見晴らしのよい場所では遠くまでとどきやすいです。通信を行う環境によってとどく範囲は変わります。

●送信ブロック

3種類の送信ブロックがあります。送信したいデータによって使い分けましょう。

数値を送りたいときに使います。

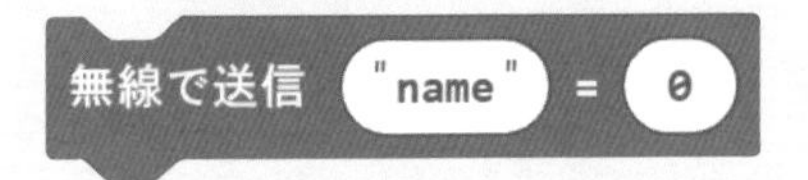

文字列と数値のセットを送りたいときに使います。

文字列を送りたいときに使います。

POINT

文字列として、半角の英数字(大文字も小文字も使えます)と記号、ひらがなやカタカナ、漢字を送信することはできます。ただし、ひらがな、カタカナ、漢字は、受信側のmicro:bitのLED画面に表示することはできないので注意しましょう。

●受信ブロック

送信ブロックと同じく、3種類の受信ブロックがあります。

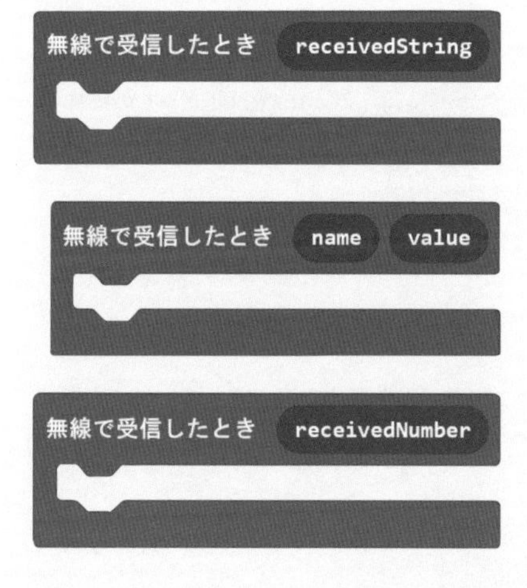

「無線で文字列を送信」ブロックで送られた文字列を受け取る場合に使うブロックです。受け取った文字列データは、変数「receivedString」に記録されます。（変数については109ページでくわしく紹介します。）

「無線で送信 "name"=0」ブロックで送られた文字列／数値を受け取る場合に使うブロックです。受け取った文字列データは変数「name」に、数値データは変数「value」に記録されます。

「無線で数値を送信」ブロックで送られた数値を受け取る場合に使うブロックです。受け取った数値データは、変数「receivedNumber」に記録されます。

変数「receivedString」に保存されているデータを使いたい場合は、「無線で受信したとき receivedString」ブロックの「receivedString」部分を選択&ドラッグして「receivedString」ブロックを取り出して使いましょう。「name」ブロック、「value」ブロック、「reveivedNumber」ブロックも同じ方法で取り出して使いましょう。

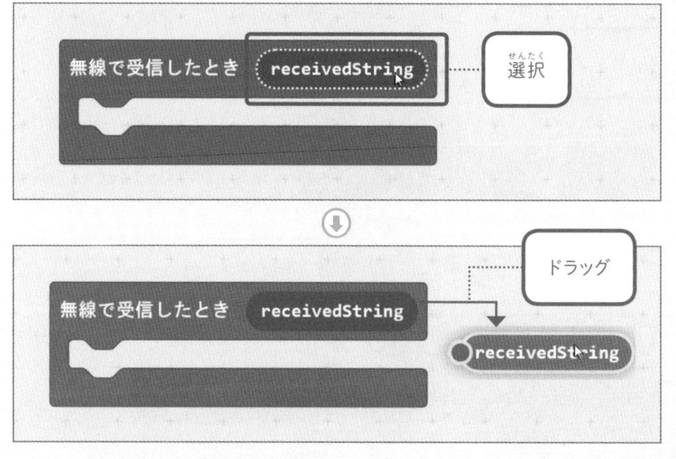

「receivedString」部分を選択&ドラッグして取り出します。

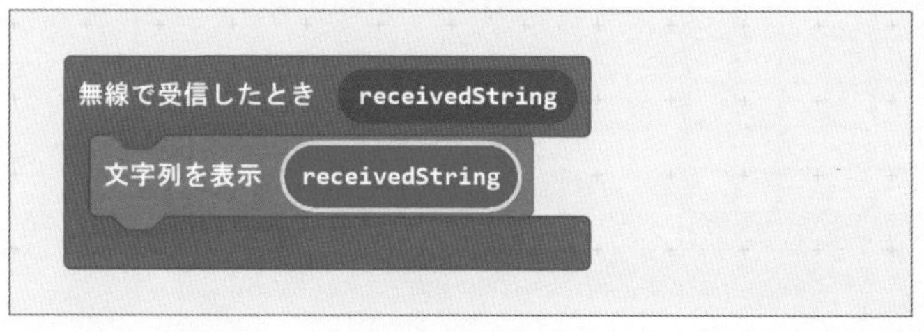

利用例：受信した文字列をLED画面に表示するプログラム

信号強度

micro:bitでは受信した信号の強さ（信号強度）を知ることができます。強さは、−42 dBmから−128 dBmあたりの負の値で表されます。micro:bitどうしが遠いほど、信号の強さは弱く＝値は小さくなります。

[信号の強さとmicro:bitどうしの距離の関係]

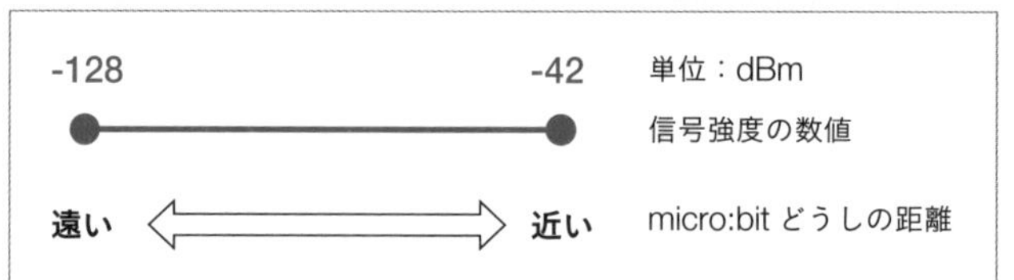

POINT

障害物や建物のつくりなどの環境や、micro:bitの位置、姿勢によっては、必ずしも信号の強さとmicro:bitどうしの距離が図のような関係になるわけではありません。

信号強度のブロックを使って、たとえば2台のmicro:bitに以下のようなプログラムを書きこみ、宝さがしゲームを作ることができます。お宝が近くにあるときだけ、お宝レーダーのLEDが点滅します。お宝レーダーを見ながら、お宝micro:bitをさがしましょう。ぜひ遊んでみてください！

[お宝側のプログラム]

[お宝レーダー側のプログラム]

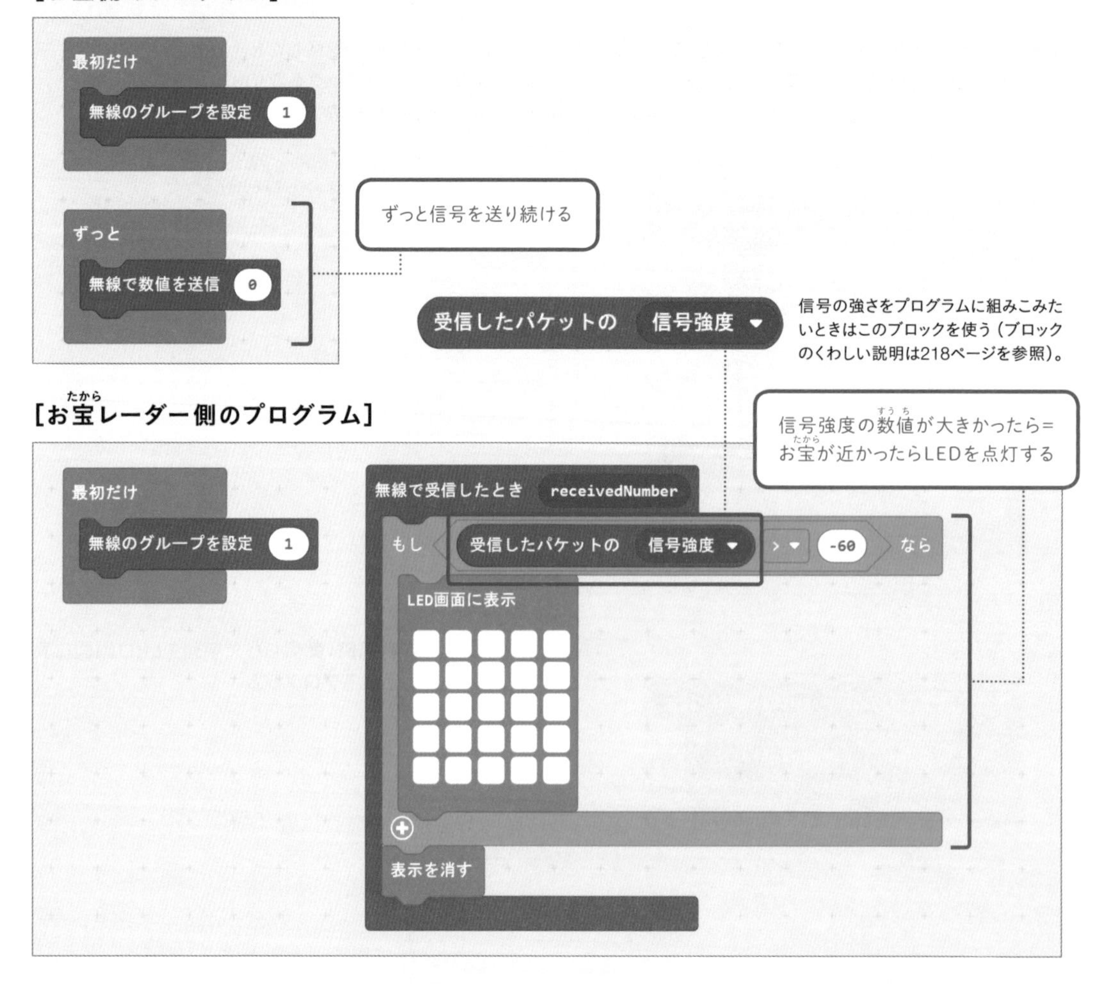

3章

micro:bitで作品を作ろう

ひととおりmicro:bitの機能を理解したところで、いよいよ作品作りです。この章では、micro:bitにかんたんな部品や材料を組み合わせて作れる作品例を紹介(しょうかい)しています。プログラミングを通じてどんなことができるか、実際に試してみてください。

必要な部品の入手先

micro:bit用の部品やモジュールは、
スイッチエデュケーションのサイトから入手できます。
https://sedu.link/products

対応バージョン V1 V2

3-1 宝箱警報器を作ろう

大切なものをしまう箱にmicro:bitを取り付け、だれかが勝手に箱を開けるとメロディが流れるしかけを、加速度センサーを利用して作ってみましょう。

できること

micro:bitが指定した範囲内の角度に傾いたら、メロディが流れるようにする

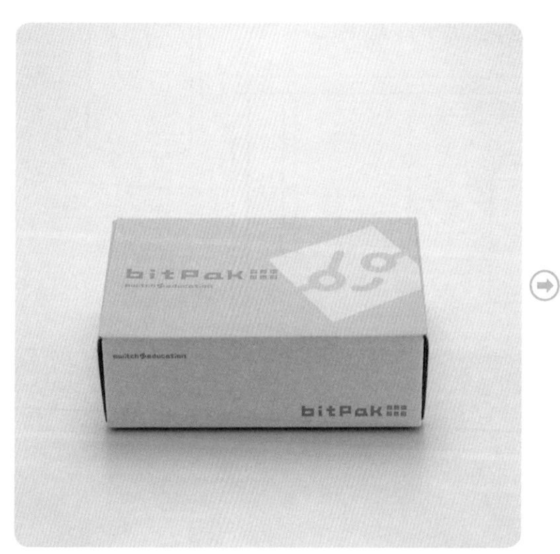

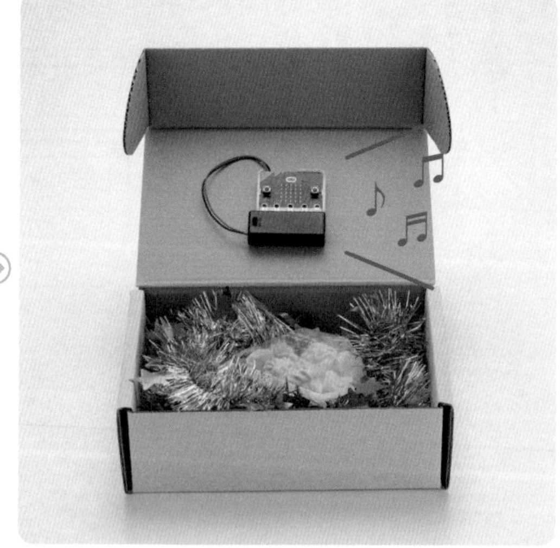

micro:bit をふたに取り付け、とじます。ふたを開けるとメロディが流れます。

どうすれば作れる?

ふたがとじているときと開いているときでは、micro:bitの姿勢(しせい)(=傾き(かたむ))がちがいます。傾き(かたむ)の角度を調べ、ふたが開いているときにメロディが流れるプログラムを作り、micro:bitに書きこみます。

①micro:bitの傾き(かたむ)の角度を調べる。
②指定した範囲(はんい)内の角度に傾い(かたむ)たらメロディを流す。

ふたがとじているときはmicro:bitの裏面が上を向いています。ふたを開けると、表面が上を向いている状態へとmicro:bitの姿勢が変化します。

プログラムの最終形

ふたを開けたとき(=micro:bitが指定した範囲(はんい)内の角度に傾い(かたむ)たとき)メロディが流れるようにします。

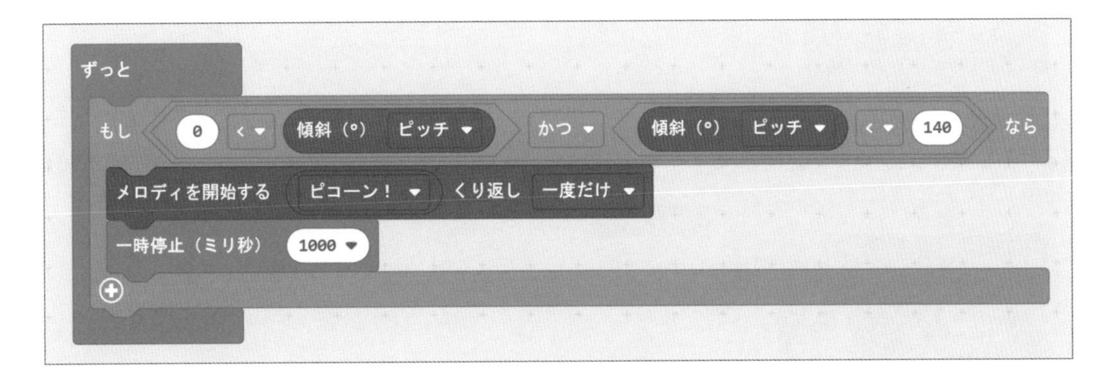

POINT

スピーカーを搭載(とうさい)していないバージョン(v1.5以前)のmicro:bitを使う場合は「バングルモジュール」(購入(こうにゅう)先は245ページを参照)を組み合わせるのがおすすめです。

POINT

micro:bitの傾きの角度について

micro:bitでは、「ピッチ」と「ロール」の2種類の角度を調べることができます。「ピッチ」はmicro:bit前後方向の傾き、「ロール」はmicro:bit左右方向の傾きのことです。ふたの開閉によって前後方向の傾きが変化しているので、今回は「ピッチ」を調べます。micro:bitがロゴマーク方向に傾いているとき「ピッチ」は負の値に、端子方向に傾いているとき正の値になります。
「Aボタンを押したらピッチ角度を表示するプログラム」を作って、実際の角度を調べてみましょう。

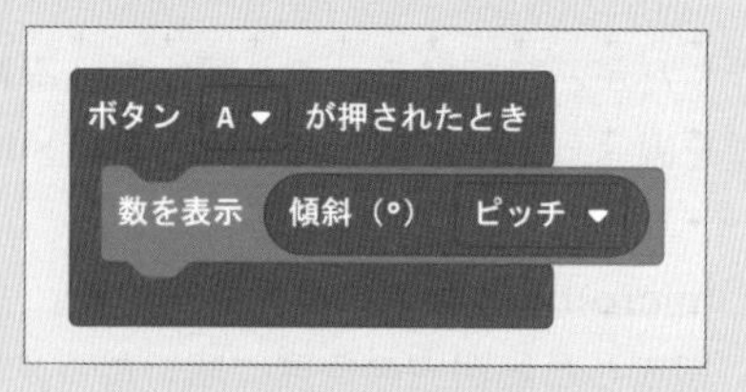

ピッチ角度を調べるプログラム

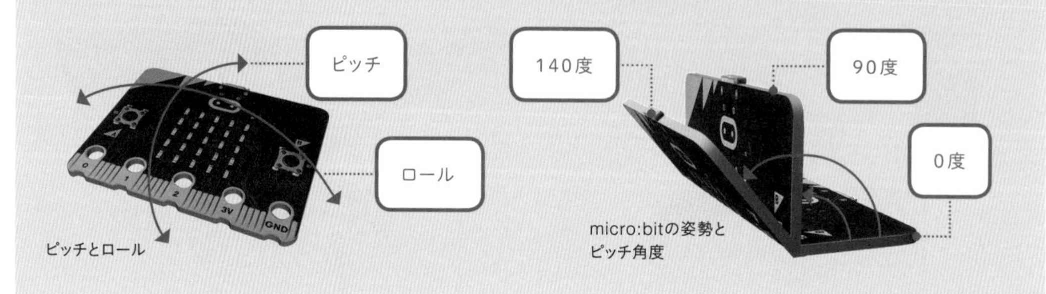

ピッチとロール

micro:bitの姿勢とピッチ角度

プログラミング

1 「ずっと」ブロックを使います。

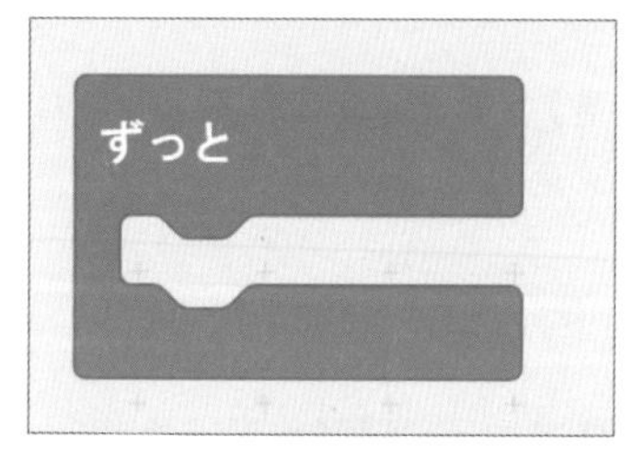

使用ブロック 基本→ずっと

2 「もし真なら」ブロックを「ずっと」ブロックの中に入れます（条件判断については65ページを参照）

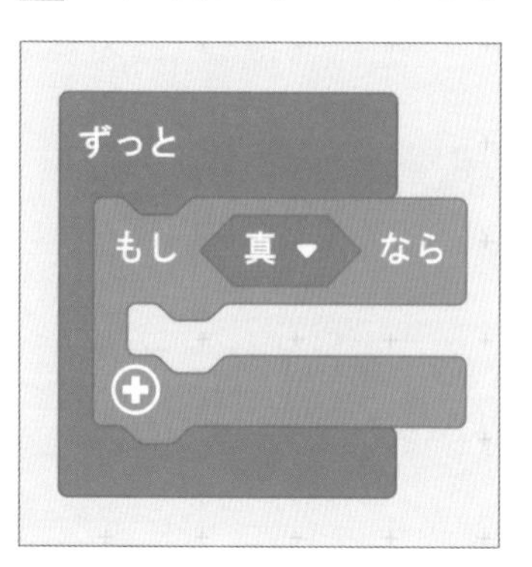

使用ブロック 論理→もし真なら

3 「真」のところに「かつ」ブロックを入れます。次に、「かつ」ブロックの前半部に「0<0」ブロックを入れ、右側の「0」のところに「傾斜（°）ピッチ」を入れます。

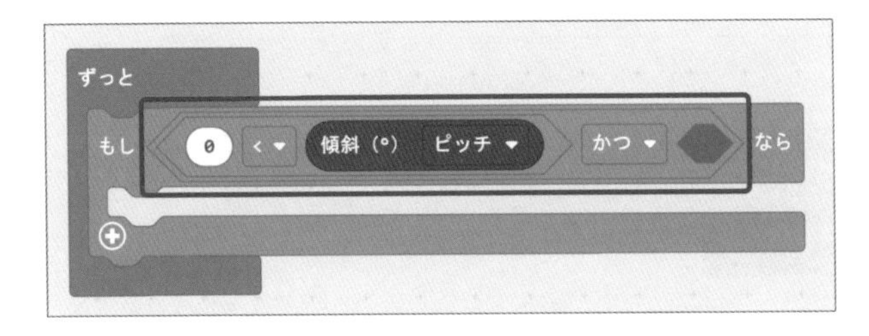

使用ブロック 論理→かつ

使用ブロック 論理→0<0

使用ブロック 入力→その他→傾斜（°）ピッチ

4 「かつ」ブロックの後半部に「0<0」ブロックを入れ、左側の「0」のところに「傾斜（°）ピッチ」を入れ、右側の「0」のところに「140」を入力します。

使用ブロック 論理→0<0

使用ブロック 入力→その他→傾斜（°）ピッチ

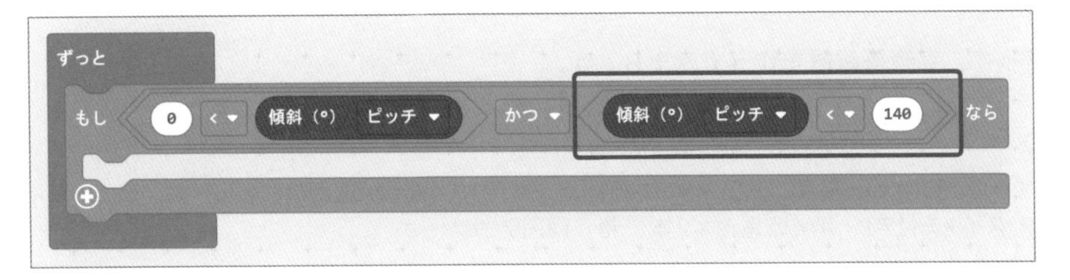

5 「メロディを開始する ダダダム くり返し 一度だけ」ブロックをつなぎ、「ダダダム」をクリックし「ピコーン！」を選びます。

使用ブロック 音楽→メロディを開始する ダダダム くり返し 一度だけ

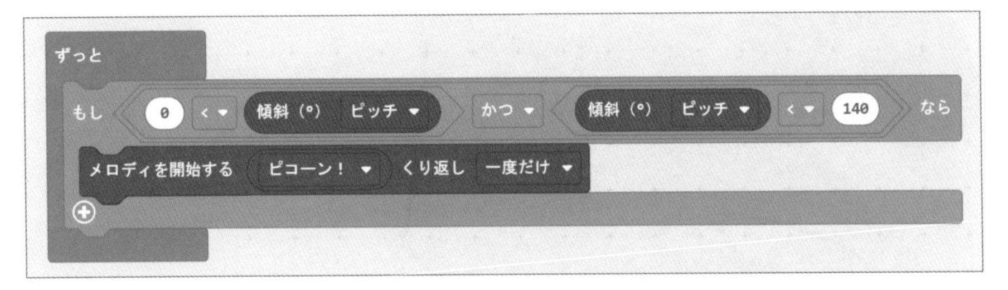

POINT

このプログラムでは、一度メロディが流れてもふたをとじたら止まります。ずっと流したい場合は、「一度だけ」をクリックし「ずっと」を選んでください。

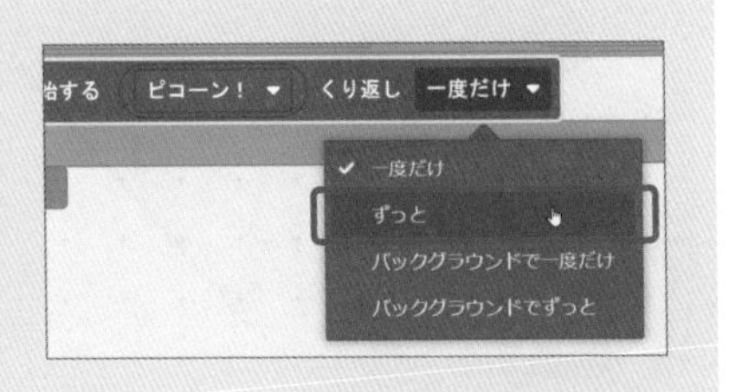

6 「一時停止（ミリ秒）100」ブロックをつなぎ、「100」をクリックし「1 second」を選びます。

使用ブロック　基本→一時停止（ミリ秒）100

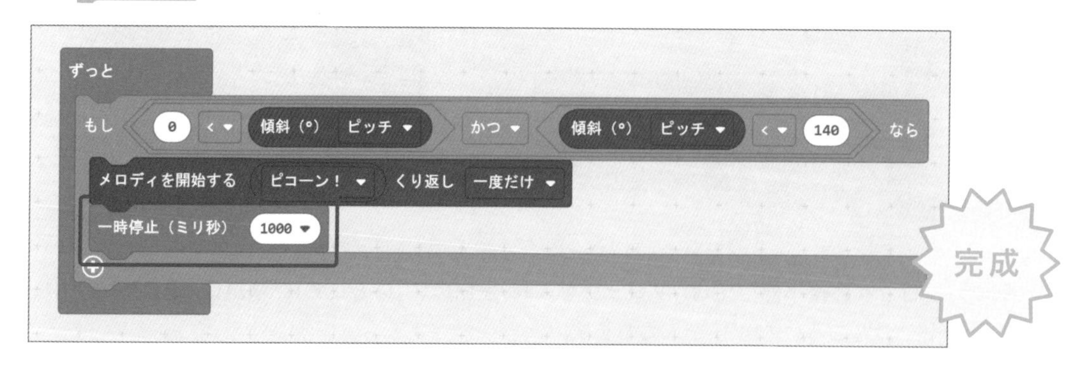

装置を作る

身近な材料を使って、宝箱警報器を作ってみましょう。

用意するもの

プログラム書きこみずみのmicro:bit（書きこみのしかたは27ページ参照）、micro:bit用ケース（透明）、micro:bit用電池ボックス（フタ・スイッチ付き）、単4乾電池×2本、箱、両面テープ

作り方

micro:bitを専用のケースに入れ、電池ボックスをつなぎます。用意した箱の内側、ふた部分にケースと電池ボックスを両面テープで貼り付けます。

実際に試してみる

1 電池ボックスのスイッチをオンにします。ふたを大きく開けるとメロディが流れてしまいますので注意しましょう。

2 宝箱（たからばこ）のふたをとじます。ゆっくりととじましょう。

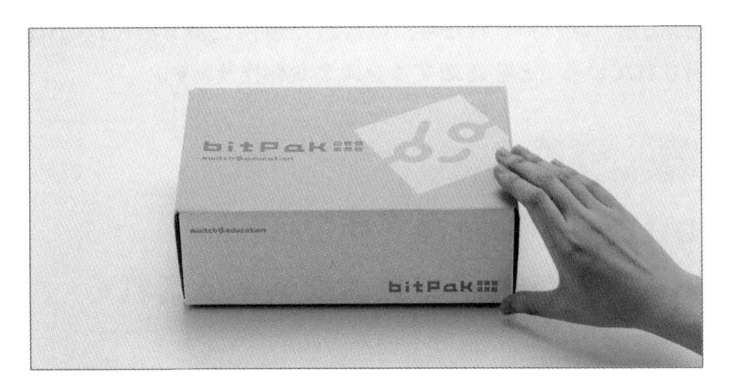

3 宝箱（たからばこ）を開けるとメロディが流れます。

POINT

ふたを開けてもメロディが流れない場合は、「プログラミング」の手順 **4** で指定したピッチ角度の範囲（はんい）を変えてみましょう。角度の情報はmicro:bitの姿勢（しせい）を表しているので、micro:bitを取り付けた向きによって、プログラムの角度の数字を調整する必要があるかもしれません。

アレンジしよう！

メロディが流れるだけではなくLEDにマークを表示させたりしましょう。

また、自分で使うときだけメロディを流さずに開けることができる秘密（ひみつ）の仕組みを追加してみましょう。どんなプログラムにすればよいでしょうか？

なごやかなメロディを選べば、「オルゴール」にもできそうですね。箱でなく、2つ折りのカードに加工すれば、バースデーカードにもアレンジできます。

対応バージョン V1 V2

3-2 呼び出しチャイムを作ろう

無線通信機能を使って、micro:bit（子機）のボタンが押されたら、はなれた場所にあるmicro:bit（親機）でメロディが流れ、子機から呼び出されていることを通知するシステムを作ります。

できること

子機のmicro:bitのボタンが押されたら、親機のmicro:bitに子機の番号が表示されメロディが流れる

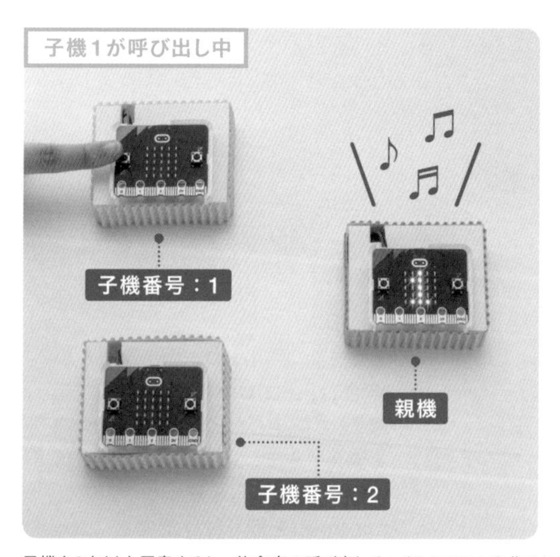

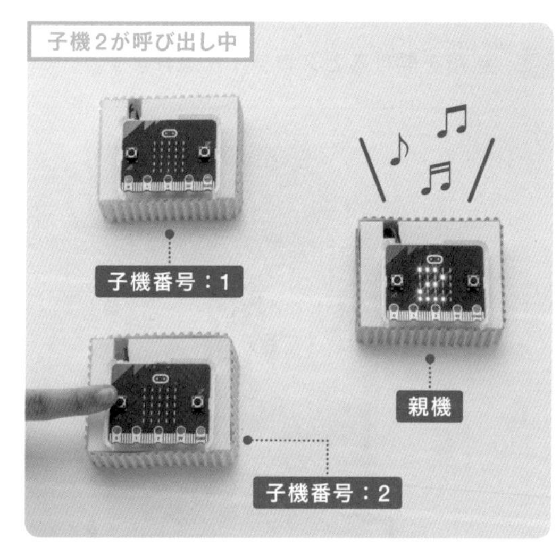

子機を2台以上用意すると、飲食店の呼び出しチャイムシステムを作ることができます。

どうすれば作れる?

親機と子機、それぞれのプログラムを作り、micro:bitに書きこみます。

親機

①受信した数値を表示してメロディを流す。

子機

①ボタンAが押されたら、子機番号を送信する。

プログラムの最終形

親機と子機のプログラムは以下のようになります。

[親機]

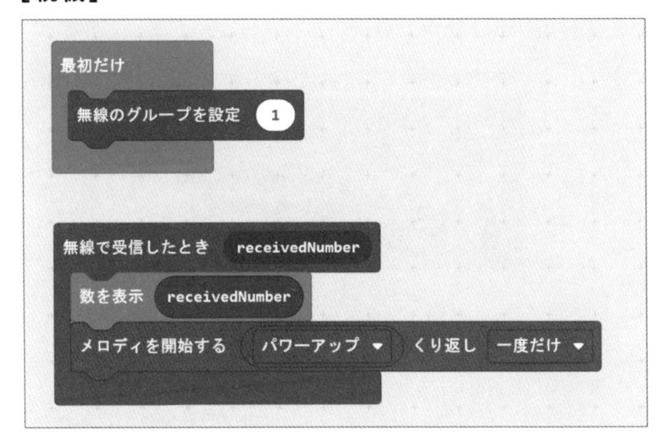

[子機]

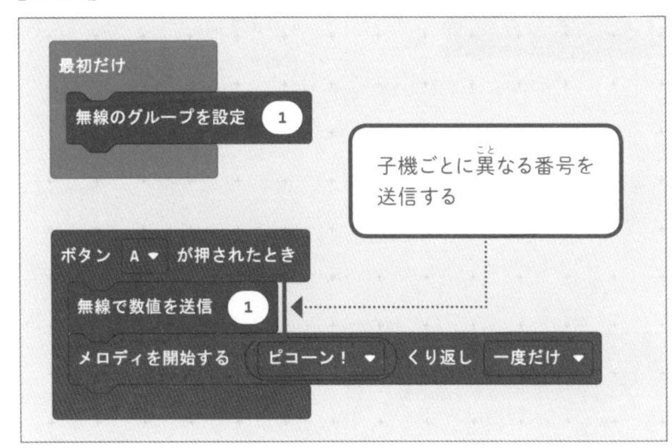

POINT

スピーカーを搭載(とうさい)していないバージョン（v1.5以前）のmicro:bitを使う場合は「バングルモジュール」（購入(こうにゅう)先は245ページを参照）を組み合わせるのがおすすめです。

プログラミング

● 親機

1 「最初だけ」に「無線のグループを設定 1」ブロックを入れ、グループIDを設定します。

使用ブロック 基本→最初だけ

使用ブロック 無線→無線のグループを設定 1

2 少し離して「無線で受信したとき receivedNumber」ブロックを置き、以下の手順で親機のプログラムを完成させましょう。

使用ブロック　無線→無線で受信したとき receivedNumber

使用ブロック　基本→数を表示 0

使用ブロック　音楽→メロディを開始する ダダダム くり返し 一度だけ

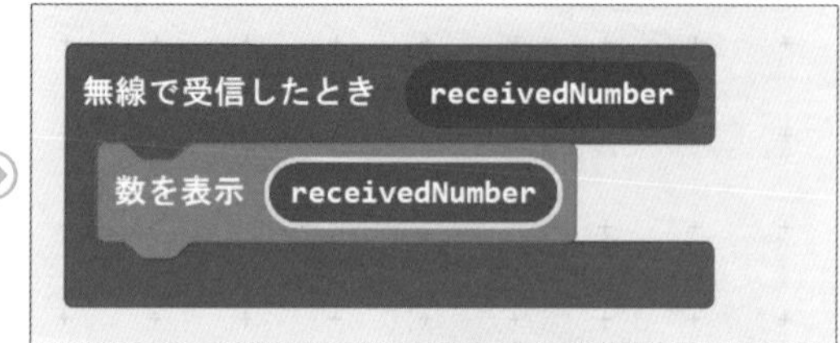

無線で受信したとき receivedNumber
数を表示 receivedNumber
メロディを開始する ダダダム くり返し 一度だけ

無線で受信したとき receivedNumber
数を表示 receivedNumber
メロディを開始する パワーアップ くり返し 一度だけ

POINT

無線通信に関するプログラミングのしかたについては83ページにくわしく紹介しています。

● 子機

1 「最初だけ」に「無線のグループを設定 1」ブロックを入れます。親機と同じグループIDにしましょう。

使用ブロック　基本→最初だけ

使用ブロック　無線→無線のグループを設定 1

2 少し離して「ボタンAが押されたとき」ブロックを置き、以下の手順で子機のプログラムを完成させましょう。

使用ブロック 入力→ボタンAが押されたとき

使用ブロック 無線→無線で数値を送信 0

使用ブロック 音楽→メロディを開始する ダダダム くり返し 一度だけ

子機を複数用意する場合は、子機ごとに送信する数値を変えましょう。

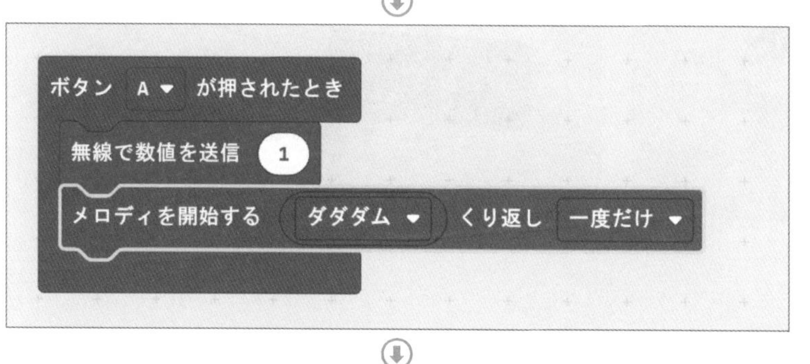

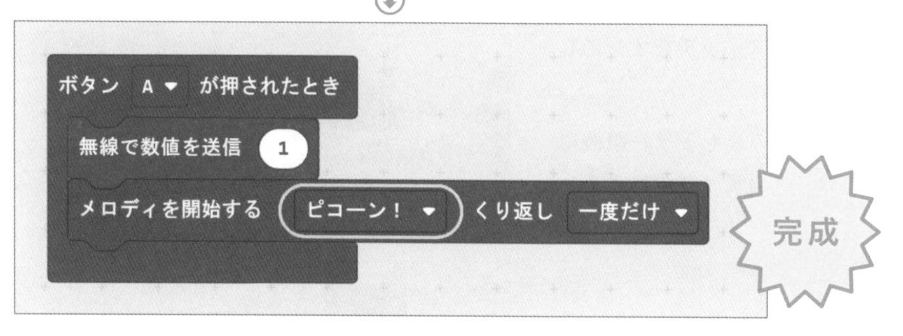

装置を作る

身近な材料を使って、呼び出しチャイムを作ってみましょう。

● 用意するもの

親機、子機のプログラム書きこみずみのmicro:bit（書きこみのしかたは27ページ参照）
micro:bit 1台につき用意するもの：micro:bit用ケース（透明）、micro:bit用電池ボックス（フタ･スイッチ付き）、単4乾電池×2本、厚紙などクラフト素材、はさみ（またはカッター）、両面テープ

作り方

1. micro:bitを専用（せんよう）のケースに入れ、電池ボックスをつなぎます。

2. 厚紙などを使って土台を作り、1と合体しましょう。

実際に試してみる

1. すべての電池ボックスのスイッチをオンにします。
2. 子機のボタンAを押してみましょう。親機に子機番号が表示され、メロディが流れます。

アレンジしよう！

親機が受信したときに流すメロディの回数を「一度だけ」ではなく、呼（よ）び出しに気がつくまで＝親機のボタンAが押されるまでずっと流れるように改良してみましょう。

また、クイズの早押しボタンにもアレンジできそうですね。どんなプログラムにすればよいか、考えてみましょう。

3-3 リアクションゲームを作ろう

対応バージョン V1 V2

ボタンAを押したらゲームスタート！ LEDが点灯したら急いで端子(たんし)をタッチ。一番早くタッチできた人の勝ちです。

できること

ボタンAが押されたら、3秒～5秒後にLEDを点灯し、最初にタッチされた端子(たんし)番号を表示する

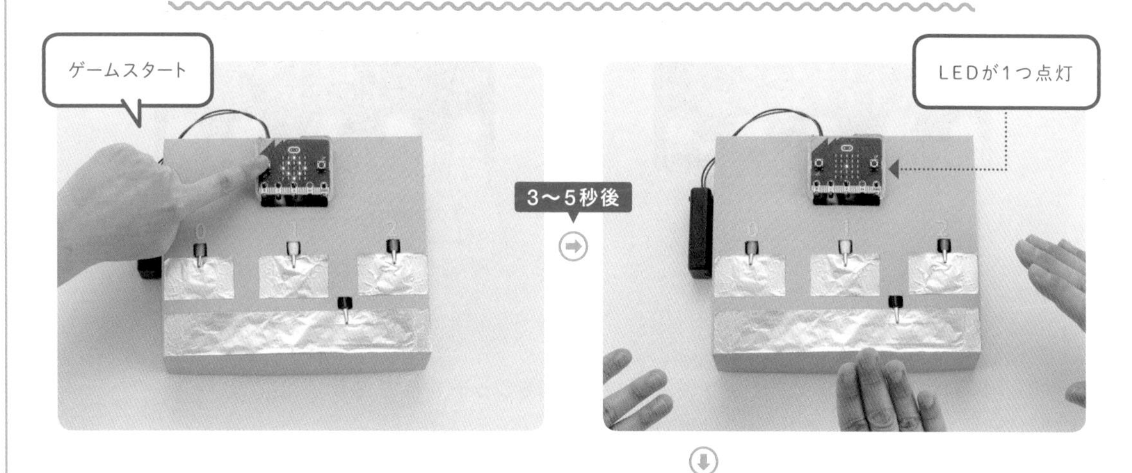

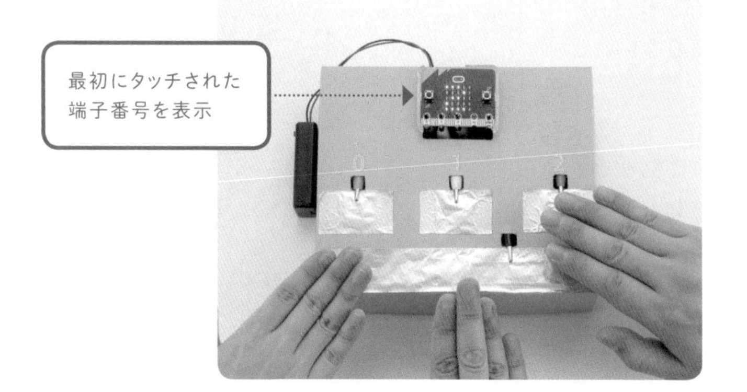

ボタンAを押してゲームスタート。LEDが点灯したら急いでタッチ。だれが一番早くタッチできるか競いましょう。「P0」「P1」「P2」の3つ端子を使っているので、同時に3人までゲームすることができます。
スタートしてからLEDが点灯するまでの時間をランダムにすることでドキドキ感を演出します。これから作るプログラムでは、3秒～5秒の間に点灯するようにします。

どうすれば作れる?

LEDを点灯したあとに一番速くタッチされた端子を調べるプログラムを作り、micro:bitに書きこみます。

①ボタンAが押されたら、3秒〜5秒後にLEDを点灯する。
②端子のタッチを検知したら、端子の番号をLED画面に表示する。

POINT

端子P0、P1、P2のタッチ方式には「静電容量式」と「抵抗式」の2種類があります。「抵抗式」の場合、2か所同時にさわる必要がありますが、「静電容量式」の場合は、1か所さわればタッチ検出されます。指定していない場合、端子は「抵抗式」で検出されます。

[静電容量式]

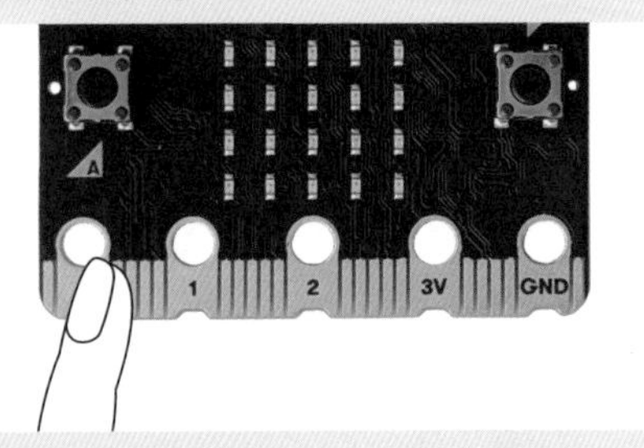

端子P0のみをさわっているときに
「端子P0がタッチされている」と判定する方式。

[抵抗式]

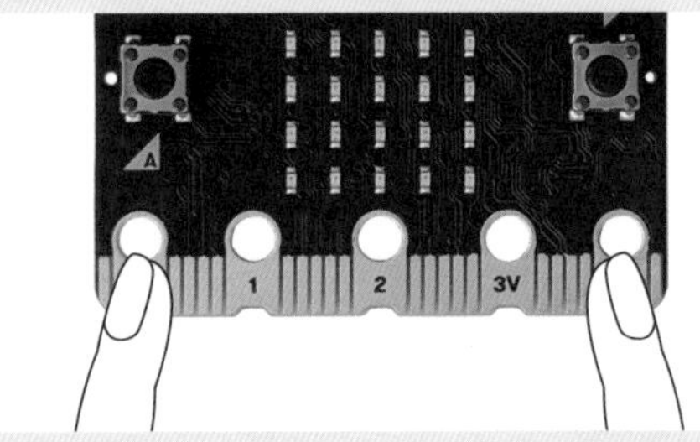

端子P0と端子GNDの2か所を同時にさわっているときに
「端子P0がタッチされている」と判定する方式。

今回のようにワニロクリップを使う場合は、「抵抗式」でタッチ検出を行いましょう。「静電容量式」で検出すると、タッチしてないのに「タッチされた」と判断されるなど検出精度が落ちる場合があります。

抵抗式の場合は2か所同時にタッチする必要があるため、遊ぶときは必ず2枚のアルミホイルをタッチするようにしましょう。そうすることで、回路がつながり、micro:bitに信号が送られます。

[端子P0をタッチする場合]

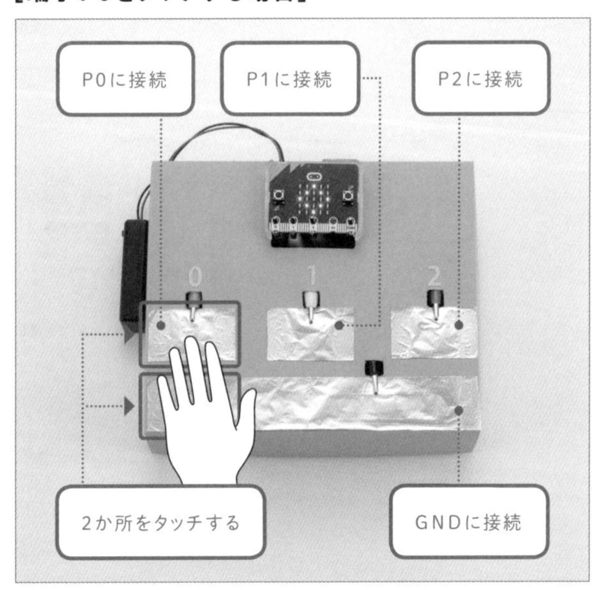

プログラムの最終形

LED画面に表示する番号は、LEDを点灯してから最初にタッチされた端子の番号だけです。LED点灯前にタッチされても表示しません。また、LED点灯後、2番目、3番目にタッチされた端子の番号も表示しません。つまり、タッチを検出しても番号を表示する場合と表示しない場合があります。

そこで、変数を活用して番号を表示するかどうか判断します。変数「番号を表示する」を用意し、真偽値を保存します。タッチを検出したとき、変数「番号を表示する」が「真」の場合は番号を表示し、「偽」の場合は表示しないようにプログラミングします（変数については109ページで紹介）。

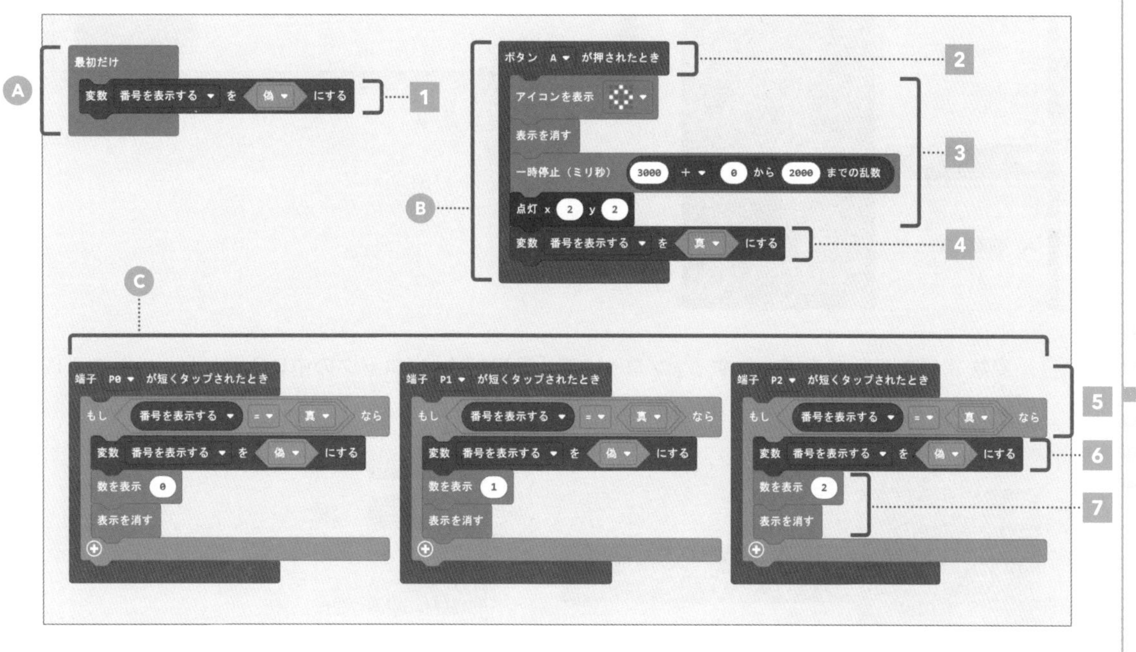

1 LEDを点灯するまではタッチされても端子番号を表示しないので、変数「番号を表示する」を「偽」に設定します。

2 ボタンAが押されたら、3、4を実行します。

3 開始の合図のマークをLEDに表示したあと、表示を消し、3秒〜5秒後にLEDを1つ点灯します。

4 変数「番号を表示する」を「真」に設定し、タッチされたら番号を表示するようにします。

5 端子をタッチされたとき、変数「番号を表示する」が「真」だったら6、7を実行します。

6 変数「番号を表示する」を「偽」に設定し、以降にタッチされても番号を表示しないようにします。

7 端子の番号を表示したあと、表示を消します。

グループA

1 ツールボックス「変数」の中にある「変数を追加する...」を選び、「番号を表示する」と入力し「OK」を選びます。

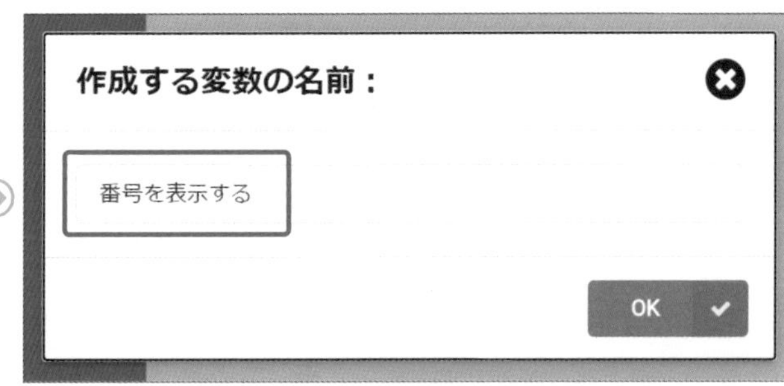

2 「変数 番号を表示する を0にする」ブロックを「最初だけ」ブロックの中に入れ、「0」のところに「偽(ぎ)」ブロックを入れます。

グループB

1 少し離(はな)して「ボタンAが押されたとき」ブロックを置き、図のようにブロックをつなげましょう（開始の合図になります）。

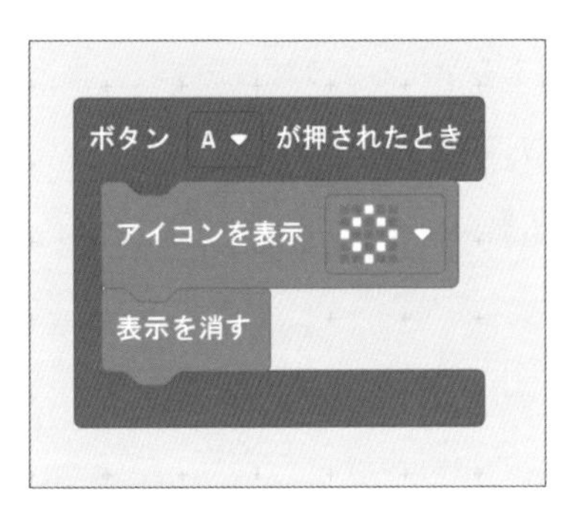

使用ブロック 入力→ボタンAが押されたとき

使用ブロック 基本→アイコンを表示

使用ブロック 基本→表示を消す

2 「一時停止（ミリ秒）100」ブロックをつなぎ、「100」のところに「0＋0」ブロックを入れます。左側の「0」に「3000」と入力して、右側の「0」に「0から10までの乱数」ブロックを入れます。さらに「10」に「2000」と入力しましょう。

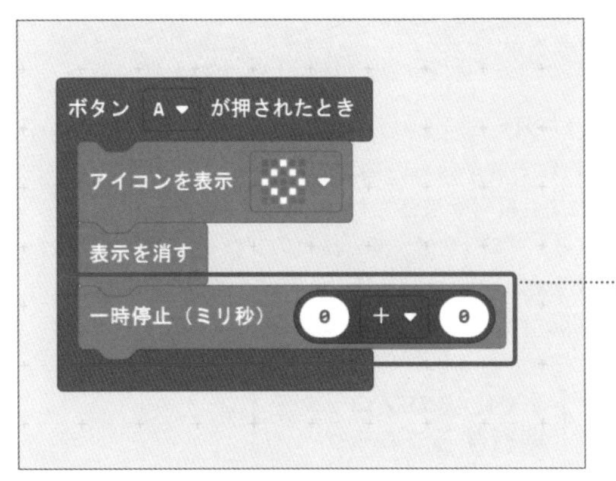

使用ブロック 基本→一時停止（ミリ秒）100

使用ブロック 計算→0＋0

使用ブロック 計算→0から10までの乱数

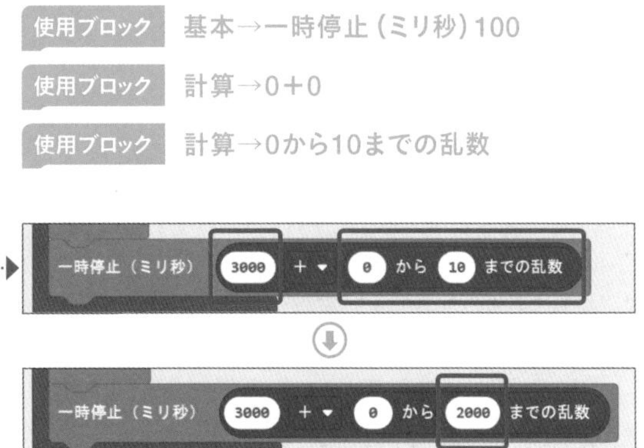

3 「点灯 x 0 y 0」ブロックをつなぎ、それぞれ「0」に「2」と入力します。

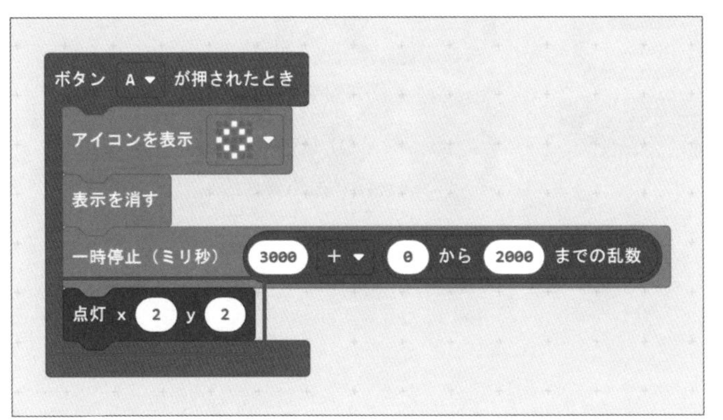

使用ブロック LED→点灯 x 0 y 0

POINT

LEDを座標で指定する場合のやり方は26ページを参照してください。

4 「変数 番号を表示する を 0 にする」ブロックをつなぎ、「0」に「真」ブロックを入れます。

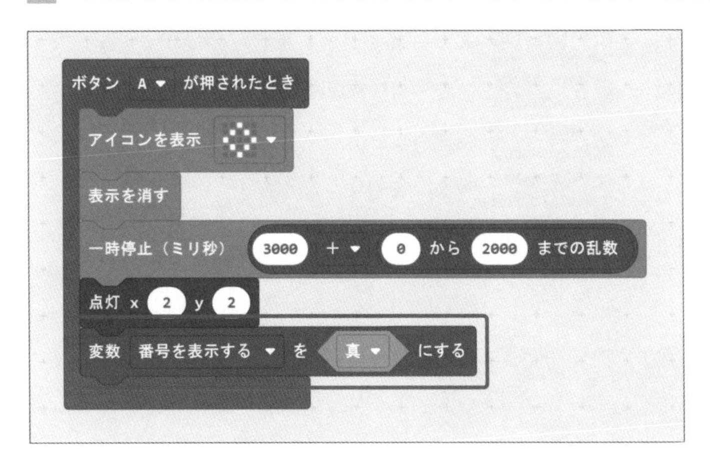

使用ブロック 変数→変数 番号を表示する を 0 にする

使用ブロック 論理→真

プログラミングソフト使いこなしテクニック

どうして「点灯 x 0 y 0」ブロックを使ったの？

ツールボックス「基本」の中にある、「LED画面に表示」ブロックは、次のブロックに移るまでに0.5秒ほど時間がかかります。リアクションゲームでは速さを競うため、約0.5秒の待ち時間の間にタッチされる可能性があります。変数「番号を表示する」が偽のままだとタッチされても番号が表示されなくなってしまいます。
一方、ツールボックス「LED」の中にある、「LEDを点灯する」ブロックは、すぐに次のブロックに移ります。そのため、ここでは待ち時間のない「点灯 x 0 y 0」ブロックを利用し、点灯後すぐに変数「番号を表示する」を真にしているのです。実際にかんたんなプログラムを作って、micro:bitに書きこみ確かめてみてください。

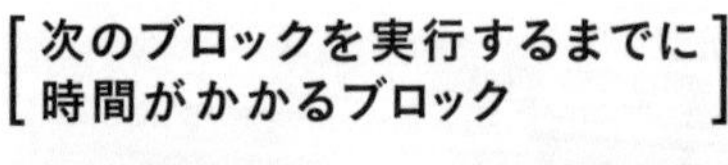

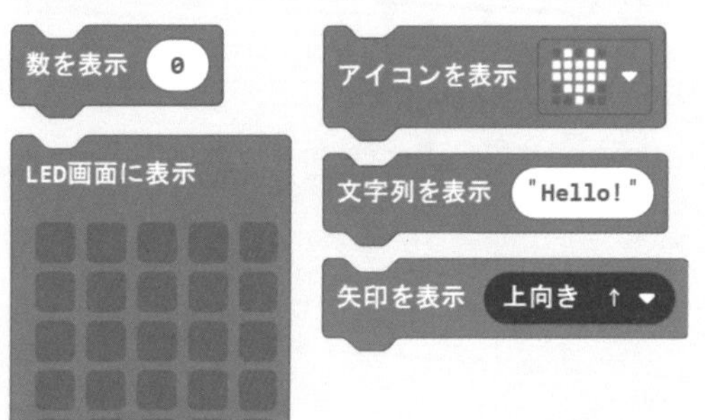

[すぐに次のブロックを実行するブロック]

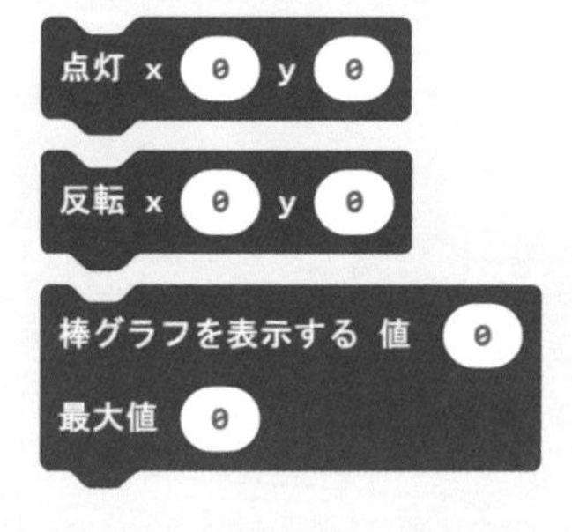

グループC

1 少し離して、「端子 P0 が短くタップされたとき」ブロックを置きます。「もし真なら」ブロックを入れ、以下の手順で条件部分のプログラムを作ります。

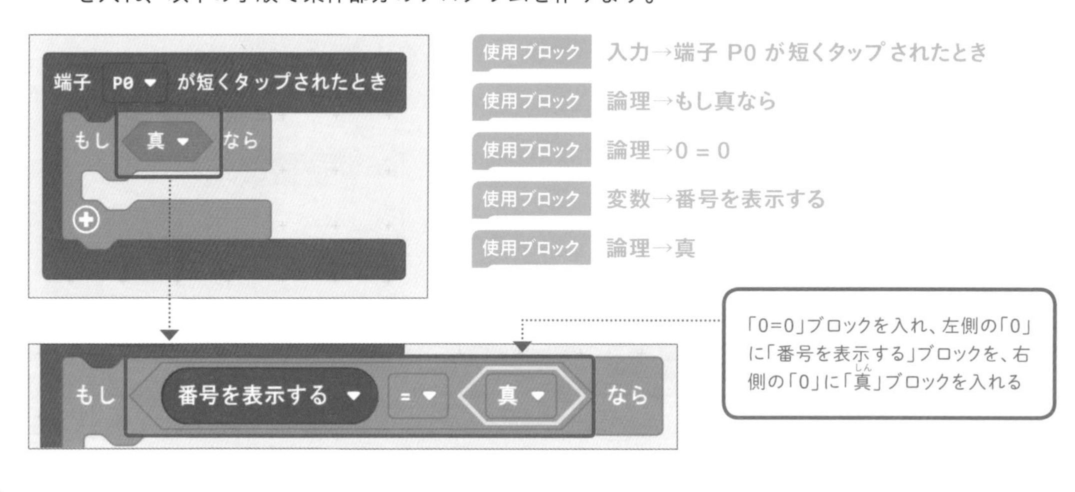

2 ツールボックスから各ブロックをドラッグ＆ドロップし、以下のようにプログラムを作ります。

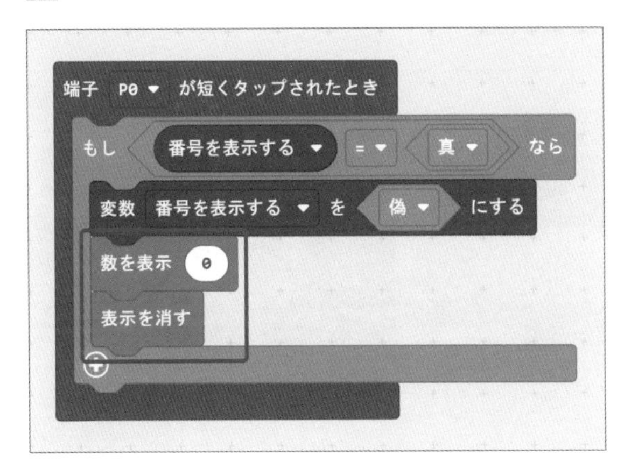

使用ブロック 変数→
変数 番号を表示する を 0 にする

使用ブロック 論理→偽

使用ブロック 基本→数を表示 0

使用ブロック 基本→表示を消す

3 「端子 P0 が短くタップされたとき」ブロック上で右クリックし、「複製する」を選びます。すると、ブロックのかたまり全体が複製されます。複製された「端子 P0 が短くタップされたとき」ブロックを、少し離(はな)れた場所にドラッグ＆ドロップしましょう。

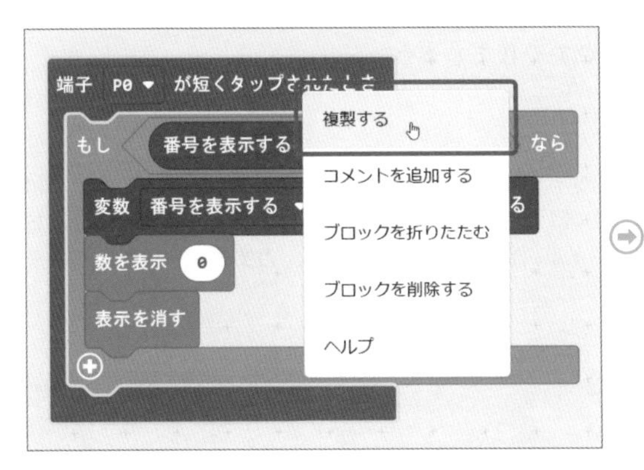

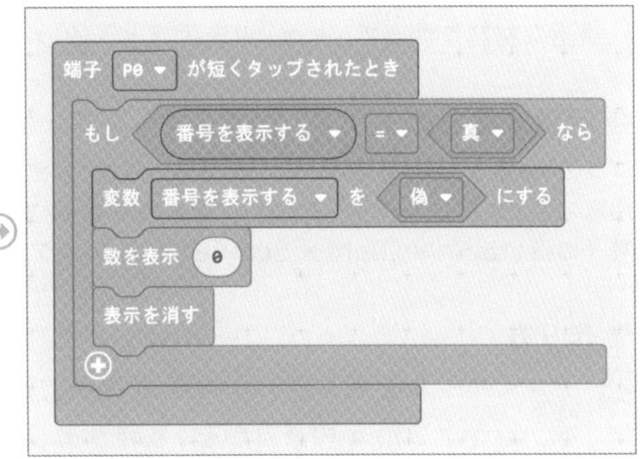

4 「P0」を「P1」に変え、「数を表示 0」の「0」に「1」と入力します。

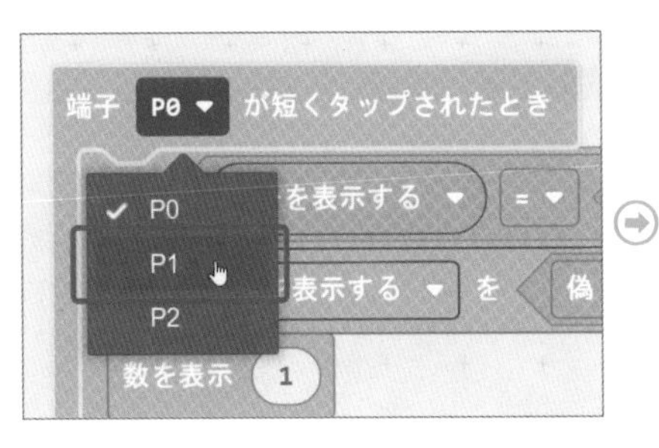

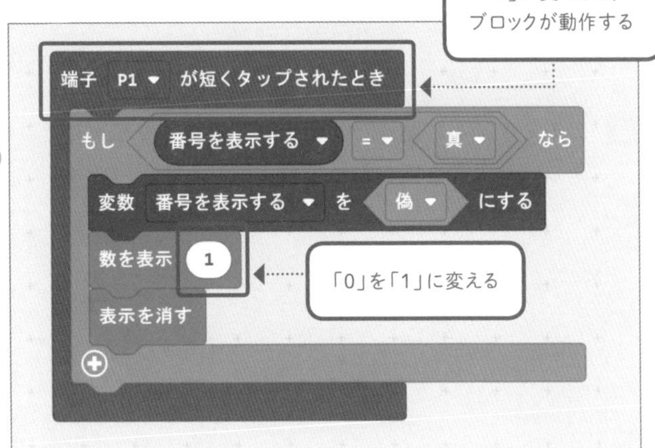

3章 micro:bitで作品を作ろう

5 複製の作業 **3** をもう一度行い、今度は「P0」を「P2」に変え、「数を表示 0」の「0」に「2」と入力します。これで、プログラムすべてが完成しました。

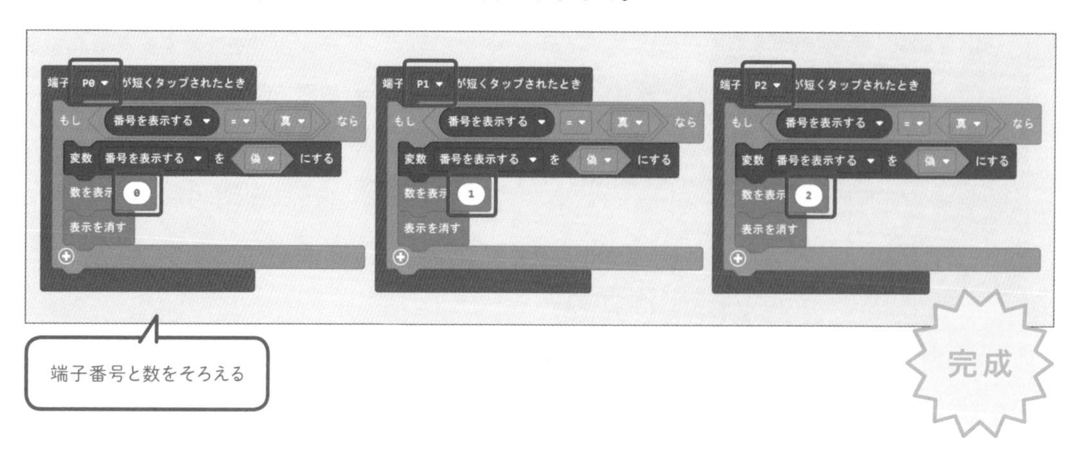

装置を作る

身近な材料を使ってmicro:bitを固定し、タッチしやすくしましょう。

● 用意するもの

プログラム書きこみずみのmicro:bit(書きこみのしかたは27ページ参照)、micro:bit用ケース(透明)、micro:bit用電池ボックス(フタ･スイッチ付き)、単4乾電池×2本、ワニ口クリップ×4本(購入先は245ページを参照)、お菓子の箱(15cm × 20cm × 5cmくらいのもの)、アルミホイル、両面テープ、はさみ、カッター、定規

● 作り方

1 アルミホイルを切り、3cm×5cmの長方形を3枚、3cm×20cm の長方形を1枚作りましょう。そして、片面に両面テープを貼ります。

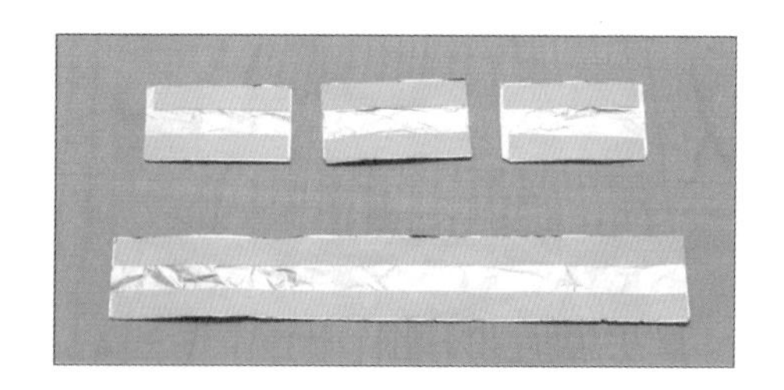

2 アルミホイルに貼った両面テープのはくり紙をはがし、図のようにお菓子の箱に貼ります。

3 図の赤わく部分をカッターで切り落とします。手や指をケガしないように注意しましょう。

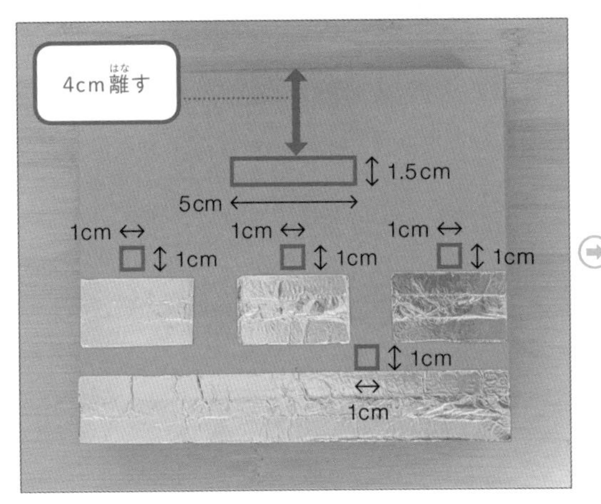

4 micro:bitをmicro:bit用ケースに入れ、4本のワニ口クリップをmicro:bitの端子P0、P1、P2、GNDにはさみます。写真のようにmicro:bitの裏側からはさみましょう。

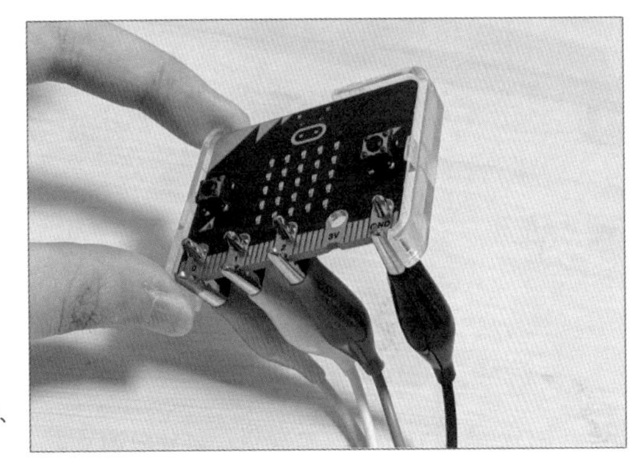

端子のへこみ部分をかむように、クリップをはさみます。

5 ワニ口クリップの何もはさんでいない側を細長い穴から箱の中に入れておきます。両面テープを使って、micro:bit用ケースを箱に貼り付けます。そして、ワニ口クリップの何もはさんでいない側で、1cm×1cmの小さな穴の内側から顔を出すように、それぞれのアルミホイルをはさみます。

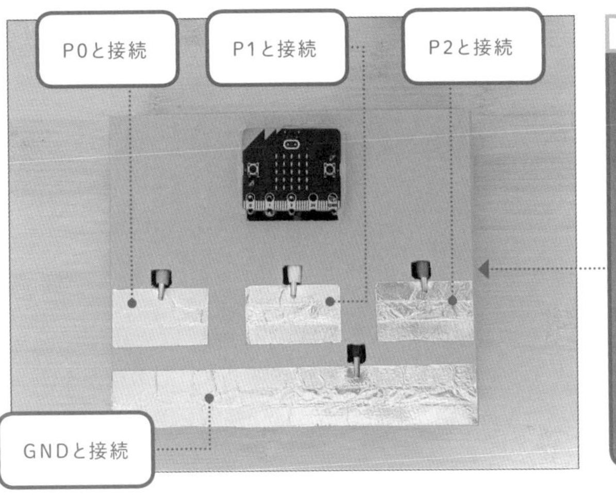

横から見たところ

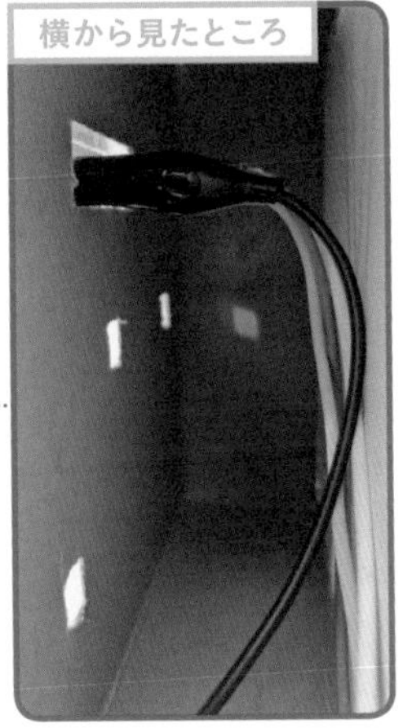

作業しづらい場合は、箱の側面や裏面をカッターで切るなど、箱を加工しましょう。

6 電池ボックスに単4乾電池(かんでんち)を入れてmicro:bitにつなげ、両面テープを使って箱の側面に固定したら完成です。

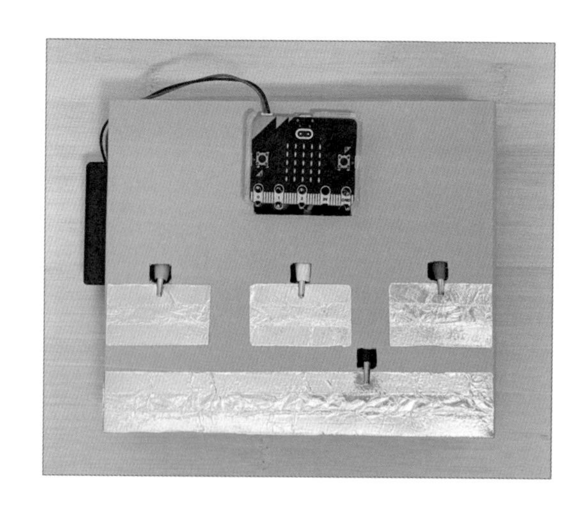

実際に試してみる

1 同時に3人までゲームできます。だれがどの端子をタッチするか決めましょう。

2 電池ボックスのスイッチをオンにします。ボタンAを押しましょう。LED画面にアイコンが表示され、消えたらゲームスタートです。

3 LEDが点灯したら、すばやく自分の端子をタッチしましょう。

4 一番速くタッチした人の端子番号がLED画面に表示されます。

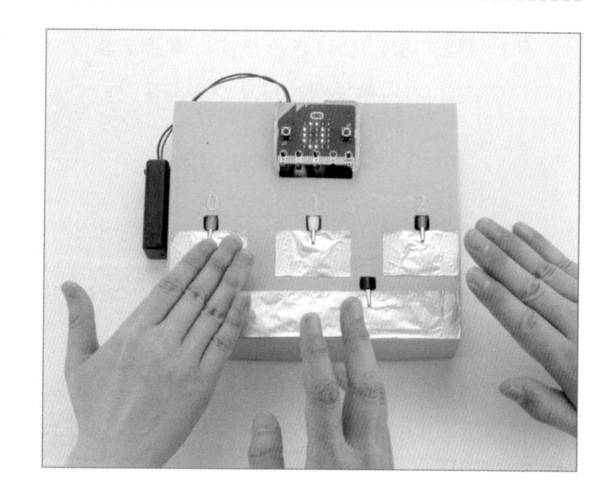

注意

「短くタップされたとき」ブロックは、「タッチされ、ふたたびタッチされなくなった」ときに実行されます。タッチしたままだと実行されませんので、遊ぶときには注意してください。

アレンジしよう！

ゲームを開始するとき、開始の合図のアイコンを表示するだけでなく、「3」「2」「1」とLEDに順番に表示させてカウントダウンすると、よりゲームっぽくなります。また、点灯するLEDの位置をランダムにしたり、スピーカーを搭載(とうさい)しているmicro:bit V2を使っている場合は効果音を鳴らしたりすると、もっと楽しくなるかもしれません。

プログラミングソフト使いこなしテクニック

変数をマスターしよう

プログラミングの定番「変数」。ここでは、変数とは何か、MakeCodeでの変数の活用例について紹介します。

変数とは

プログラミングには、プログラムを実行している間だけデータを保存することができ、プログラム実行中はいつでもデータを読み取り／上書きすることができる仕組みがあります。この、保存しているデータのことを「変数」といいます。変数には「数値」「文字列」「真偽値」のデータを保存することができます。

［MakeCodeに用意されている変数ブロックの一例］

ブロックの形	変数の名前	保存しているデータの種類	保存しているデータの中身
明るさ	明るさ	数値	光センサーで計測した「明るさの度合い」
方角（°）	方角（°）	数値	地磁気センサーで計測した「方角」
稼働時間（ミリ秒）	稼働時間（ミリ秒）	数値	micro:bitに電源が入ってからの時間、もしくは、リセットボタンが押されてからの時間（ミリ秒単位）
receivedString	receivedString	文字列	無線通信で受信した文字列

POINT

micro:bitの電源をオフにすると、変数のデータは消えます。リセットしたときも消えます。

新しい変数の作り方

MakeCodeでは、自分で新しく変数を作ることができます。

1 「変数を追加する...」を選択(せんたく)します。

2 変数の名前を入力し、「OK」ボタンをクリックします。

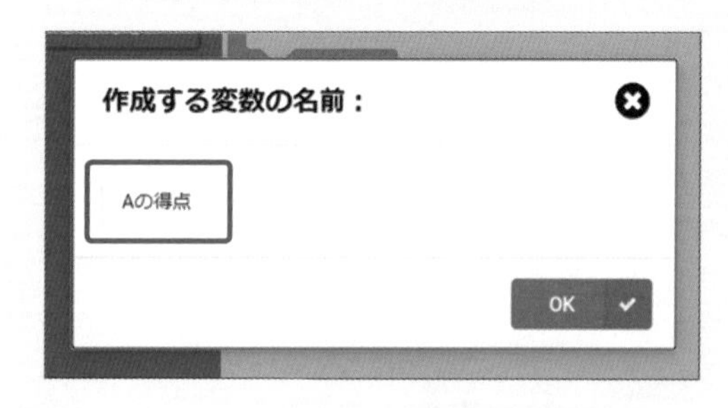

POINT

変数の名前には、半角の英数字（大文字も小文字も使えます）や記号だけではなく、ひらがなやカタカナ、漢字も使うことができます。何のデータを保存(ほぞん)しているかがわかりやすい名前を付けましょう。

3 ツールボックス「変数」を選択(せんたく)してみてください。追加した変数のブロックと、その変数に関連した2つのブロックが作られていることを確認(かくにん)しましょう。

変数を2つ以上作った場合、関連したブロックは「▼」部分を選択して使いたい変数名を選びましょう。

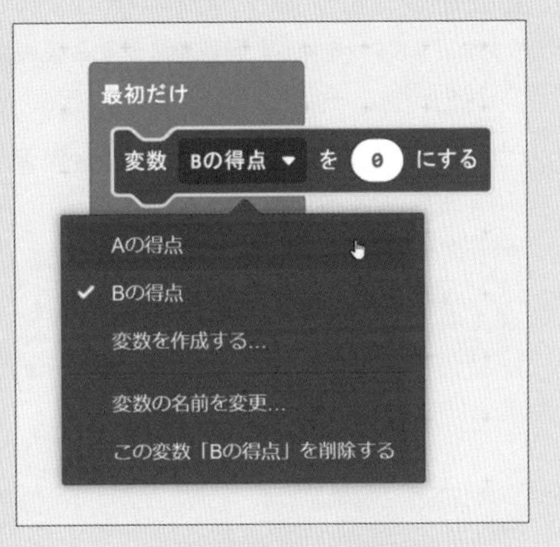

ここでは変数「Aの得点」と変数「Bの得点」を追加しています。

● 変数の名前の変更・削除

追加した変数の名前は変えることができます。また、削除することもできます。

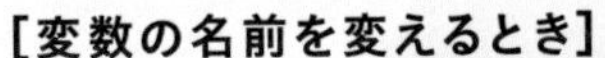

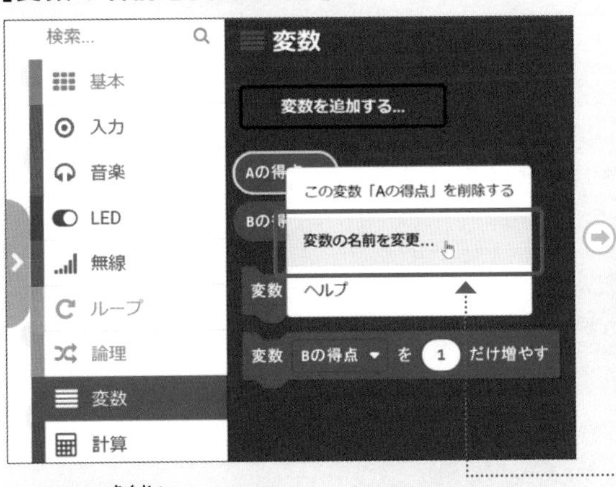

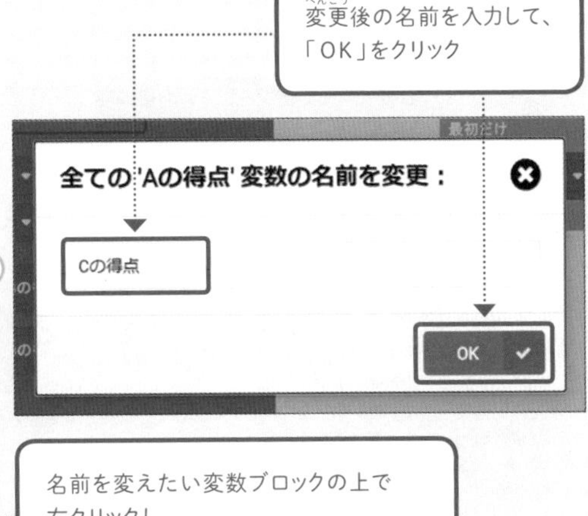

変更後の名前を入力して、「OK」をクリック

名前を変えたい変数ブロックの上で右クリックし、「変数の名前を変更...」を選ぶ

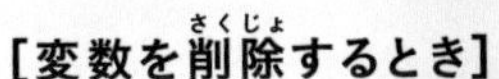

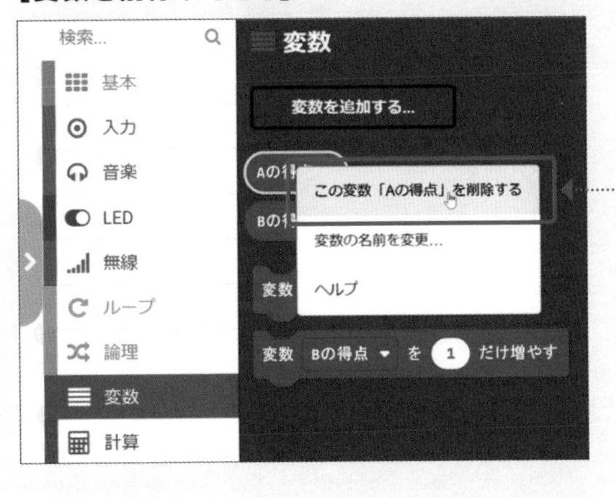

削除したい変数ブロックの上で右クリックし、「この変数「(変数名)」を削除する」を選ぶ

変数を使ったプログラムの例

「カウンター（ボタンを押した回数を表示する機械）」と「ストップウォッチゲーム（5秒ピッタリで止めるゲーム）」の2つを紹介(しょうかい)します。

[カウンター（ボタンを押した回数を表示する機械）]

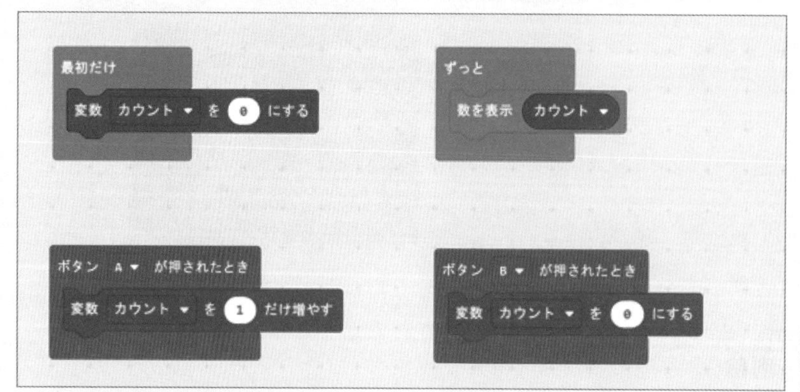

LED画面には、ボタンAを押した回数が表示されます。ボタンBを押すと、カウントをリセットできます。

[ストップウォッチゲーム（5秒ピッタリで止めるゲーム）]

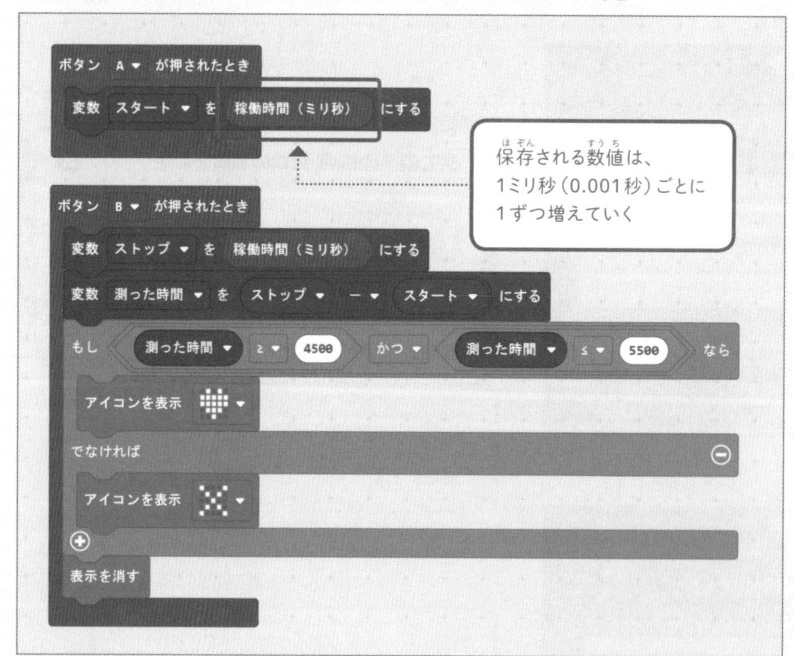

ボタンAを押したらゲームスタート。ボタンBを押したとき、スタートしてから4.5秒〜5.5秒だったらハートマークが表示されます。

この本の続きに出てくる作品でも、変数をたくさん活用します。どんな場合に使っているかチェックしてみてください。

POINT

micro:bitの電源(でんげん)をオフにする、またはリセットボタンを押すと、変数は消えます。たとえば、カウンタープログラムの場合、一度電源(でんげん)をオフにするとふたたび0からカウントアップすることになります。

4章

micro:bitの機能を拡張しよう

この章では、モジュールという部品（基板）を追加して、micro:bitに機能をプラスする作品を紹介します。また、MakeCodeではない別のプログラミングソフト「Scratch」を使って、人工知能を活用した作品も紹介します。

必要な部品の入手先

micro:bit用の部品やモジュールは、
スイッチエデュケーションのサイトから入手できます。
https://sedu.link/products

※Scratchは、MITメディア・ラボのライフロング・キンダーガーテン・グループの協力により、Scratch財団が進めているプロジェクトです。https://scratch.mit.eduから自由に入手できます。

4-1 ワークショップモジュールでmicro:bitの機能を拡張しよう

この章では、「ワークショップモジュール」を使って作品を作ります。ここでは、ワークショップモジュールについて紹介します。

ワークショップモジュールとは

ワークショップモジュールは、専用のコネクターが付いたセンサーやアクチュエーター※を接続することで、micro:bitの機能を拡張できるモジュール（基板）です。電池ボックスも付いているので、micro:bit単体で動かすことが可能です。接続可能なパーツについては、スイッチエデュケーション商品ページ（https://sedu.link/microbit-ws-md）を見てください。

※モーターなど、エネルギーを使って力や動きを生み出す装置のこと。駆動装置とも呼ばれます。

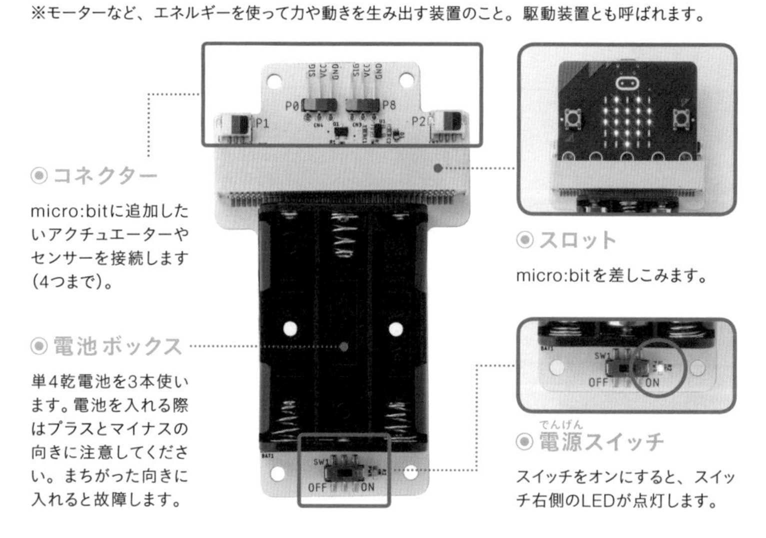

◉コネクター

micro:bitに追加したいアクチュエーターやセンサーを接続します（4つまで）。

◉電池ボックス

単4乾電池を3本使います。電池を入れる際はプラスとマイナスの向きに注意してください。まちがった向きに入れると故障します。

◉スロット

micro:bitを差しこみます。

◉電源スイッチ

スイッチをオンにすると、スイッチ右側のLEDが点灯します。

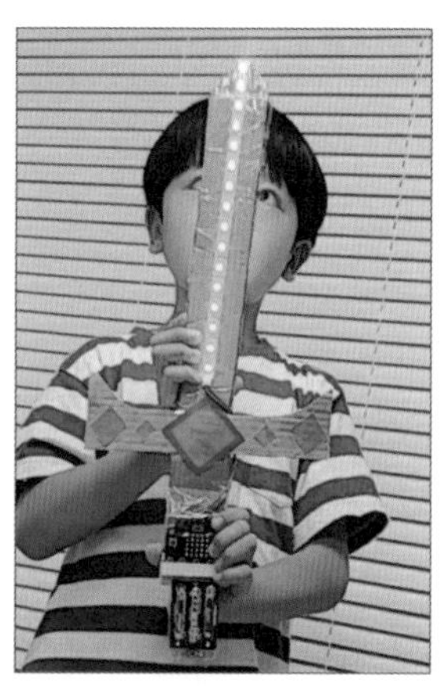

裏面は平面になっているため、工作物にじかに貼り付けることができます。

コネクター部分の拡大図

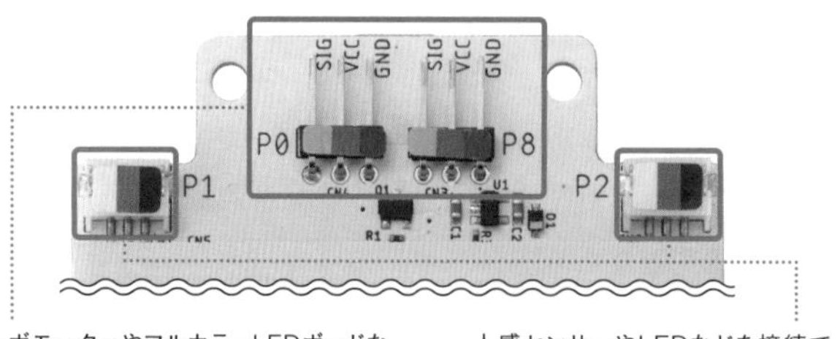

サーボモーターやフルカラーLEDボードなどを接続できます。左側はmicro:bit端子のP0に、右側はP8につながります。

人感センサーやLEDなどを接続できます。左側はmicro:bit端子のP1に、右側はP2につながります。

注意

コネクターには接続向きがあります。ワークショップモジュールに貼ってあるシールの色と、接続するパーツのコードの色のならびが同じになるように接続してください。

4-2 ワークショップモジュールに接続するパーツについて

ここでは、この章で使うセンサーやアクチュエーターといった入出力パーツの使い方について紹介(しょうかい)します。

出力パーツ サーボモーター

使用する作品 射的ゲームを作ろう（126ページ）

指定した向きに回転軸(じく)を動かすことができるパーツです。たとえば、ロボットの腕(うで)のような動きを再現したい場合にサーボモーターを使うと、かんたんに作ることができます。

サーボモーターは、付属のサーボホーンを取り付けて使います。形が異(こと)なる、複数のサーボホーンが用意されています。利用シーンに応じて使いやすい形を選びましょう。

サーボモーター

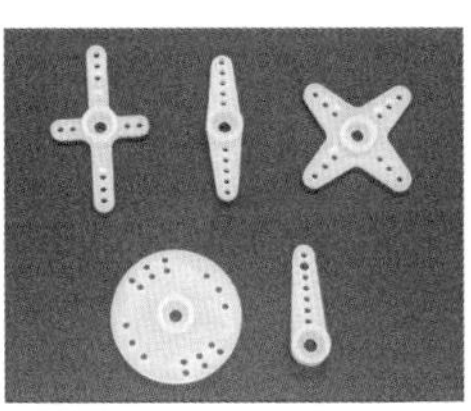

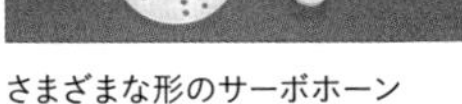

さまざまな形のサーボホーン

サーボホーンをサーボモーターの回転軸に取り付け、付属している小ネジで固定しましょう。

接続のしかた

ワークショップモジュールのP0またはP8のコネクターに接続して使います（コネクターの場所は114ページを参照）。

プログラミングのしかた

サーボモーターは「サーボ 出力する 端子(たんし) P0 角度 180」ブロックを使って動かします。「角度」の数値(すうち)で、どこまで回転するか指定します。

使用ブロック 高度なブロック→入出力端子→サーボ 出力する 端子 P0 角度 180

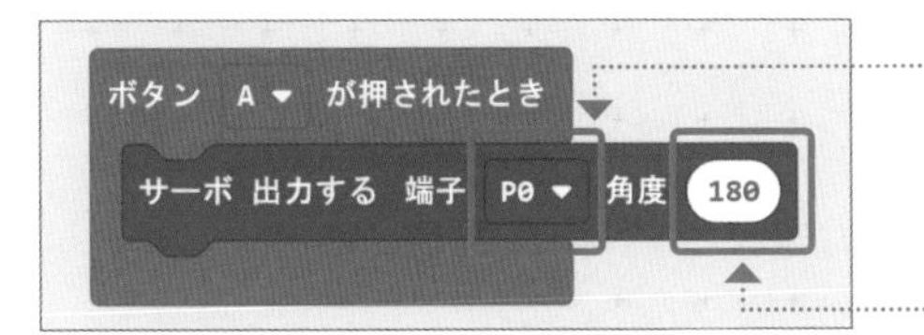

サーボモーターを接続しているワークショップモジュールのコネクターP0またはP8を選ぶ

0から180の数値(すうち)で指定する

サーボホーンの初期角度の設定

サーボホーンは、サーボモーターを任意（にんい）の角度に動かしてから取り付けましょう。そうすることで、サーボホーンの向きと角度の関係がわかり、特定の向きにサーボホーンを動かしたい場合に角度をいくつに設定すればよいかがわかります。

たとえば、①から②の状態にサーボホーンを動かしたいとき

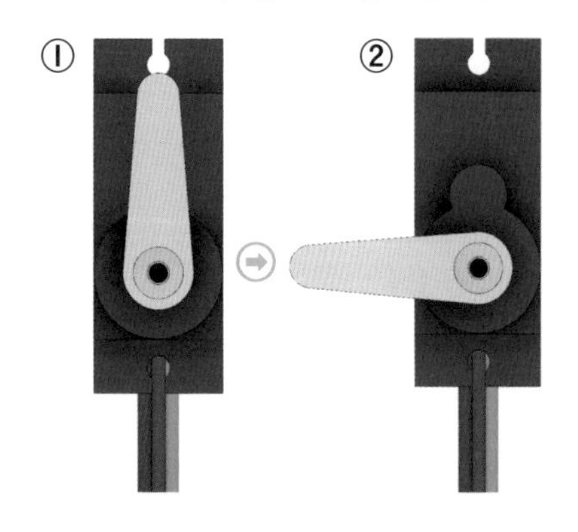

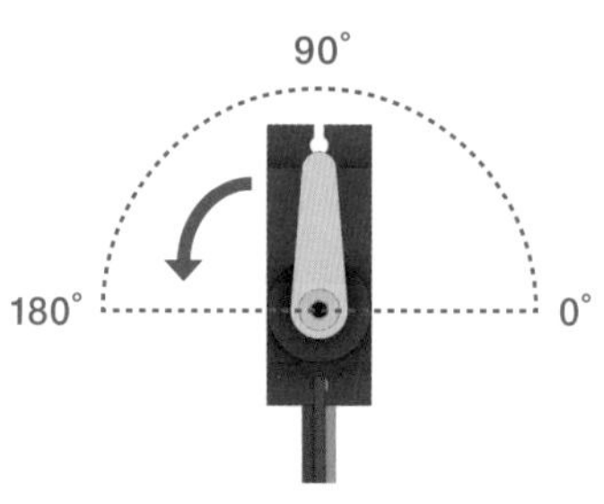

角度90に動かした状態でサーボホーンを取り付けた場合、角度を180に設定すれば②の状態になります。

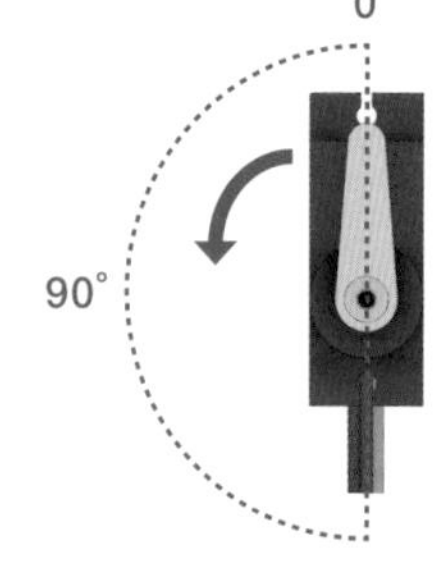

角度0に動かした状態でサーボホーンを取り付けた場合、角度を90に設定すれば②の状態になります。

出力パーツ 回転サーボモーター

使用する作品　射的ゲームを作ろう（126ページ）
二度寝防止目覚まし時計を作ろう（137ページ）

ぐるぐると何回転もできる特別なサーボモーターです。タイヤのように動くものを作りたい場合に使います。

回転サーボモーターも、付属のサーボホーンを取り付けて使います。タイヤとして使う場合は、専用（せんよう）のタイヤパーツが便利です（本書で利用する「ベーシックモジュール用回転サーボモーターセット」にはタイヤパーツもふくまれています）。

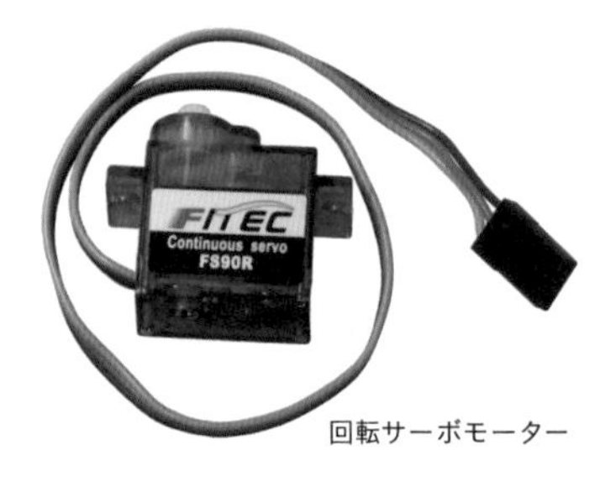

回転サーボモーター

ベーシックモジュール用回転サーボモーターセット内のサーボホーンとタイヤパーツ

接続のしかた

ワークショップモジュールのP0またはP8のコネクターに接続して使います（コネクターの場所は114ページを参照）。

プログラミングのしかた

回転サーボモーターも、サーボモーターと同じブロックを使って動かします。サーボモーターでは指定された「角度」の数値（すうち）をもとに「どこまで回転するか」が決まりますが、回転サーボモーターでは回転する「方向」と「速さ」が決まります。

使用ブロック 高度なブロック→入出力端子→サーボ 出力する 端子 P0 角度 180

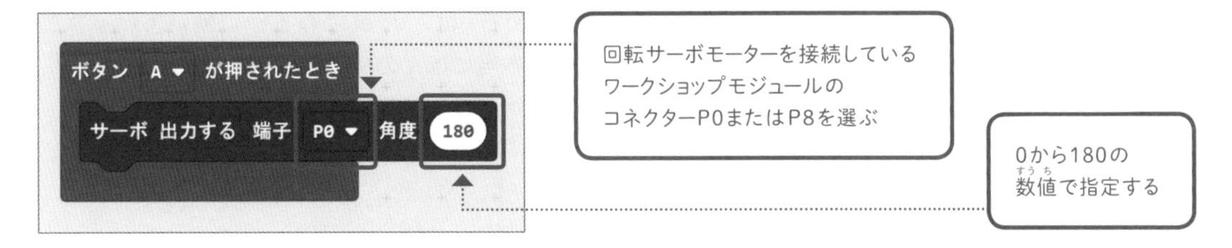

● 角度と回転方向・速さの関係

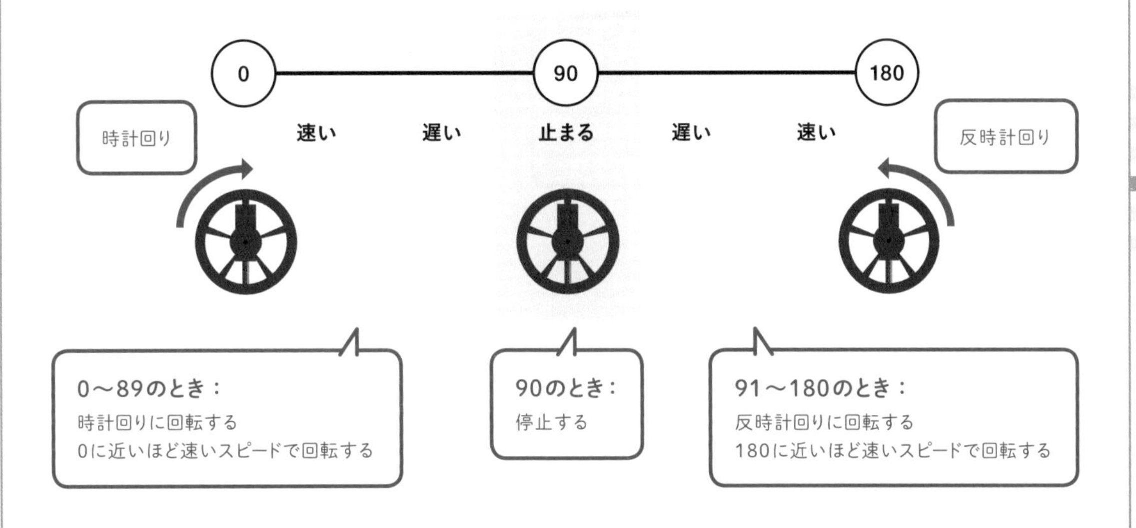

**サーボモーターと
回転サーボモーターの見分け方**

本体に貼（は）ってあるシールの文字や、トリマポテンショメーター（くわしくは118ページ）の有無で見分けましょう。

※写真は、本書で利用する「ベーシックモジュール用サーボモーターセット」と「ベーシックモジュール用回転サーボモーターセット」に入っているモーターです。

トリマポテンショメーター

左の「FS90」と書かれたものがサーボモーター、右の「FS90R」と書かれたものが回転サーボモーター。

回転サーボモーターの調整

回転サーボモーターは角度を90度に指定すると停止するようになっていますが、わずかに動いてしまう場合があります。この場合、「プログラム」で対応する方法と「回転サーボモーターのメンテナンス」で対応する方法の2つの方法があります。

プログラムで対応する場合（下図左）は、指定する角度を90前後（91、89など）に変え、実際に動きを確かめてみてください。 地道な作業ですが、微調整して停止する数値をさがしましょう。

回転サーボモーターのメンテナンスで対応する場合（下図右）は、90度でわずかに動いている状態のときに、ドライバーを使ってトリマポテンショメーターを本当にほんの少しだけ回します。時計回り、反時計回りと少しずつ回して回転サーボモーターが停止したところでドライバーを離しましょう。

この数値を90前後に変更してみる

出力パーツ LEDボード

使用する作品 ルーレットゲームを作ろう（156ページ）

LEDボードはその名のとおり、LEDがたくさん付いているパーツです。LEDのオンオフ、光る色をそれぞれ設定することができます。

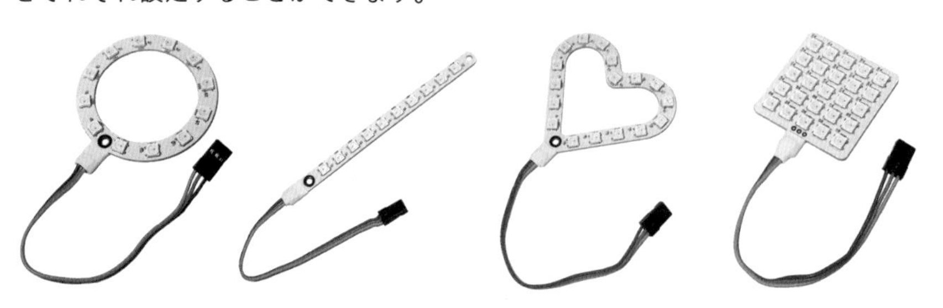

この章で使うLEDボードはサークル型ですが、ほかにもさまざまな形をしたボードがあります（購入先は245ページを参照）。

接続のしかた

ワークショップモジュールのP0またはP8のコネクターに接続して使います（コネクターの場所は114ページを参照）。

プログラミングのしかた

今回使うLEDボードのプログラミングには、「Neopixel」という拡張（かくちょう）機能を使います。拡張（かくちょう）機能を使うためには、まずツールボックスに機能を追加します。

1 ツールボックス「高度なブロック」の中の「拡張（かくちょう）機能」を開き、「neopixel」を選びます（見当たらない場合は、「neopixel」で検索（けんさく）しましょう）。

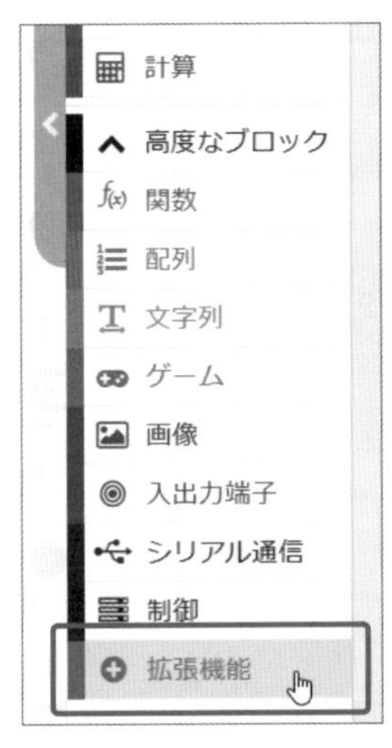

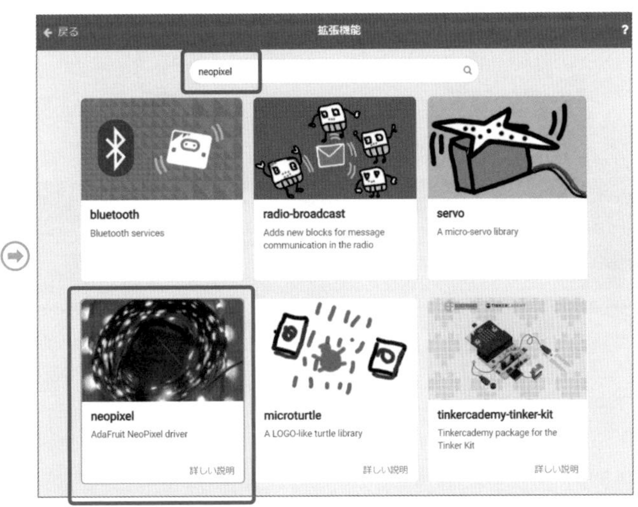

2 ツールボックスの中に「Neopixel」が新たに追加されました。これで準備は完了（かんりょう）です。

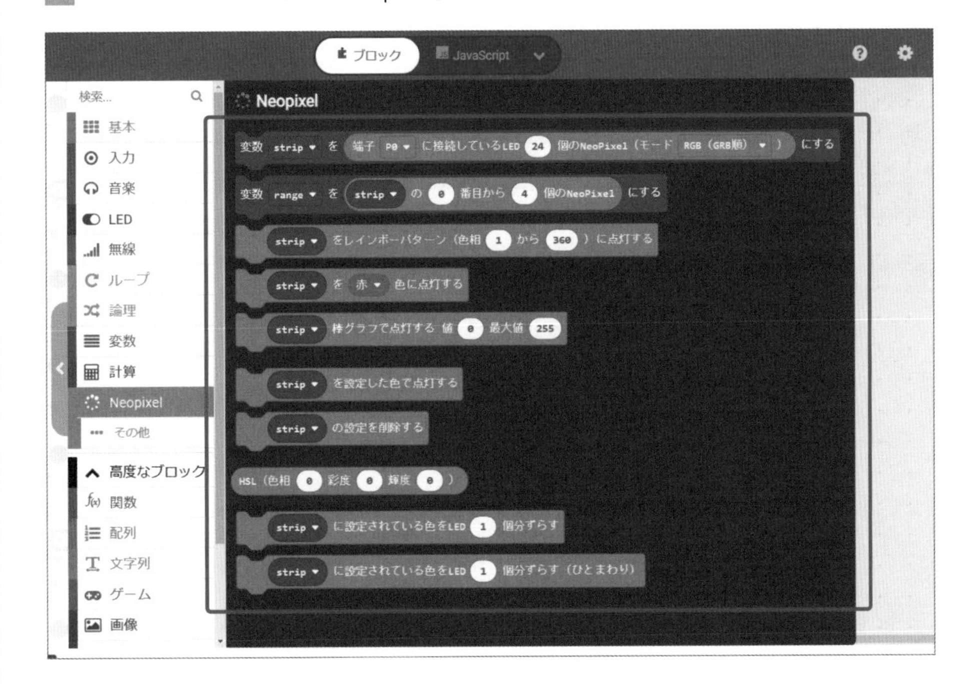

3 まず最初に光らせるLEDの設定を行います。設定していないと正しく動かないため、「最初だけ」ブロック内で必ず設定してください(以下は、LEDボード(サークル型)をワークショップモジュール「P8」コネクターに接続する場合の設定のしかたです)。

使用ブロック 基本→最初だけ

使用ブロック Neopixel→変数 strip を 端子 P0 に接続しているLED 24 個のNeoPixel (モード RGB(GRB順))にする

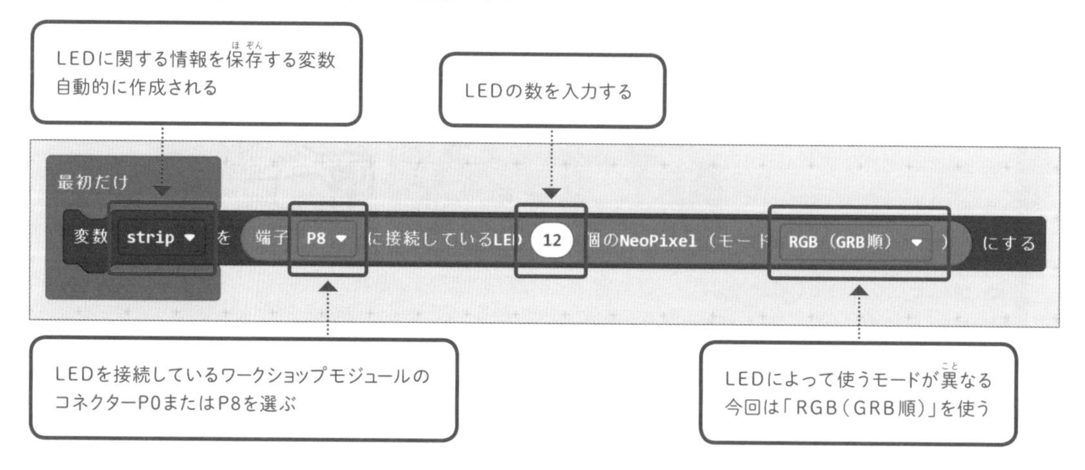

2セット以上のLEDをmicro:bitに接続する場合は、すべてのセットの設定を「最初だけ」ブロック内で行ってください。

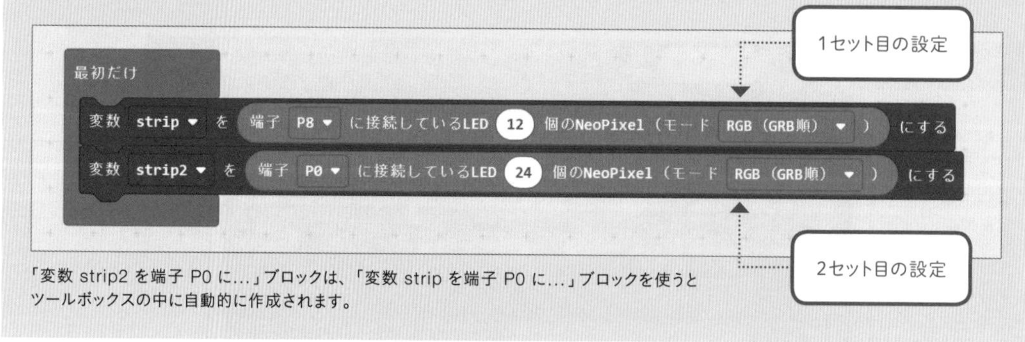

「変数 strip2 を端子 P0 に...」ブロックは、「変数 strip を端子 P0 に...」ブロックを使うとツールボックスの中に自動的に作成されます。

4 「Neopixel」には便利なブロックがたくさん用意されています。ここでは、よく使うブロックを紹介します。実際にプログラムをmicro:bitに書きこんで、LEDボードの光り方を確認しましょう（以下のプログラム図では、「最初だけ」ブロック内で行うLEDの設定部分は省いています）。

[すべてのLEDを同じ色で点灯したい場合]

「stripを赤色に点灯する」ブロックを使います。色は、「赤▼」を選んで表示されたプルダウンメニューから選ぶこともできますし、「RGB（赤 255 緑 255 青 255 ）」ブロックを使って赤・緑・青の組み合わせで好きな色を作ることもできます。

使用ブロック 入力→ボタンAが押されたとき

使用ブロック Neopixel→strip を 赤色に点灯する

使用ブロック 基本→一時停止（ミリ秒）100

使用ブロック Neopixel→その他→RGB（赤 255 緑 255 青 255 ）

0～255の数字で各色の強さを指定する
（数が大きいほど、色が強いことを意味する）

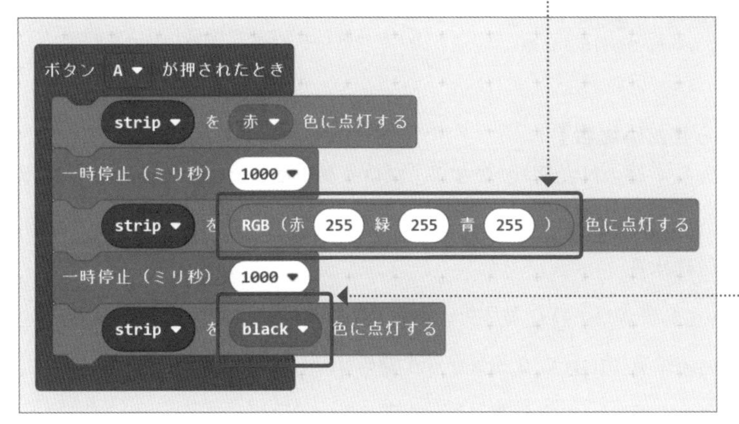

ボタンAを押すと、LEDボードすべてのLEDが1秒間赤色に点灯したあと、
1秒間白色に点灯し、消灯するプログラムです。

「▼」を選択して「black」を選ぶ（「black色に点灯する」は、消灯することを意味する）

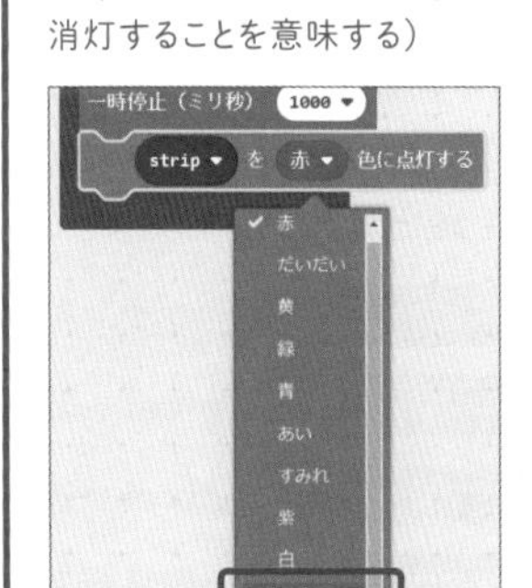

POINT

LEDの光が明るすぎる場合は「strip の明るさを 255 に設定する」ブロックを使って調整しましょう。0～255の数字で明るさを設定します。数が大きいほど明るく光ります。

使用ブロック Neopixel→その他→strip の明るさを 255 に設定する

最初だけ
変数 strip ▼ を 端子 P8 ▼ に接続しているLED 12 個のNeoPixel（モード RGB（GRB順）▼ ） にする
strip ▼ の明るさを 128 に設定する

[光る色をそれぞれ設定したい場合]

「strip の 0 番目のLEDを赤色に設定する」ブロックを使います。

使用ブロック 入力→ボタンAが押されたとき

使用ブロック Neopixel→その他→strip の 0 番目のLEDを 赤 色に設定する

使用ブロック Neopixel→strip を設定した色で点灯する

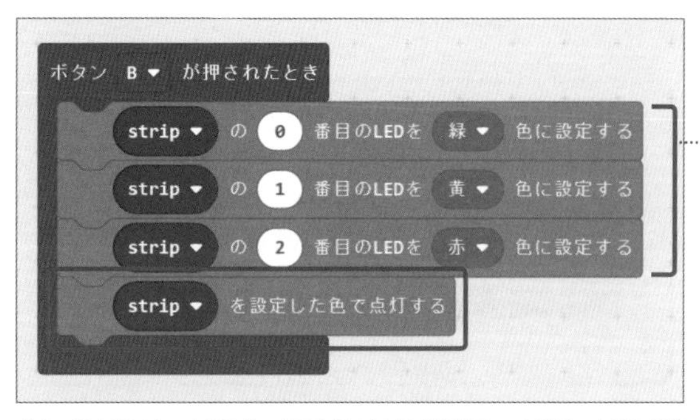

設定するだけでは点灯しないので、必ず「strip を設定した色で点灯する」ブロックといっしょに使うこと

ボタンBを押すと、LEDボード0番目のLEDが緑色に、1番目のLEDが黄色に、2番目のLEDが赤色に点灯するプログラムです。3番目から11番目のLEDは点灯しません。

POINT

「Neopixel」では、LEDを数えるときは「0、1、2…」と、「1」からではなく「0」から数えます。これは、コンピューターの世界が「0」からはじまることに関係しています。

[ある範囲のLEDを同じ色で光らせたい場合]

「変数 range を strip の 0 番目から 4 個のNeoPixel にする」ブロックを使い、LEDをグループ分けして光らせます。

使用ブロック 入力→ボタンAが押されたとき

使用ブロック Neopixel→変数 range を strip の 0 番目から 4 個のNeoPixel にする

使用ブロック Neopixel→変数 range2 を strip の 0 番目から 4 個のNeoPixel にする

使用ブロック Neopixel→変数 range3 を strip の 0 番目から 4 個のNeoPixel にする

使用ブロック Neopixel→strip を 赤 色に点灯する

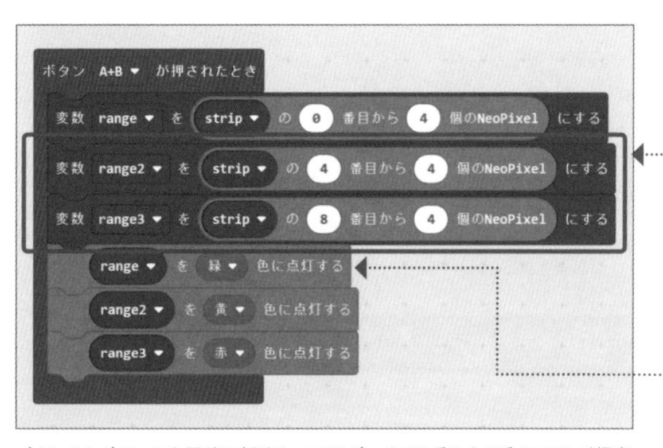

「変数 range2 を strip の…」「変数 range3 を strip の…」ブロックは、それぞれ、「変数 range を strip の…」「変数 range2 を strip の…」ブロックを使うと自動的に作成される

「strip」を「range」「range2」「range3」に変える

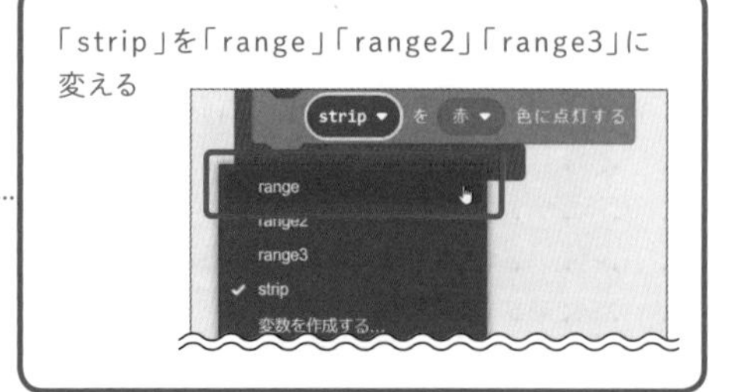

ボタンAとボタンBを同時に押すと、LEDボードの0番から3番のLEDが緑色に、4番から7番のLEDが黄色に、8番から11番のLEDが赤色に点灯するプログラムです。

入力パーツ　フォトリフレクター

使用する作品　バイオリンを作ろう(147ページ)

赤外線を使ったセンサーです。赤外線を発光するLEDと受光するセンサーが付いています。発光した赤外線が反射(はんしゃ)してもどってくる量を調べるセンサーです。

白色は光を反射(はんしゃ)するので、白いところに光が当たるともどってくる赤外線の量は多くなります。一方で、黒色は光を吸収(きゅうしゅう)するので、黒いところに光が当たるともどってくる赤外線の量は少なくなります。

この仕組みを利用すると、物がフォトリフレクターの前を通過したことを検出したり、白色／黒色のラインを検出する機能を作ることができます。

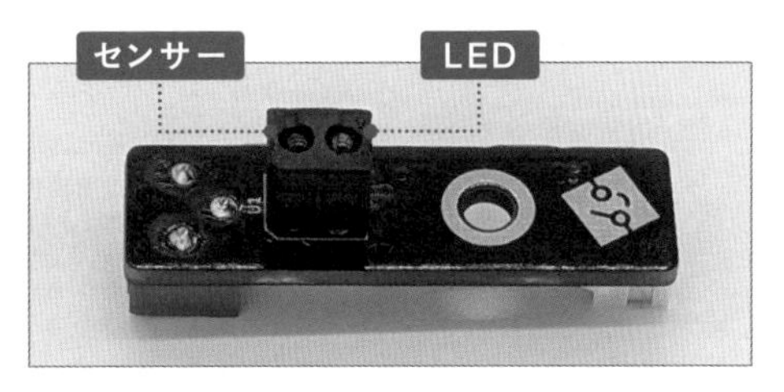

フォトリフレクター

フォトリフレクターの仕組み

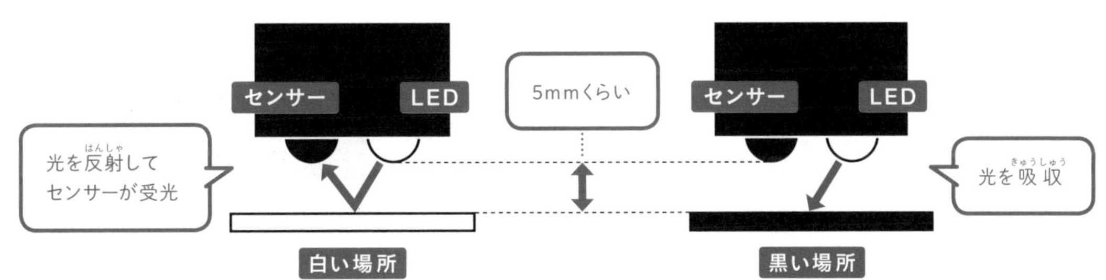

センサーと物の距離は、5mmくらいにしましょう。近すぎでも、はなれすぎでも、赤外線がもどってこなくなります。

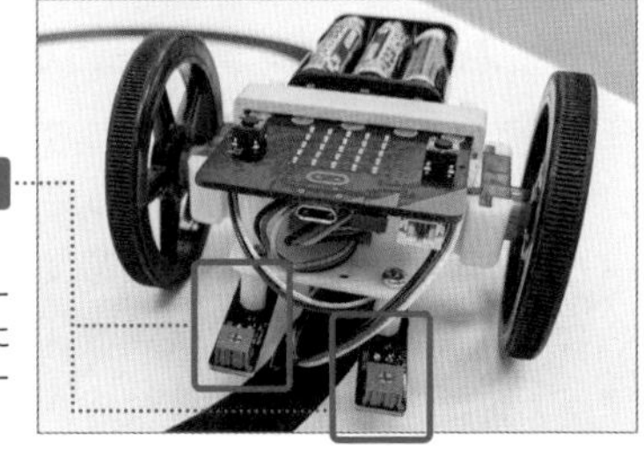

ミニカーにフォトリフレクターを追加すると、黒色のラインにそって自動で走るライントレーサーを作ることができます。

接続のしかた

まず、フォトリフレクターモジュールのコネクターに付属のコードを接続します。コネクターには向きがあります。コードの色が、右の写真と同じならび方になるよう接続してください。

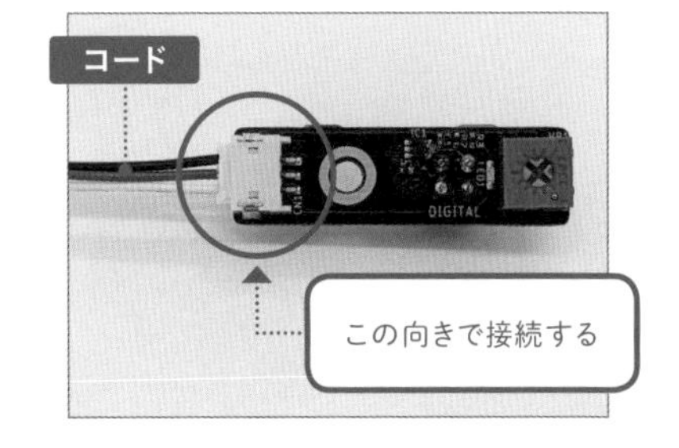

次に、コードのコネクターを、ワークショップモジュールのP1またはP2のコネクターに接続して使います(コネクターの場所は114ページを参照)。

プログラミングのしかた

フォトリフレクターの値は、「デジタルで読み取る 端子 P0」ブロックを使って調べます。もどってくる赤外線の量が多い場合は値が「0」に、少ない場合は値が「1」になります。白と黒の紙を用意して、実際にフォトリフレクターの値を確認してみましょう。

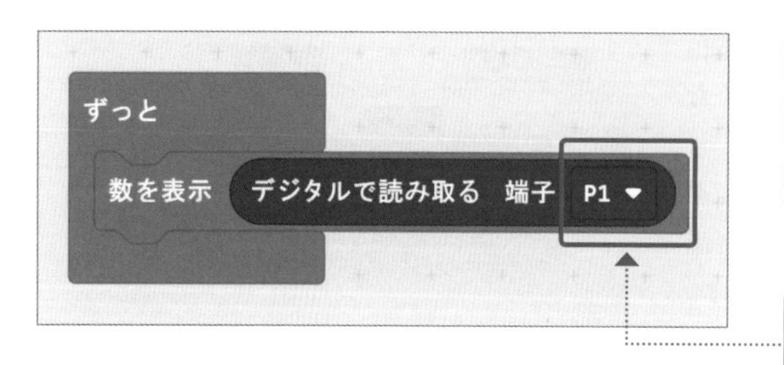

使用ブロック 基本→ずっと

使用ブロック 基本→数を表示 0

使用ブロック 高度なブロック→入出力端子→デジタルで読み取る 端子 P0

フォトリフレクターを接続しているワークショップモジュールのコネクターP1またはP2を選ぶ

POINT

micro:bitに書きこんでいるプログラムの中身に関係なく、値が「0」のときフォトリフレクターのLEDが緑色に点灯します。

フォトリフレクターの感度の調整

フォトリフレクターの感度が悪い（白色なのに値が「1」になる）、もしくは感度が良すぎる（黒色なのに値が「0」になる）場合は、ドライバーを使って青色のパーツ、可変抵抗器の抵抗値を調整してみましょう。図のように、右に回すと感度が良くなり、左に回すと感度が悪くなります。

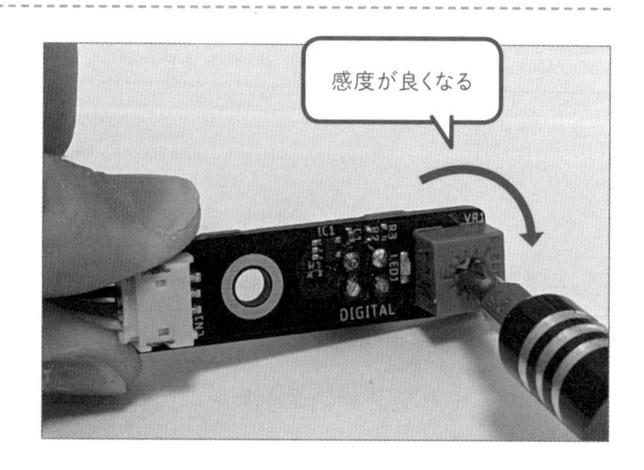

入力パーツ

接触位置センサー

使用する作品 バイオリンを作ろう（147ページ）

センサー部分が押されているかどうか、そして、押されているだいたいの位置がわかるセンサーです。

接触位置センサー。押されている位置を検出できるのは1か所のみです。2か所以上押された場合は、正しく検出できません。

長方形部分がセンサーになっている

接続のしかた

まず、左側のコネクターに接触位置センサーを、右側のコネクターにコードを接続してください。コードには向きがあります、コードの色のならびが図と同じならびになるように接続してください。接触位置センサーには接続向きはありません。

次に、コードのコネクターを、ワークショップモジュールのP1またはP2のコネクターに接続して使います（コネクターの場所は114ページを参照）。

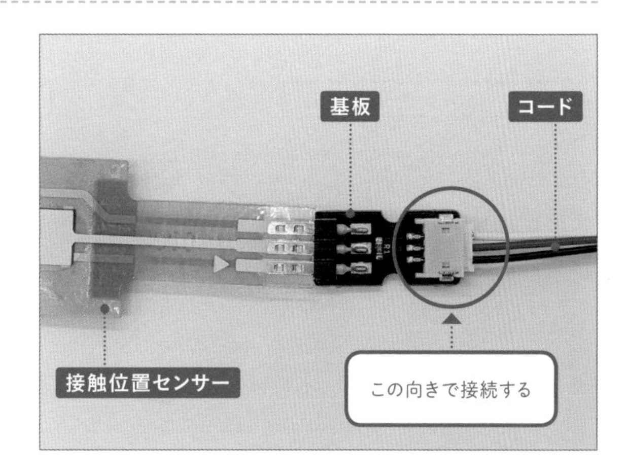

プログラミングのしかた

接触位置センサーの値は、「アナログ値を読み取る 端子 P0」ブロックを使って調べます。押されている位置によって、0から1023の数値が出力されます。実際にプログラムを動かして、接触位置センサーの値を確認してみましょう。

使用ブロック 基本→ずっと

使用ブロック 基本→数を表示 0

使用ブロック 高度なブロック→入出力端子→アナログ値を読み取る 端子 P0

接触位置センサーを接続しているワークショップモジュールのコネクターP1またはP2を選ぶ

4-3

使うモジュール ワークショップモジュール、サーボモーター、回転サーボモーター

対応バージョン V1 V2

射的(しゃてき)ゲームを作ろう

モーターを使って、的が見えたりかくれたりするしかけを2種類作ります。ふつうの射的(しゃてき)よりもむずかしいので、当たったときはもり上がります。

できること

サーボモーターと回転サーボモーターを時間で制御(せいぎょ)する

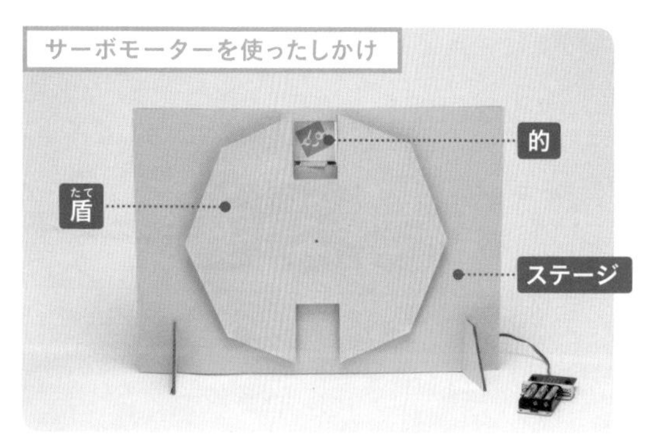

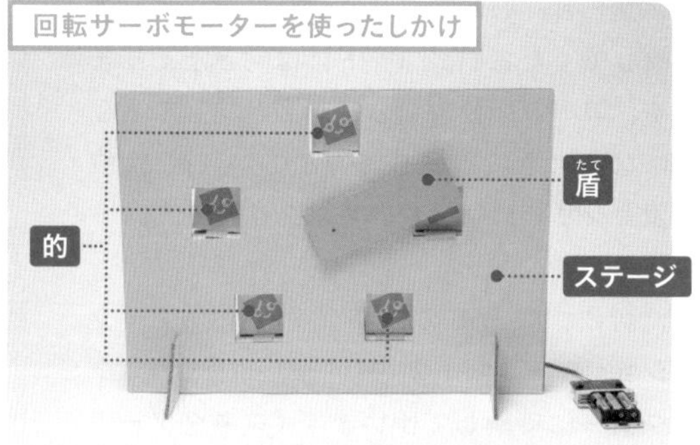

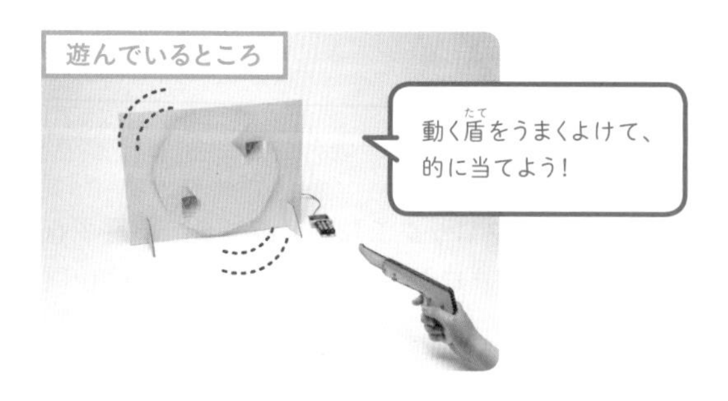

micro:bitの電源をオンにすると、盾が動いて、射的の的をかくす仕組みです。サーボモーターのしかけと、回転サーボモーターのしかけでは、盾の動き方がちがいます。輪ゴム銃で10発うって、たおした的の数を競いましょう!銃は市販のおもちゃを使ってもよいでしょう。

どうすれば作れる?

クラフト素材とパーツを組み合わせて装置(そうち)を作り、プログラムを作ってmicro:bitに書きこみます。

①サーボモーター、回転サーボモーター、micro:bit、クラフト素材を組み合わせて、的や装置(そうち)を工作する。

②的をかくすしかけを動かすプログラムを作る。

装置を作る

的、的を置くステージ、盾（的をかくすしかけ）を作ります。ここではサーボモーターを使ったしかけと、回転サーボモーターを使ったしかけの2種類を作ります。

用意するもの

micro:bit、micro:bit用ワークショップモジュール、ベーシックモジュール用サーボモーターセット、ベーシックモジュール用回転サーボモーターセット、単4乾電池×3本、A3工作用紙×3枚、ダンボール板（A3くらい）×3枚、ドライバー、はさみ、カッター、定規、えんぴつ、両面テープ、グルーガン

作り方

1 まずは的をかくすための盾を作ります。サーボモーターステージの盾のサイズは、半径15cmの円におさまるサイズです。工作用紙を用意して半径15cmの円がおさまる位置に中心マークを付けます。盾は円型に作るのが理想ですが、図のような八角形でもよいでしょう。図に合わせて線を引き、カッターで切りぬきます。

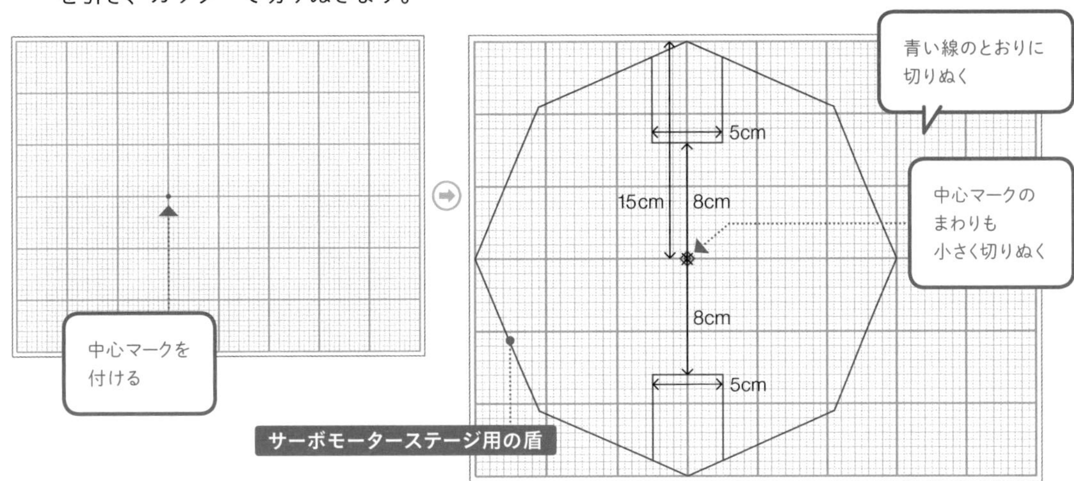

2 次に回転サーボモーターステージ用の盾を作ります。1で使った工作用紙の残りを使って、5cm×15cmの長方形を切りぬきます。図の赤い丸を囲むように小さな四角い穴を空けます。

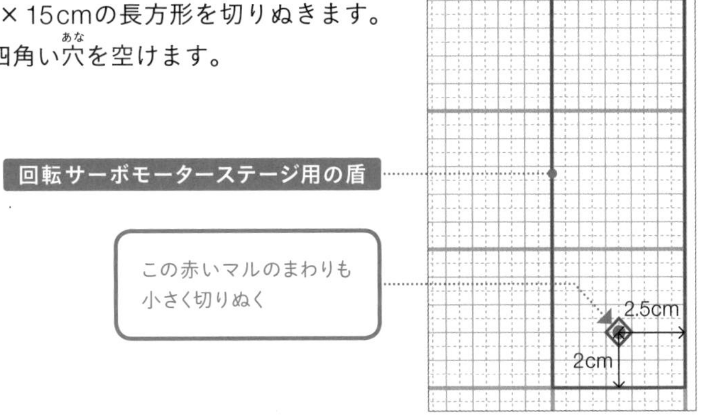

3 次に、ステージをダンボールで作ります。まずは新しい工作用紙を用意し、図を参考にして線を引きカッターで切りぬいて型紙を作りましょう。

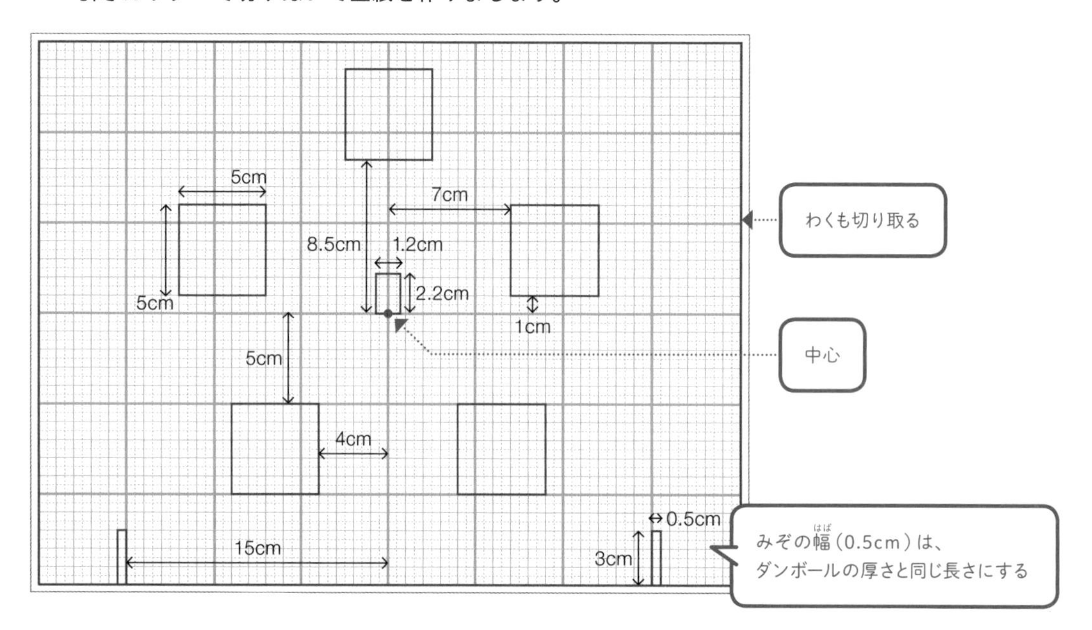

4 手順**3**で切りぬいた工作用紙をダンボールに当てて、四角の図形をダンボールに写して切りぬきます。サーボモーターステージも、回転サーボモーターステージも同じ形なので、この板を2枚作りましょう。

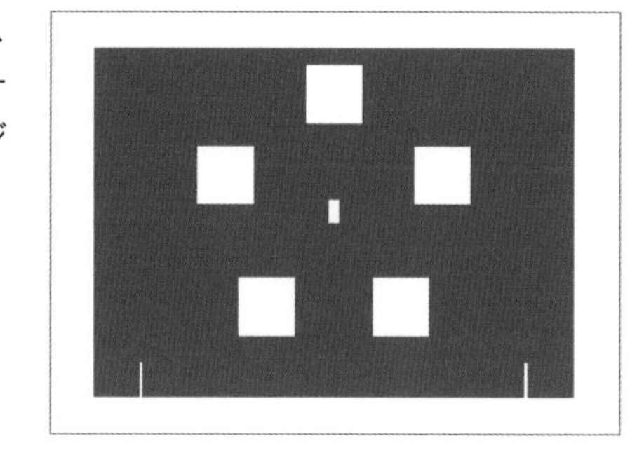

5 次に、ステージの脚をダンボールで作ります。まずはあまった工作用紙を用意し、図を参考にして線を引きカッターで切りぬいて型紙を作りましょう。型紙をダンボールに当てて、図形をダンボールに写して切りぬきます。この脚を4枚作りましょう（各ステージにつき2枚ずつ必要なため）。

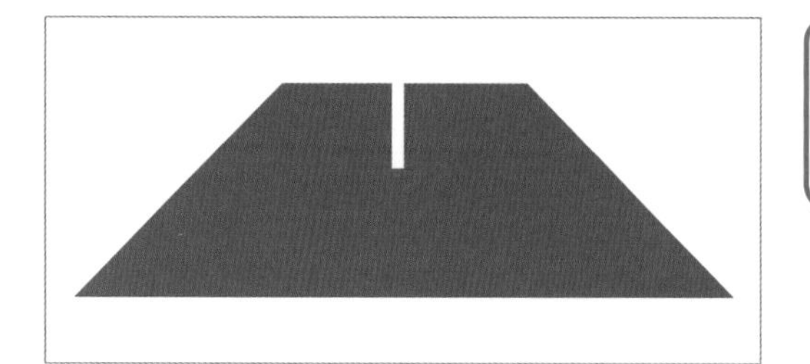

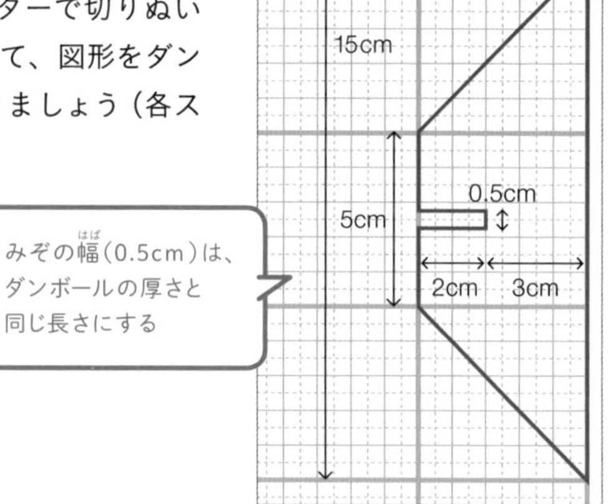

6 脚を図のようにステージに差しこんで、2つのステージができました。一方のステージ中央にある長方形の穴にサーボモーターを差しこみ、セロハンテープで固定します。

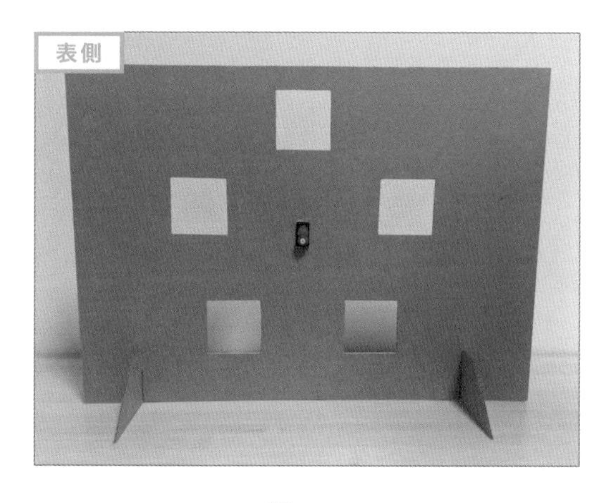

サーボモーターのコードがステージ裏側の下へたれ下がる向きに取り付けます。

7 手順 **1** で作った盾の中心に合わせてサーボホーン（丸型）を貼ります。両面テープで付けたあと、グルーガンを使ってしっかりと固定しましょう。

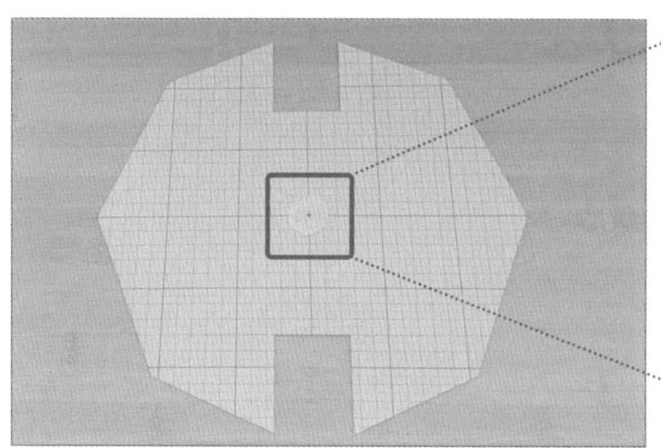

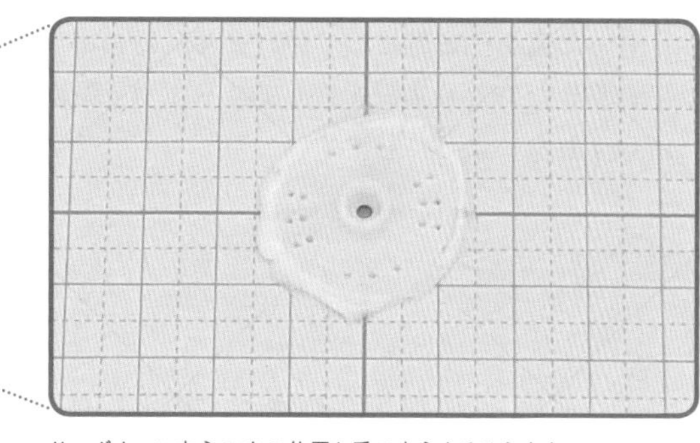

サーボホーン中心の穴の位置と盾の中心をそろえます。

8 手順 **7** で作った盾を、ステージに装着しているサーボモーターの回転軸に取り付け、盾の中心に空いた穴からネジを通してサーボホーンがはずれないようにします。

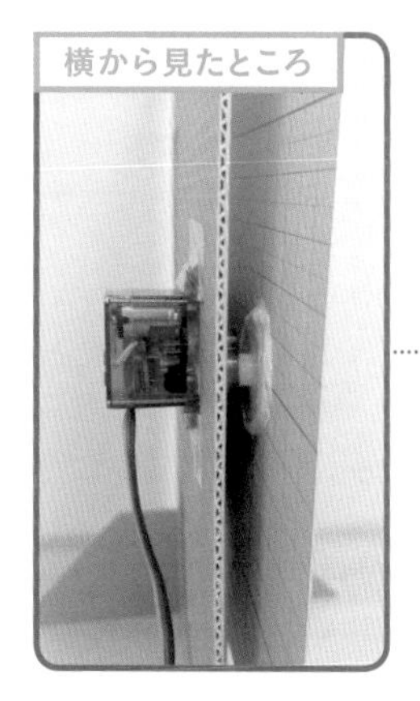

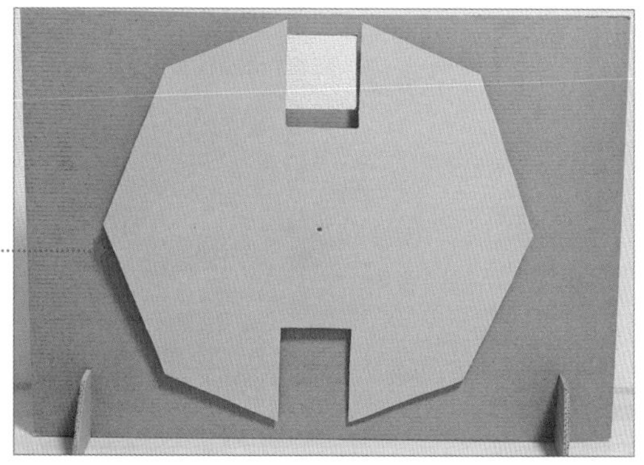

ネジは、サーボホーンセットに入っている短いほうのネジを使います。

ネジで固定しているようす。

4章 micro:bitの機能を拡張しよう！

9 手順**2**で作った回転サーボモーターステージ用の盾にも、同じようにサーボホーン（丸型）を貼り付けます。手順**7**と同じように、両面テープで貼り付けたあと、グルーガンを使ってしっかりと固定しましょう。

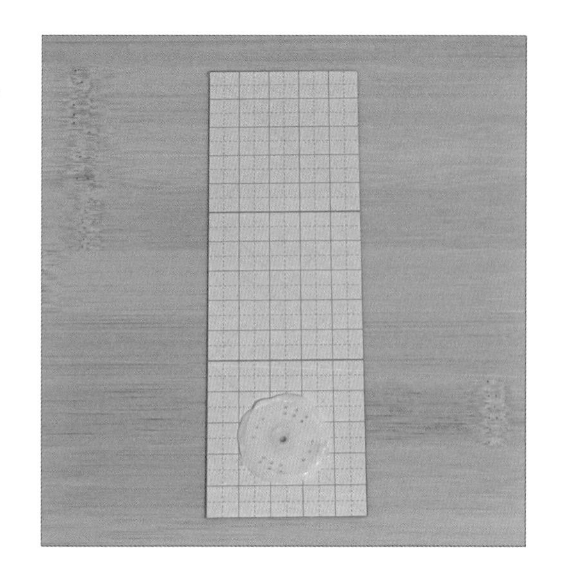

10 もう一方のステージ中央にある長方形の穴に回転サーボモーターを差しこみ、手順**9**で作った盾を回転軸に取り付けます。盾の中心に空いた穴からネジを通してサーボホーンがはずれないようにします。

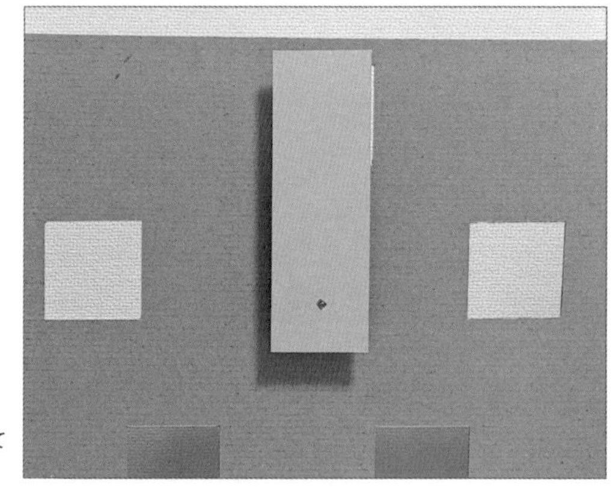

ネジは、サーボホーンセットに入っている短いほうのネジを使います。

11 的を置く小さな台を作ります。工作用紙から、5cm × 13cmの長方形を切り出します。図の赤線部分で折って三角柱を作り、両面テープを使って1cm幅の部分を5cm幅の部分に貼り付けます。これを10セット作りましょう。

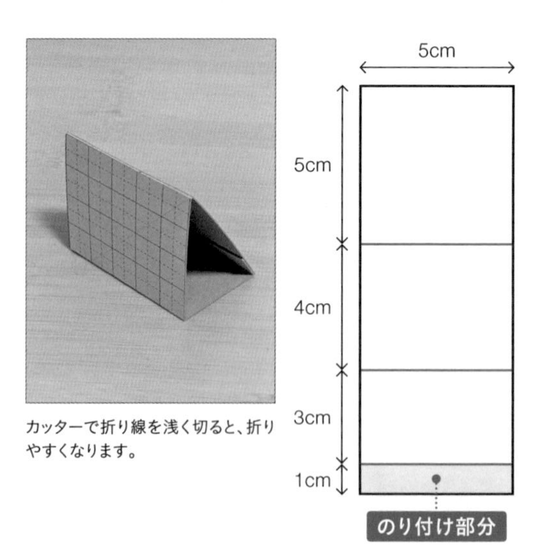

カッターで折り線を浅く切ると、折りやすくなります。

12 手順**11**の3cm幅のところに両面テープを付け、図のようにステージにある正方形の穴の下に1つずつ貼っていきます。サーボモーターステージ、回転サーボモーターステージの両方に付けましょう。以上で、ステージ部分は完成です。

13 サーボモーターをワークショップモジュールの「P0」コネクターに、回転サーボモーターを「P8」コネクターに接続します。その後、micro:bitを差しこみ、乾電池も入れましょう。

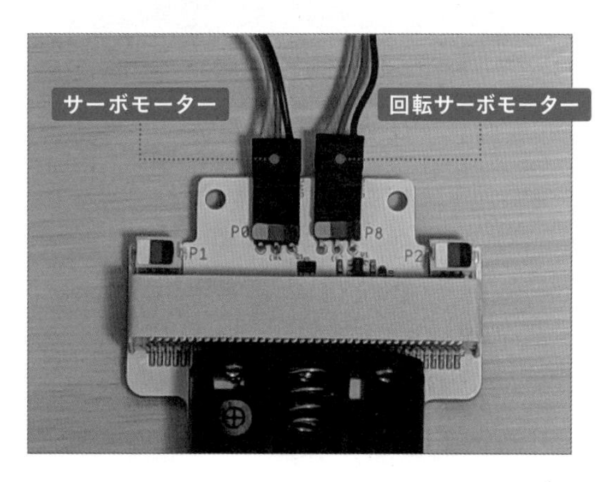

サーボモーター／回転サーボモーターのコードの長さが足りない場合は、延長コードを利用してください（購入先は245ページを参照）。

14 最後に、あまった工作用紙で的を作ります。5cm×7cmに切り、図のような2cmくらいの切りこみを入れて折り曲げ、手順**12**で取り付けた台にのせましょう。的を10セット用意したら、装置はすべて完成です。

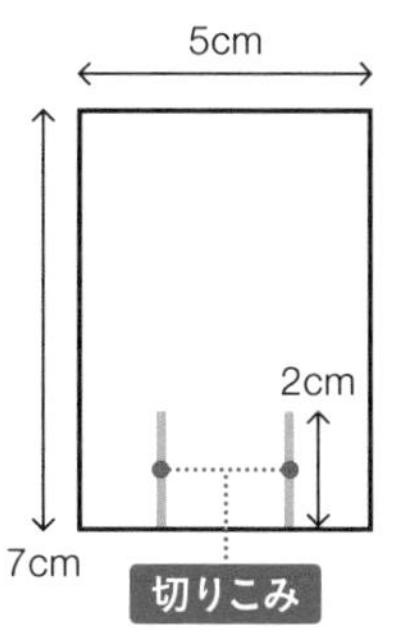

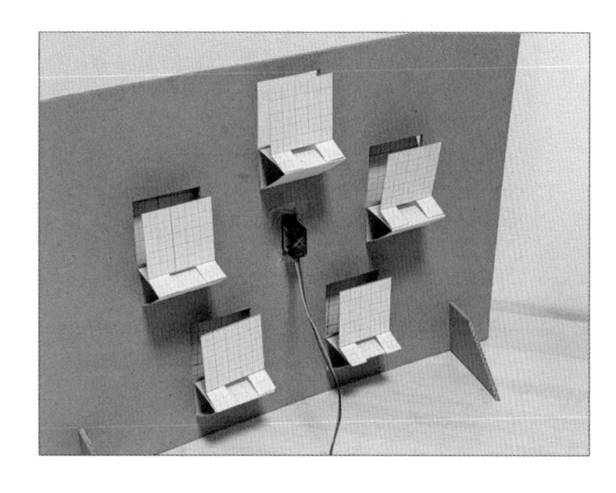

プログラムの最終形

サーボモーター（端子P0）と回転サーボモーター（端子P8）を使って的をかくすしかけを動かします。使うモーターの種類によってしかけの動き方が異なることに注目しましょう。

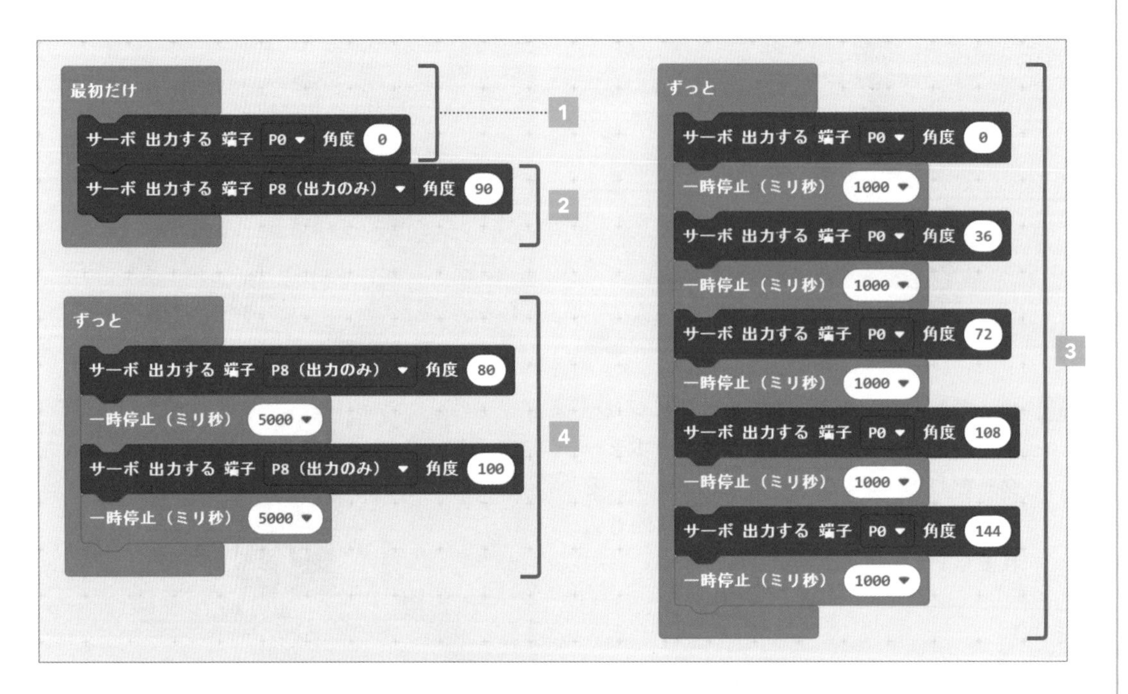

図1

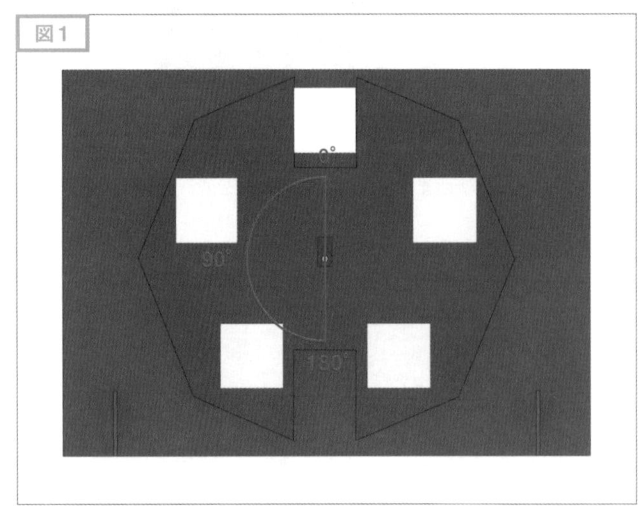

図では、わかりやすいように盾を半透明にしています。

図2

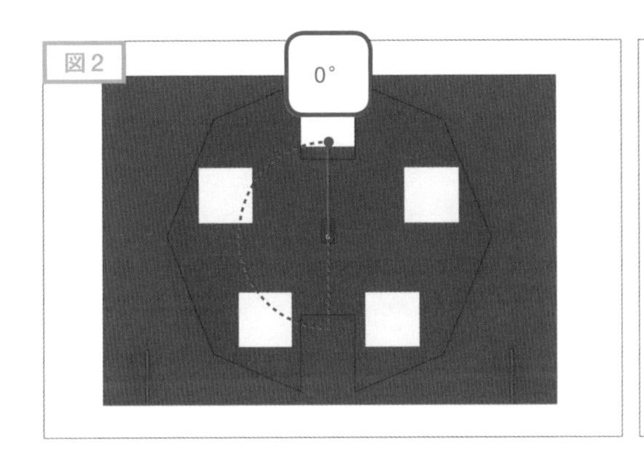

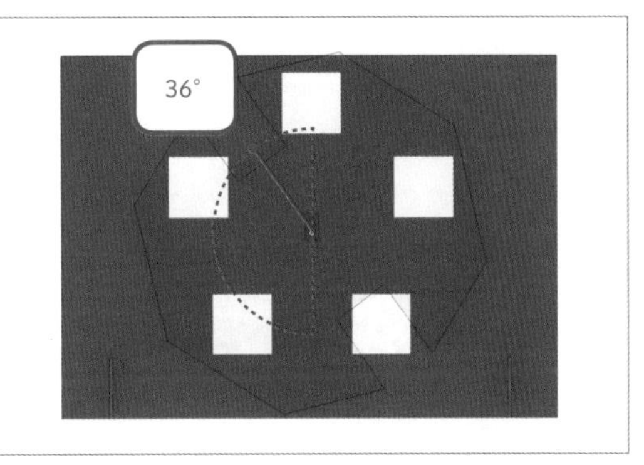

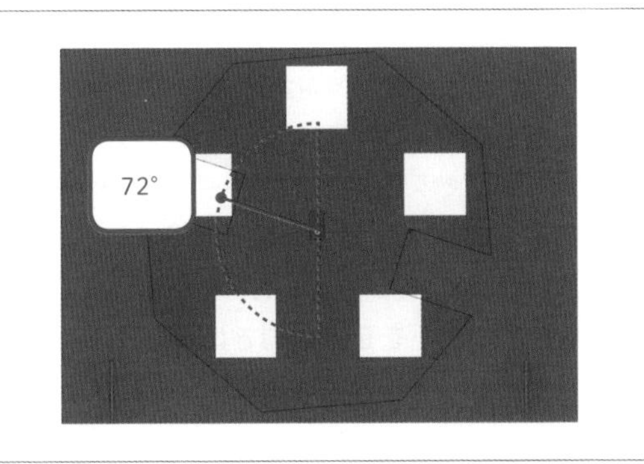

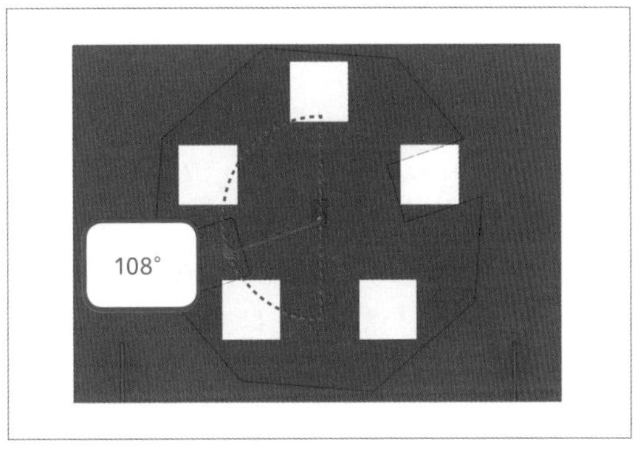

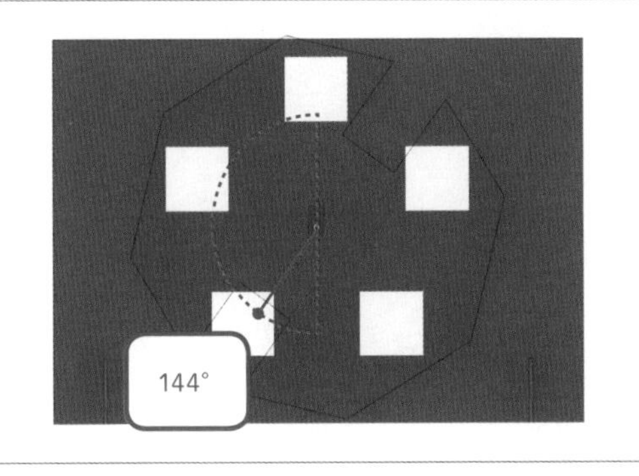

POINT

サーボモーターや回転サーボモーターには個体差があります。この図と同じ角度を指定しても、個体によって動きが多少異なります。実際に動かしてみてうまくいかない場合は、自分が使っているモーターに合った数値をさがしてみましょう。

1. サーボモーターのサーボホーンの初期角度を設定します。今回は角度「0」のときに盾の開いている部分が一番上にくるようにサーボホーンを取り付けます（図1参照）。
2. 回転サーボモーターの角度を「90」に指定し、モーターが停止するかどうか確認します。停止せず動いている場合は調整を行います。
3. サーボモーターのしかけは、1個ずつ的が現れるように盾を動かします。今回作った装置では、的の位置とサーボモーターの角度の関係は、おおよそ図2のようになっています。
4. 回転サーボモーターのしかけは、5秒ずつ時計回り／反時計回りを切りかえながら盾がゆっくり回転します。

プログラミング

1 「最初だけ」ブロックに、サーボモーターの回転軸を角度「0」の位置に動かす命令を入れます。

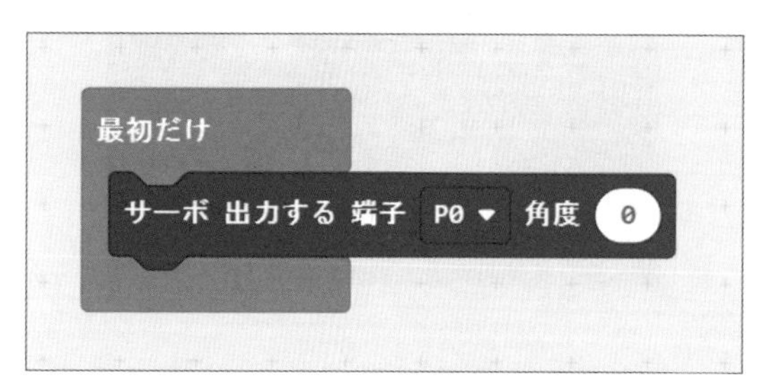

使用ブロック 基本→最初だけ

使用ブロック 高度なブロック→入出力端子→サーボ 出力する 端子 P0 角度 180

2 ここで、サーボモーターのサーボホーンの初期角度を設定します（初期角度の設定については116ページ参照）。作ったプログラムをmicro:bitに書きこんで、ワークショップモジュールのスイッチをオンにしてください（スイッチの場所は114ページ参照）。直後にサーボモーターの回転軸が動くかと思います（もともと角度「0」の位置に回転軸がある場合は動きません）。このとき、サーボホーンに固定した盾の穴がステージ一番上の的に向いていなかったら、一度サーボホーンを固定していたネジをはずしてサーボホーンを取りはずし、盾を正しい向きに直してふたたびサーボホーンを固定してください。

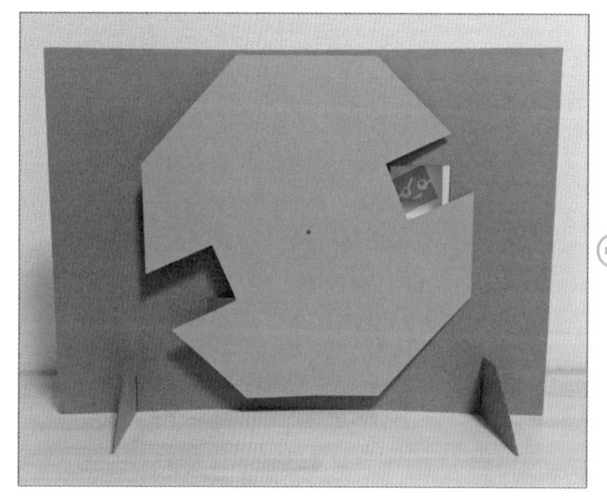

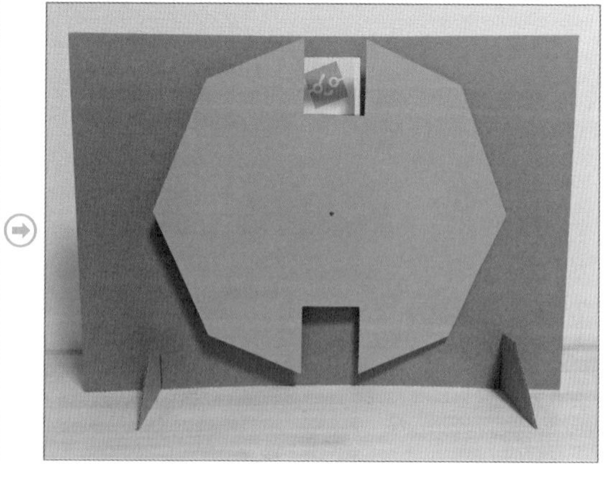

右の写真の位置になるように調整してください。

3 次に、回転サーボモーターを停止する命令を入れてください。

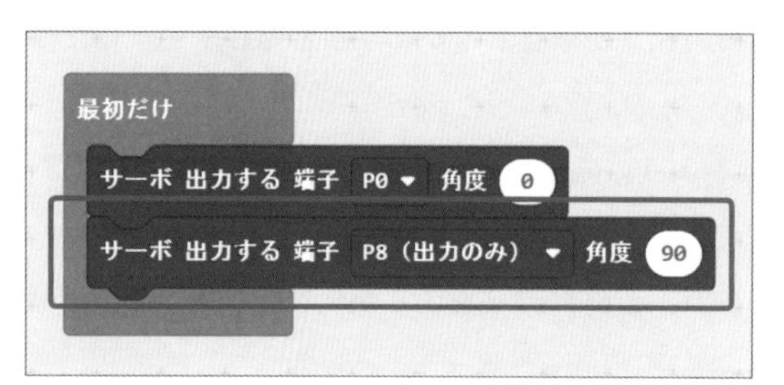

使用ブロック 高度なブロック→入出力端子→サーボ 出力する 端子 P0 角度 180

4 ここで回転サーボモーターの調整を行います(調整については118ページ参照)。ふたたび、作ったプログラムをmicro:bitに書きこんで、スイッチをオンにしてください。もし、回転サーボモーターがわずかに動いている場合は、調整を行ってモーターが停止するようにしてください。

5 図のようにブロックをならべて、プログラムを完成させましょう。

使用ブロック 基本→ずっと

使用ブロック 基本→一時停止(ミリ秒)100

使用ブロック 高度なブロック→入出力端子→サーボ 出力する 端子 P0 角度 180

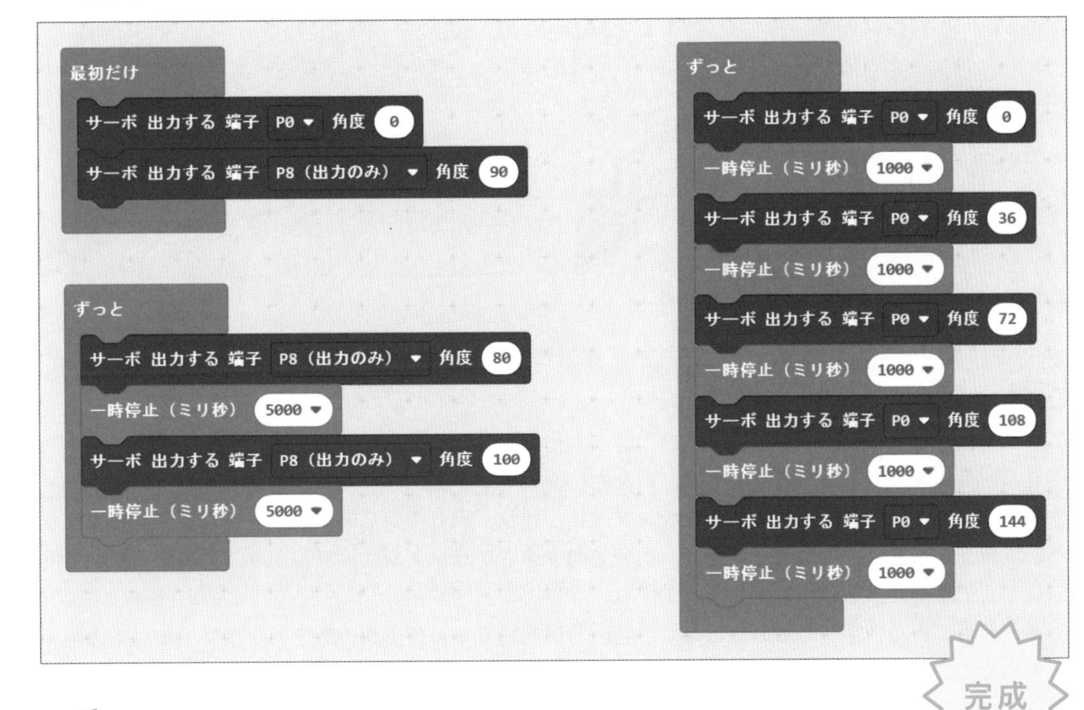

完成

POINT

「サーボ 出力する...」ブロックで指定している角度の数値(すうち)は目安です。実際に動かしてみながら、自分が使っているモーター/装置(そうち)に適した数値(すうち)をさがしてください。

実際に試してみる

1. micro:bitにプログラムを書きこみ、ワークショップモジュールのスイッチをオンにします。
2. 盾（たて）が動きはじめたらゲームスタート！ 10発でいくつ的に当てられるか、競い合いましょう。

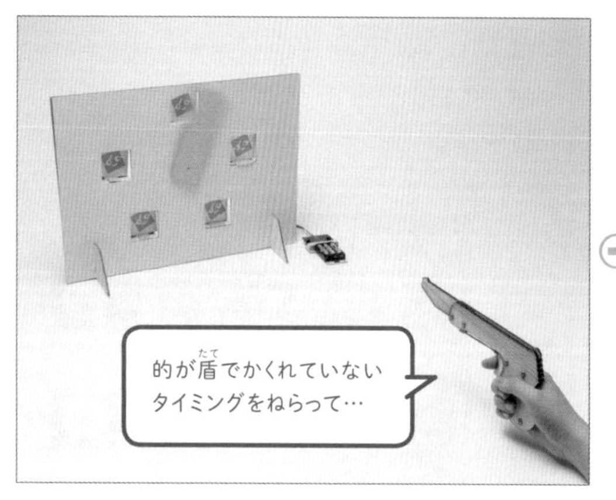

回転サーボモーターを使ったしかけのほうで試してみました。

アレンジしよう！

プログラムをバージョンアップして、あなたのオリジナル射的（しゃてき）ゲームを作りましょう！サーボモーターステージでは、現れる的の順番をランダムにしたり、現れている時間をランダムにしてみましょう。回転サーボモーターステージでは、回転方向や速さをランダムに設定したり、盾（たて）の形を変えて同時にかくせる的の数を増やしてもよいですね。

ルールも、弾（たま）の数を決めるのではなく、制限時間内にうちぬける的の数を競ったり、すべての的をうちぬくのにかかった時間を競ったりと、いろいろ工夫して楽しく遊びましょう！

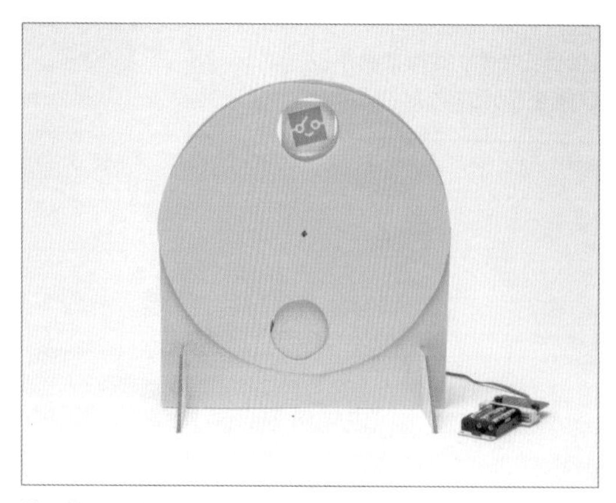

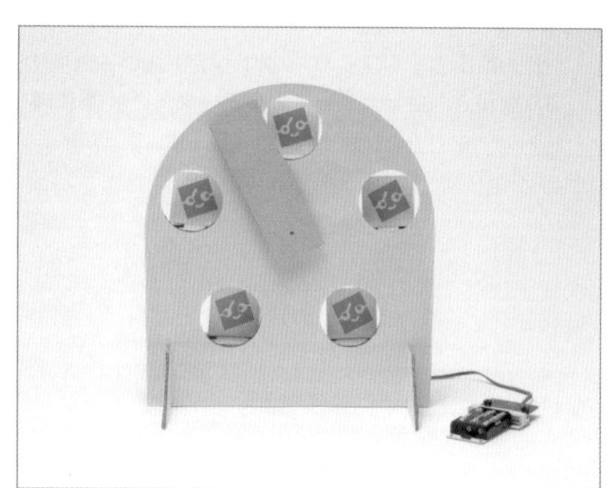

的や盾の形を変えてみてもおもしろいですね。

4-4

使うモジュール ワークショップモジュール、回転サーボモーター

対応バージョン V1 V2

二度寝防止目覚まし時計を作ろう

アラームが鳴りだしたとたん、時計をのせたミニカーが走りはじめる、かんたんには止められない目覚まし時計です。

できること

大きな音がしたら、回転サーボモーターを動かし
ミニカーを走らせる

目覚ましをセットしてミニカーの上にのせましょう。アラームが鳴りだしたら、その音に反応してミニカーが走りだします。
ボタンAを押すまで走り続けます。これで二度寝をふせぎましょう！

どうすれば作れる?

micro:bitとモジュールを組み合わせてミニカーを作り、プログラムを作ってmicro:bitに書きこみます。

①2つの回転サーボモーターとタイヤ、micro:bit、クラフト素材を組み合わせ、ミニカーを作る。
②アラーム音が鳴ったときに、ミニカーが前進するプログラムを作る。

装置(そうち)を作る

まずは、目覚まし時計をのせて走るミニカーを作りましょう。

用意するもの

micro:bit、micro:bit用ワークショップモジュール、ベーシックモジュール用回転サーボモーターセット×2セット、単4乾電池(かんでんち)×3本、ダンボール板、ドライバー、はさみ(またはカッター)、定規、セロハンテープ、布ガムテープ、木工用ボンド、目覚まし時計(大きすぎないもの)、色紙やマスキングテープなど(かざり付け用)

作り方

1. 回転サーボモーターセットに入っているタイヤセットのタイヤパーツにゴムを取り付け、回転サーボモーターの軸(じく)に固定します。

ゴムの取り付けには力が必要です。むずかしい場合は大人の人に手伝ってもらいましょう。

2. ダンボール板を切り取り、車体を用意します。ワークショップモジュールと目覚まし時計を置くことができる大きさに切りましょう。

写真では、14cm×18cmの長方形に切っています。使う目覚まし時計のサイズに合わせて車体の大きさを決めましょう。

3 ダンボール板を切り取り、三角柱を作ります。これは車軸（しゃじく）として使います。底面となる三角形は一辺の長さ3cmの正三角形に、三角柱の高さは **2** で切り取った車体の幅（はば）（写真の場合は14cm）と同じ長さにしましょう。

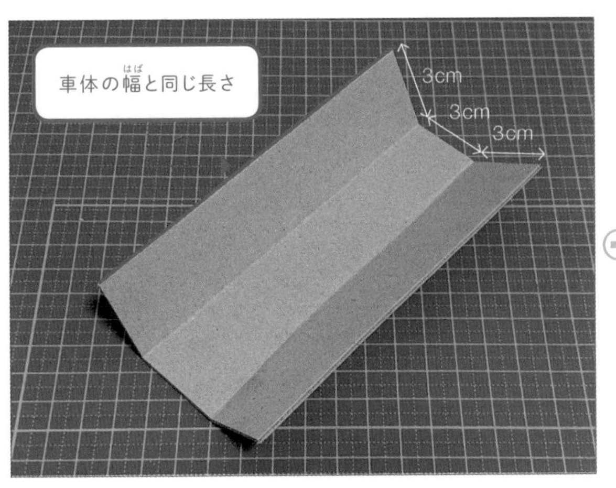

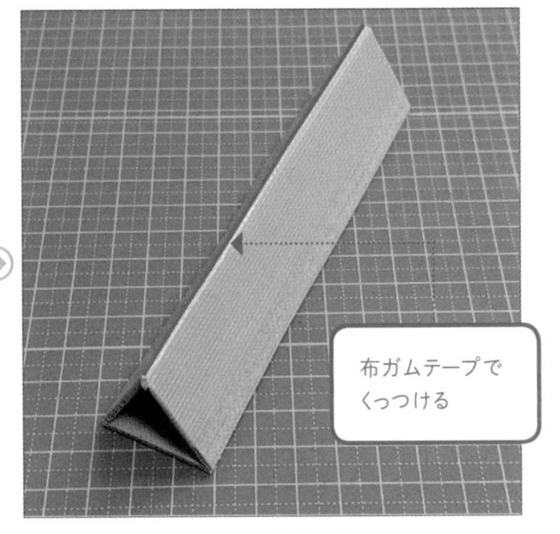

車体の幅の長方形を用意し、3cm間隔で折り曲げ、布ガムテープを使って三角柱を作ります。ダンボール板を折り曲げるときは、折り目にそって浅く切りこみを入れると、かんたんに折り曲げることができます。

4 セロハンテープを使って、車軸（しゃじく）に回転サーボモーターを固定します。

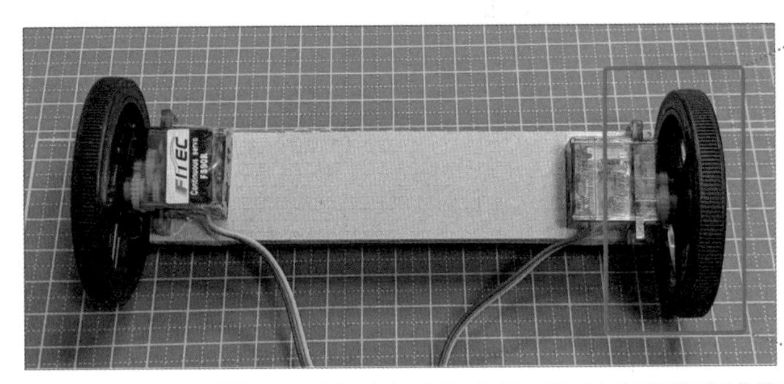

タイヤが回転したときに車軸とぶつからないよう、車軸とタイヤの間に少しすき間ができる位置に回転サーボモーターを貼りましょう。

5 木工用ボンドを使って、**2** の車体と **4** の車軸（しゃじく）を組み合わせます。

6 ダンボール板を切り取って、もう1つ三角柱を作ります。これは車体を支えるために使います。底面となる三角形は一辺の長さ4.5cmの正三角形に、三角柱の高さは5cmくらいにしましょう。車軸と同じように布ガムテープを使って三角柱を作ったら、木工用ボンドを使って写真のように車体に貼り付けます。

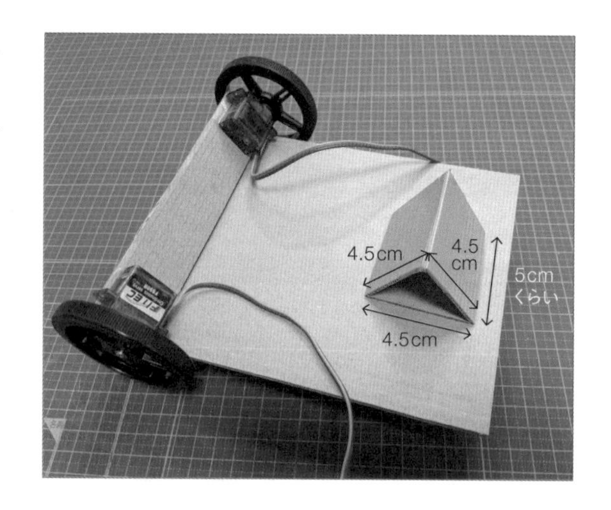

7 ワークショップモジュールに電池を入れ、回転サーボモーターを接続します。写真左側の回転サーボモーターを「P0」コネクターに、右側の回転サーボモーターを「P8」コネクターに接続します。

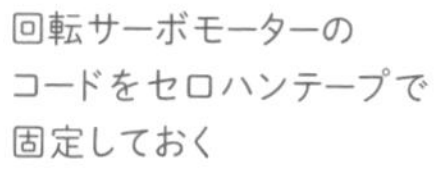

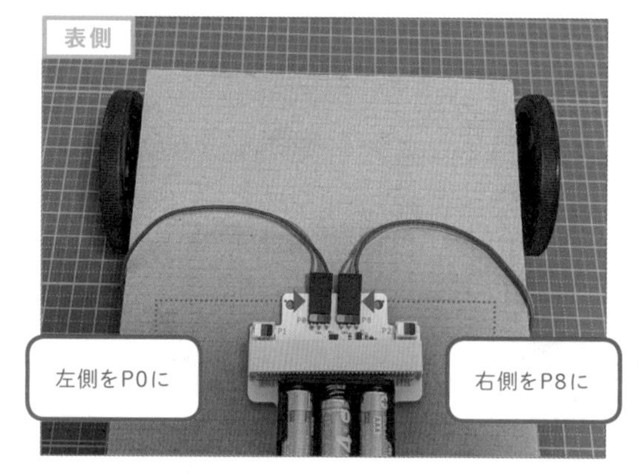

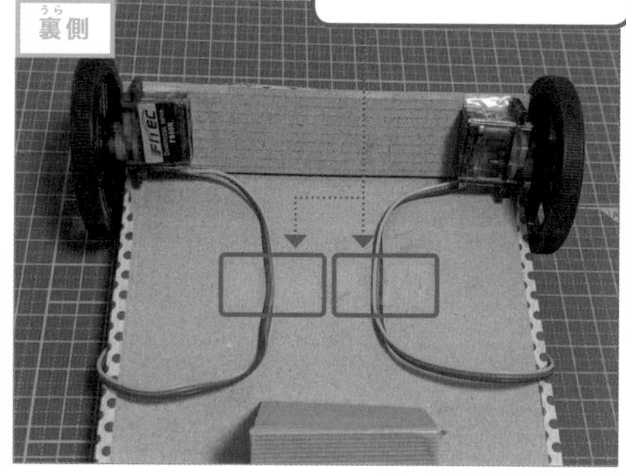

8 micro:bitを装着して、ミニカーは完成です。走っている間に目覚まし時計がミニカーから落ちないように囲いを作ったり、色紙やマスキングテープを使ってかざり付けしましょう。

プログラムの最終形

2つの回転サーボモーターを動かしてミニカーを走らせます。回転サーボモーターのプログラミング方法は117ページを確認しましょう。

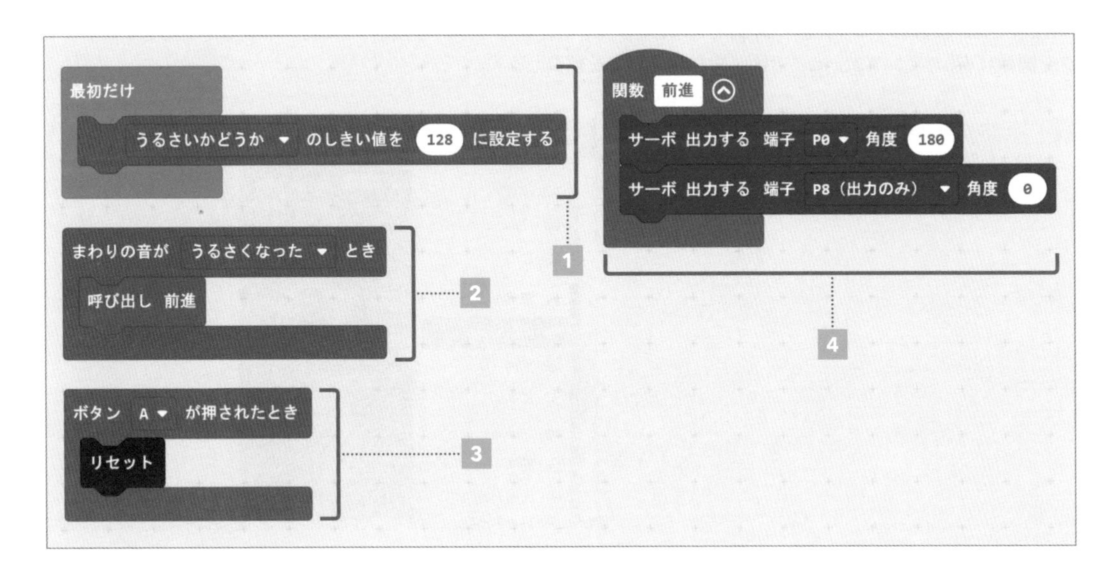

1 「まわりの音が うるさくなった とき」ブロック（2）が実行されるかされないかの境目となる音量＝しきい値を設定します。

2 1で設定したしきい値より大きな音がしたとき、関数「前進」で作ったプログラム（4）を実行します（関数については142ページで説明します）。

3 ボタンAが押されたとき、プログラムをリセットします。

4 関数「前進」のプログラムを作ります。直進する方向に2つの回転サーボモーターを動かします。

POINT

回転サーボモーターの回転方向は、「装置を作る」の手順4、回転サーボモーターを車体に貼り付けた向きと関係しています。おたがいに反対の向きに貼り付けているので、それぞれ逆方向に、そして同じスピードで回転させると、ミニカーはまっすぐ走ります。

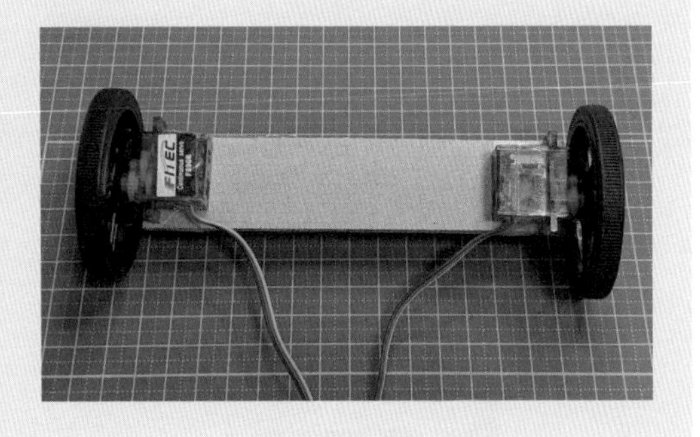

関数でプログラムをすっきりさせよう

「関数」とは、複数のブロックを1つにまとめることができる仕組みです。今回は、ミニカーを前進させる2つのブロックを関数にまとめています。ここでは、関数の作り方を紹介(しょうかい)します。

1 ツールボックス「高度なブロック」の中の「関数」を開き、「関数を作成する...」を選びます。

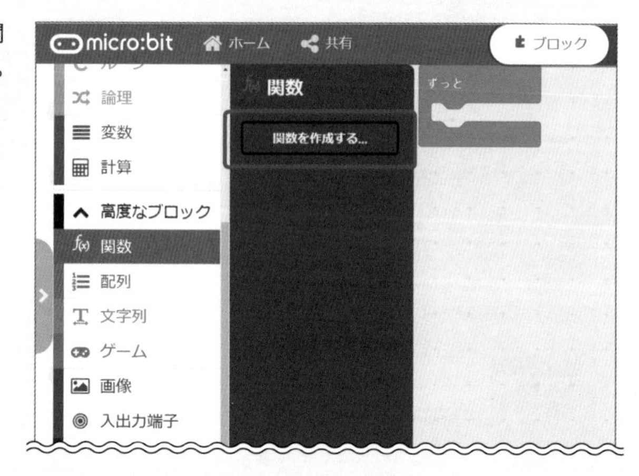

2 「doSomething」部分に関数の名前を入力して、「完了(かんりょう)」ボタンをクリックします。関数の名前は、何を行うブロックのかたまりなのかがわかりやすい名前を付けましょう。

3 すると、プログラミングエリアに図のようなブロックが現れているはずです。このブロックの中に、関数「前進」で実行したいブロックをつなげましょう。これで関数の作成は完了(かんりょう)です。

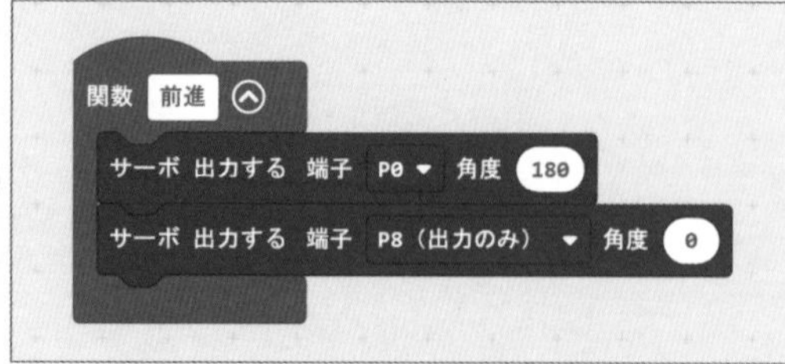

POINT

⊙マーク部分をクリックすると、関数ブロック内をとじることができます。関数につなげるブロックの数が多い場合、関数ブロックをとじることでプログラミングスペースを節約することができます。⊙マークをクリックすると開きます。

関数を実行したい場合は、「高度なブロック」→「関数」の中の「呼び出し（関数名）」ブロックを使いましょう。

「関数」にブロックをまとめると、プログラムの中身がわかりやすくなります。また、同じブロック群を複数回実行する場合は、関数にまとめることでプログラムを作る手間を省くことができます。

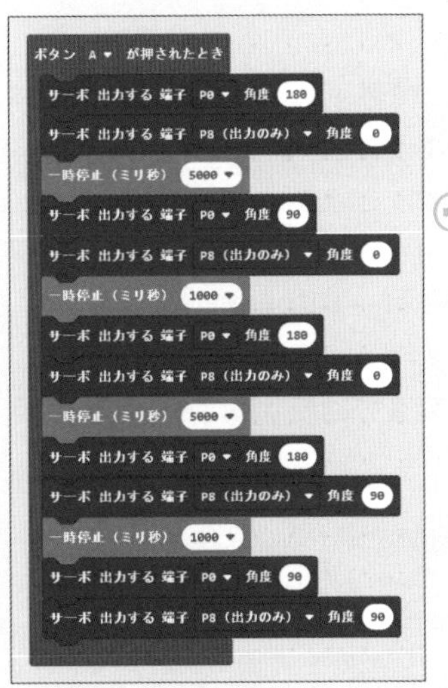

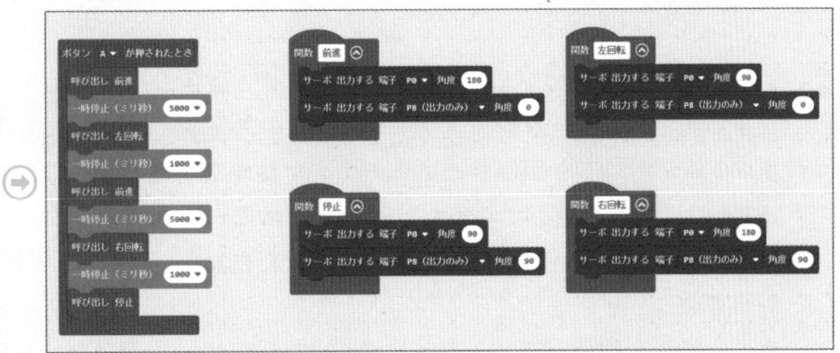

左のプログラムを、関数を使ってまとめると、右のプログラムのようになります。

プログラミング

1 142ページを参考に、関数「前進」を図のように作りましょう。

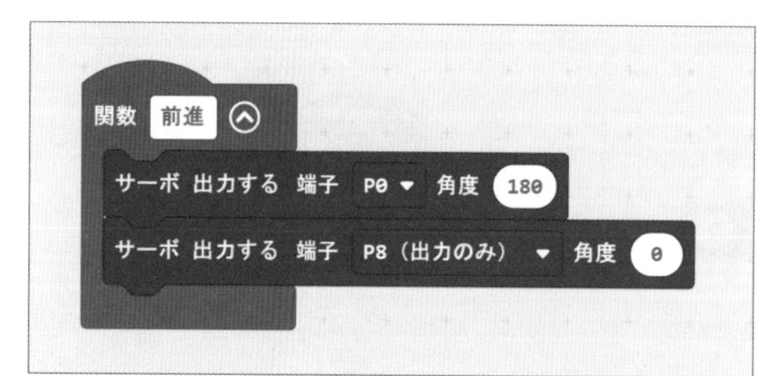

使用ブロック 高度なブロック→入出力端子→サーボ 出力する 端子 P0 角度 180

2 ボタンAを押したときに前進するプログラムを作りましょう。

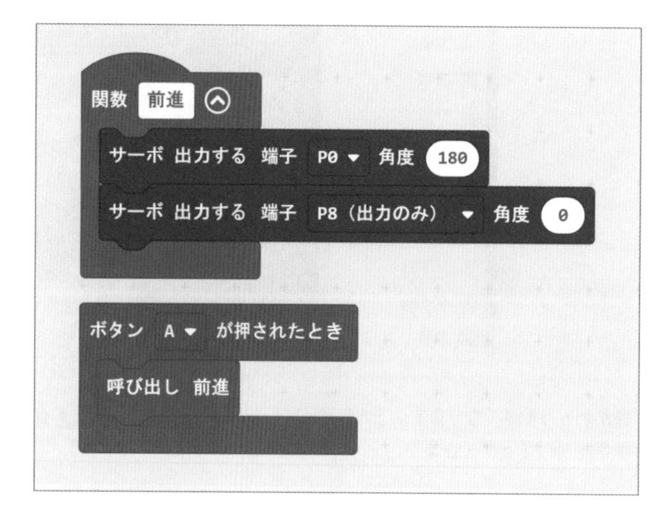

使用ブロック 入力→ボタンAが押されたとき

使用ブロック 高度なブロック→関数→呼び出し 前進

3 いったんここまでのプログラムをmicro:bitに書きこんで、動かしてみましょう。ミニカーを停止する場合は、ワークショップモジュールのスイッチをOFFにしてください。
ボタンAを押しても回転サーボモーターが動かない場合は、ワークショップモジュールのスイッチがONになっているか、また、回転サーボモーターのコネクターを正しい向きでワークショップモジュールに接続しているか確認してください（スイッチの場所、コードの接続向きは114ページを参照）。
走る方向が、期待していた方向と逆だった場合は、角度の数値（すうち）を変えて回転サーボモーターの回転方向を逆方向に設定しましょう。

また、直進せずななめに走る場合は、回転の速さを左右で調節しましょう。回転サーボモーターの特性上、同じ角度を指定していても、個体によって速さは多少異(こと)なります（角度の数値(すうち)と回転方向／速さの関係は117ページを参照）。

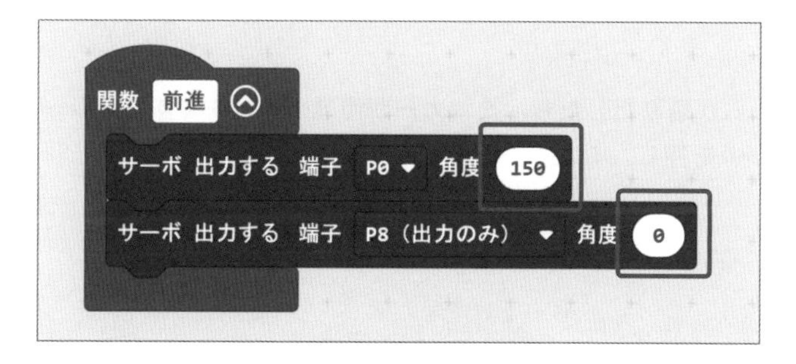

4 図のようにブロックをつなげ直し、プログラムを完成させましょう。

使用ブロック 基本→最初だけ

使用ブロック 入力→その他→うるさいかどうか のしきい値を 128 に設定する

使用ブロック 入力→まわりの音が うるさくなった とき

使用ブロック 高度なブロック→制御→リセット

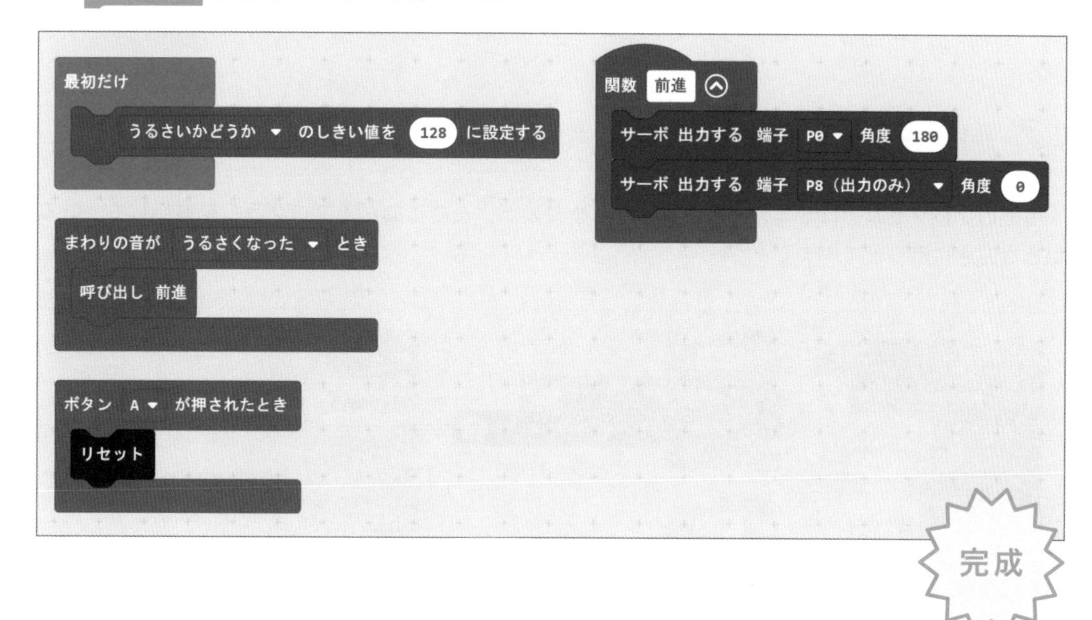

POINT

「リセット」ブロックが実行されると、micro:bitのリセットボタンを押したときと同じ処理(しょり)がmicro:bit内部で実行されます（プログラムは最初から実行されます）。

実際に試してみる

1. micro:bitにプログラムを書きこみ、ワークショップモジュールのスイッチをオンにします（スイッチの場所は114ページ参照）。

2. 目覚ましをセットしましょう。アラームが鳴りだしたら、ミニカーが直進するはずです。アラームを停止したあとにmicro:bitのボタンAを押し、ミニカーを停止させましょう。

POINT

アラームが鳴ってもミニカーが走らない場合は、音のしきい値を調整しましょう。また、micro:bitのマイクがアラーム音を拾いやすいように、micro:bitと目覚まし時計の設置位置を調整してみましょう。

アレンジしよう！

今回のプログラムではミニカーは直進しかしませんが、左右に曲がるプログラムを追加して、いろいろな方向に走らせてみましょう。

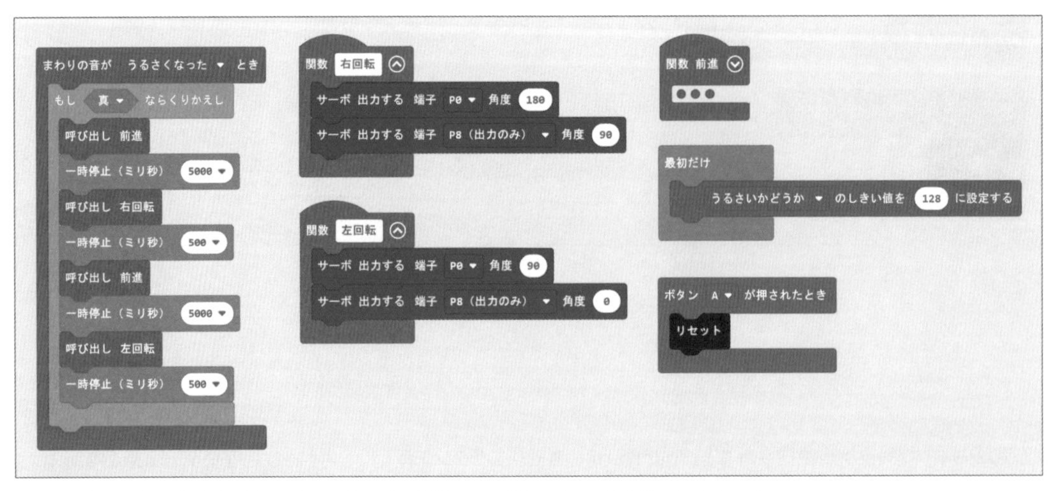

アラーム音が鳴ると、ボタンAが押されるまでずっと「5秒前進→0.5秒右回転→5秒前進→0.5秒左回転」をくりかえし実行するプログラムとなっています。

使うモジュール ワークショップモジュール、接触位置センサー、フォトリフレクター

対応バージョン V1 V2

4-5 バイオリンを作ろう

弓を動かしたら音が鳴るバイオリンを作りましょう。接触位置センサーを押さえる位置によって音が変わります。

できること

フォトリフレクターの値が変化している間だけ、接触位置センサーの値で決めた音を鳴らす

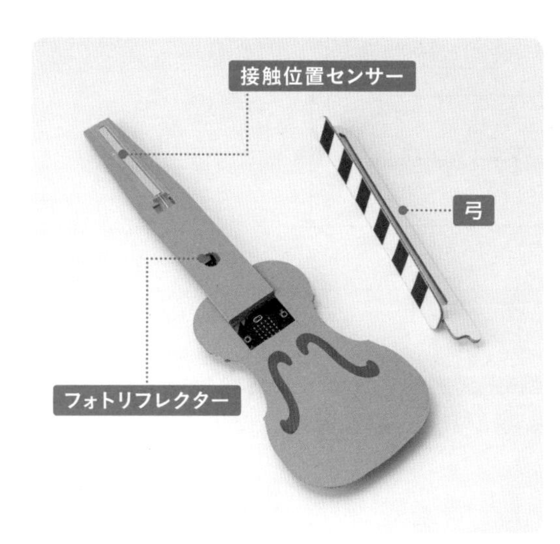

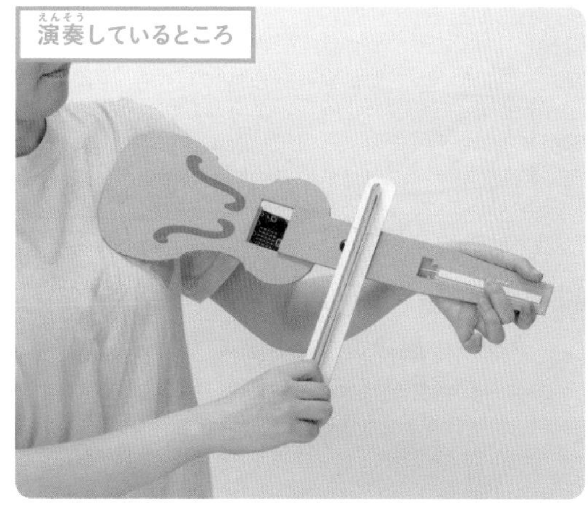

弓を動かしながら接触位置センサーを押さえる位置を変えると「ド」「レ」「ミ」と音が変わります。

どうすれば作れる?

micro:bitとモジュールを組み合わせてバイオリンを組み立て、プログラムを作ってmicro:bitに書きこみます。

①フォトリフレクターと接触位置センサー、micro:bit、クラフト素材を組み合わせ、バイオリンを作る。

②フォトリフレクターの上を弓が通ったときに、接触位置センサーの指の位置に応じて「ド」「レ」「ミ」の音が鳴るよう、バイオリンのプログラムを作る。

装置を作る

身近な素材を使って、バイオリン本体を作ってみましょう。

用意するもの

micro:bit、micro:bit用ワークショップモジュール、micro:bit用接触位置センサー100mm（コネクタータイプ）、micro:bit用フォトリフレクター（コネクタータイプ）、単4乾電池×3本、ダンボール板、ビニールテープ（黒）またはサインペン（黒）、厚紙（白・A4サイズ）、はさみ、カッター、定規、えんぴつ、両面テープ、セロハンテープ（透明）

作り方

1 まず、バイオリンのネック部分を作ります。図の寸法を参考に、ダンボール板を切ってください（手や指を切らないように注意してください）。

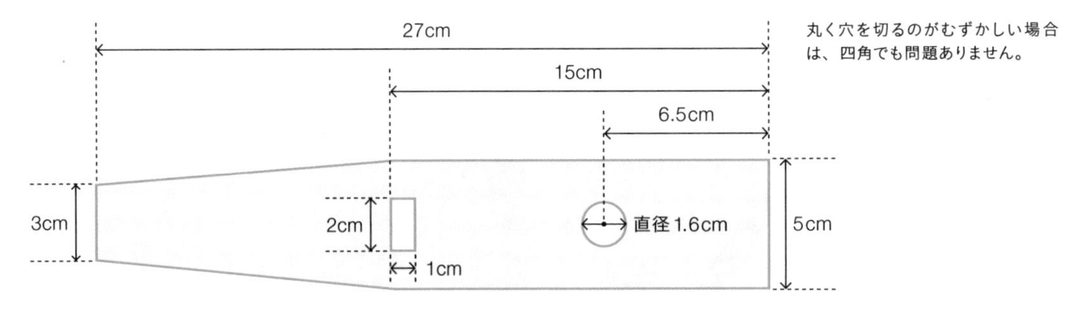

丸く穴を切るのがむずかしい場合は、四角でも問題ありません。

2 接触位置センサー、フォトリフレクターの配線をつなぎます（125ページ参照）。

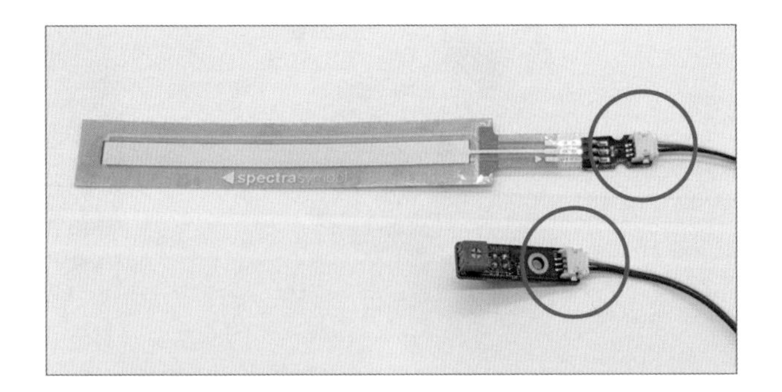

3 厚紙から5cm×2cmの長方形を切り取り、1cm間隔で図のように折り曲げてください。そして、両面テープを使ってフォトリフレクターを貼り付けます。

厚紙は、折る部分に軽くカッターで切りこみを入れると折りやすくなります。

4 3 をバイオリンのネックの裏側に貼り付けます。センサー部分が丸い穴から見えるように貼り付けましょう。

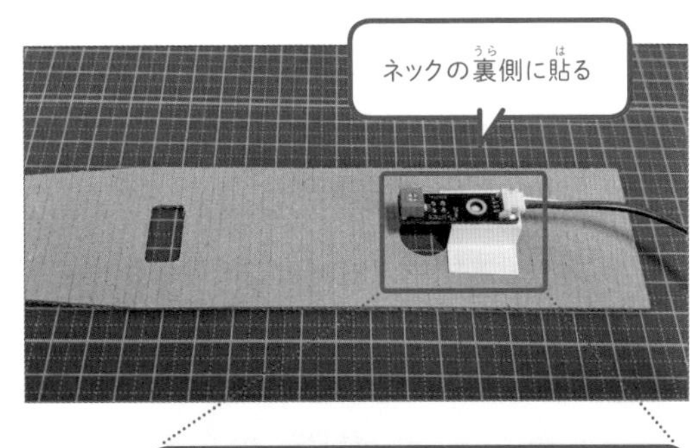

5 接触位置センサーに付いているはくり紙をはがし、基板とコードをネックの四角の穴に通してからセンサーをネックの表側に貼り付けます。

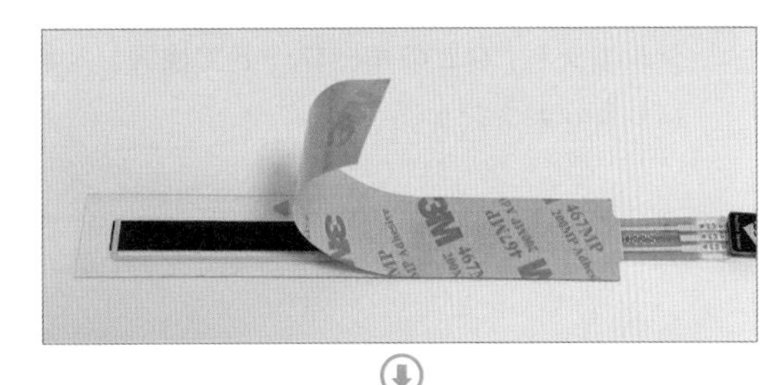

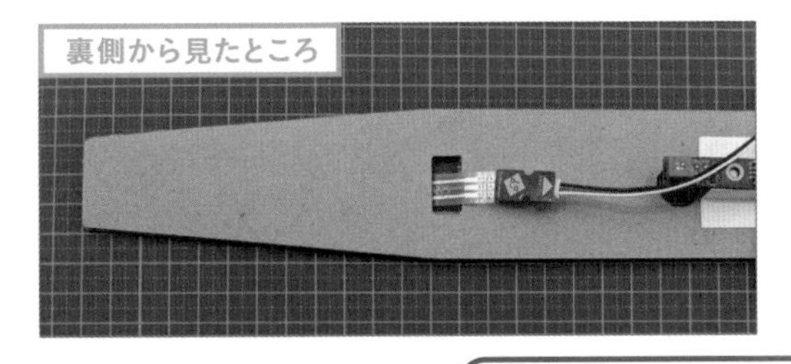

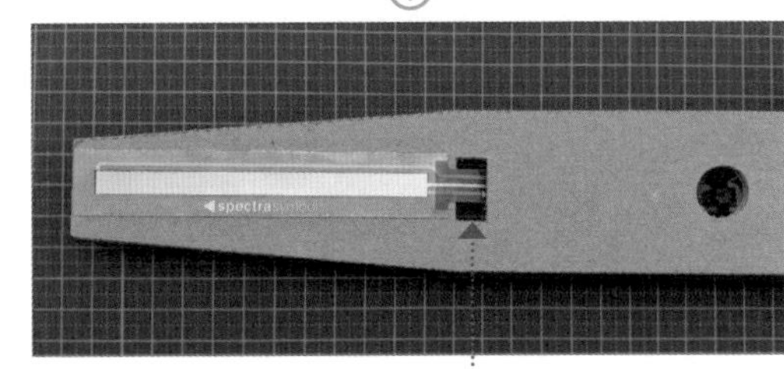

基板とコードをネックの四角の穴に通してから、ネックの表側にセンサーを貼り付ける

6 次は、弓部分を作ります。ダンボール板から25cm×3cmの長方形を切り取り、片面は白色の厚紙を貼りましょう。

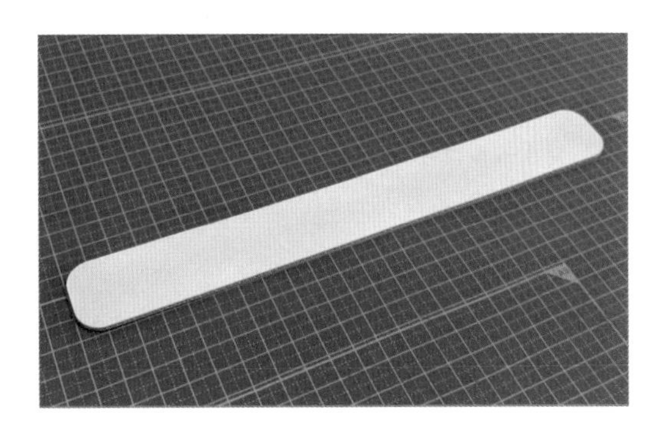

7 厚紙の上に、黒色のビニールテープを2cmくらいの間隔になるよう貼りましょう。ビニールテープの代わりに、黒色のサインペンでぬってもよいです。
ビニールテープを貼った場合は、25cmに切ったセロハンテープを2、3枚用意して面全体に貼りましょう。ビニールテープと厚紙の段差がなめらかになり、スムーズに弓を動かせるようになります。

8 手で持ちやすいように、あまったダンボール板や厚紙で取っ手を作り、付けましょう。

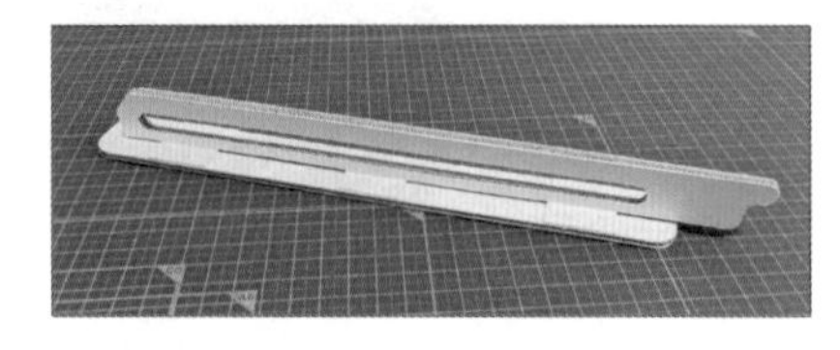

9 最後に、バイオリンボディのデザインを決め、ダンボールを切ってください。インターネットで「バイオリンシルエット」などのキーワードで検索した画像を参考にしましょう。

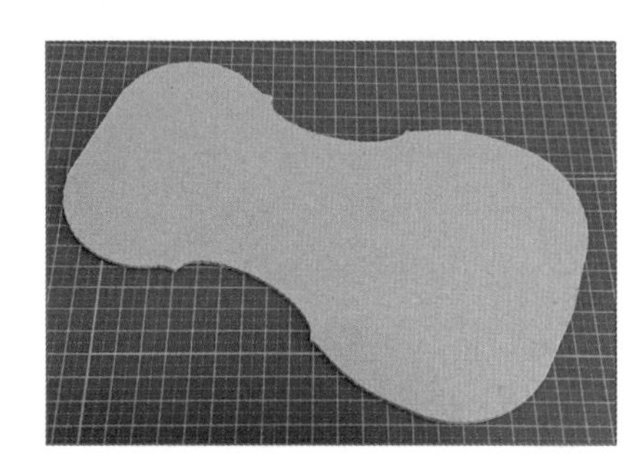

10 ボディとネックを組み合わせます。両面テープを使って貼り付けましょう。

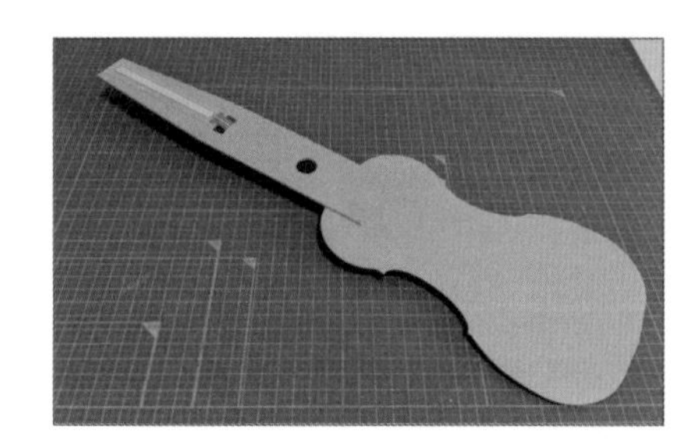

11 ワークショップモジュールをバイオリンのボディに貼り付け、接触位置センサーを「P1」と書かれたコネクターに、フォトリフレクターを「P2」と書かれたコネクターに接続してください。ワークショップモジュールはボディの表側、裏側どちらに貼ってもかまいません。

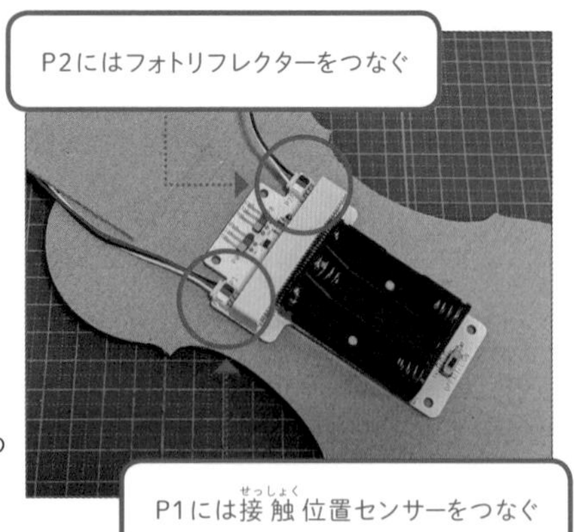

コネクターのシールの色と、各センサーのコードの色のならびが同じになるように接続しましょう。

12 ワークショップモジュールにmicro:bitを差しこみ、電池を入れて完成です。

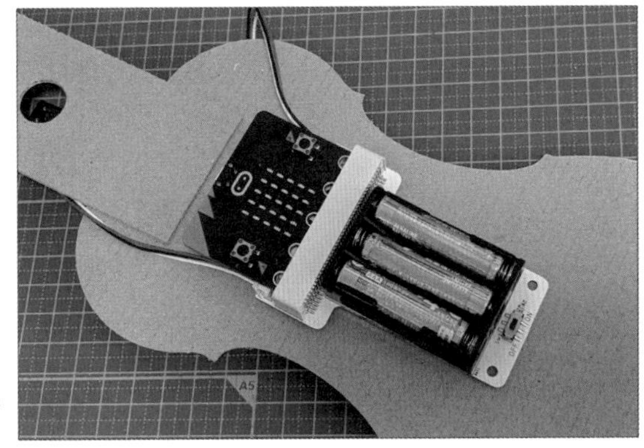

電池の向きに注意してください（くわしくは114ページ参照）。

プログラムの最終形

接触位置センサーが押されている位置で鳴る音を決め、フォトリフレクターの値が変化したときだけ音を鳴らします。

```
関数 押されている位置を調べる                                        ← 1
  変数 位置センサーの値 を アナログ値を読み取る 端子 P1 にする        ← 2
  もし 位置センサーの値 < 350 なら                                   ← 3
    変数 押されている位置 を 0 にする
  でなければもし 位置センサーの値 < 700 なら
    変数 押されている位置 を 1 にする
  でなければ
    変数 押されている位置 を 2 にする

端子 P2 に 正パルス が入力されたとき                                 ← 4
  呼び出し 押されている位置を調べる                                  ← 5
  もし 押されている位置 = 0 なら                                     ← 6
    音を鳴らす 高さ (Hz) 真ん中のド 長さ 1/4 拍
  でなければもし 押されている位置 = 1 なら
    音を鳴らす 高さ (Hz) 真ん中のレ 長さ 1/4 拍
  でなければもし 押されている位置 = 2 なら
    音を鳴らす 高さ (Hz) 真ん中のミ 長さ 1/4 拍
```

● 接触位置センサーを3つのエリアに分ける

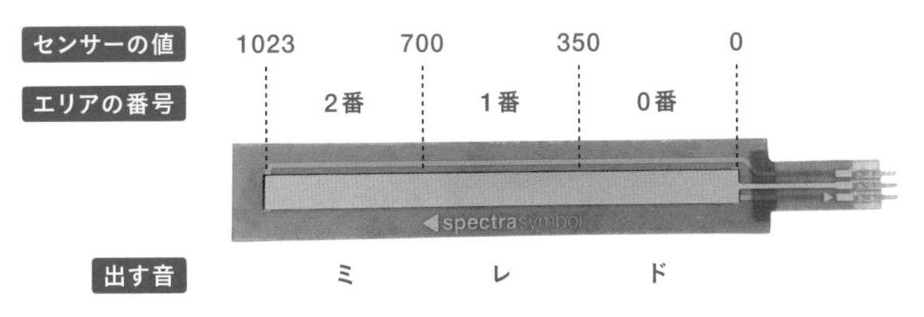

1 関数「押されている位置を調べる」を定義します。

2 接触位置センサーの値を読み取り、変数「位置センサーの値」に保存します。

3 今回は「ド」「レ」「ミ」の3つの音を鳴らすので、接触位置センサーのセンサー部分を3つのエリアに分け、各エリアに0番、1番、2番と番号を付けます。接触位置センサーの値が「0〜349」となるエリアを0番、「350〜699」となるエリアを1番、「700〜1023」となるエリアを2番とし、変数「押されている位置」にエリアの番号を保存します（151ページの図を参照）。

4 フォトリフレクターから正パルスが入力されたとき、つまり、フォトリフレクターの値が「0→1→0」と変化したとき、5 6を実行します。

5 関数「押されている位置を調べる」で定義したプログラム（2 3）を実行します。

6 変数「押されている位置」の値が「0」の場合は「ド」を、「1」の場合は「レ」を、「2」の場合は「ミ」を1/4拍鳴らします。

POINT

今回作った弓の底の色は、白と黒が交互にぬられています。フォトリフレクターの前で弓の底を動かすと、色が「...白→黒→白→黒→白→...」と変化するため、フォトリフレクターの値は「...0→1→0→1→0...」と変化します（フォトリフレクターについては123ページで説明しています）。「0→1→0」と変化したとき、「端子 P2 に正パルス が入力されたとき」ブロックが実行されます。弓を動かし続けると「端子 P2 に正パルス が...」ブロックが複数回実行されるため、ずっと音が鳴っているように聞こえます。

フォトリフレクター

弓

センサーの値　0　1　0　1　0　1

micro:bitでは、「正パルス」「負パルス」の入力を調べることができます。センサーの値が「0→1→0」と変化したとき「正パルス」、「1→0→1」と変化したとき「負パルス」が入力されたと判断されます。

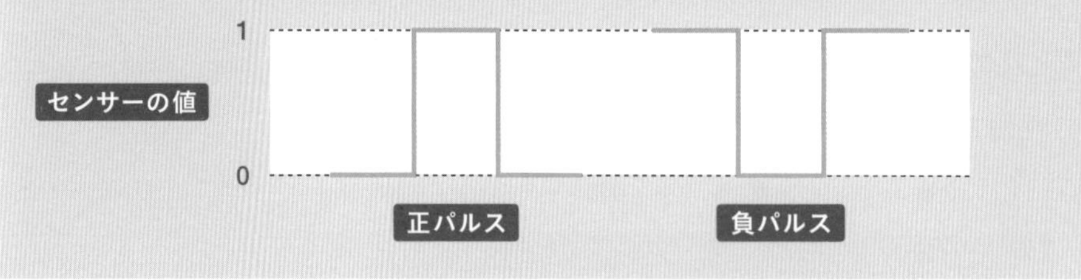

POINT

「正パルス」「負パルス」ではブロックが実行されるタイミングが異なりますが、今回はどちらを使っても問題ありません。

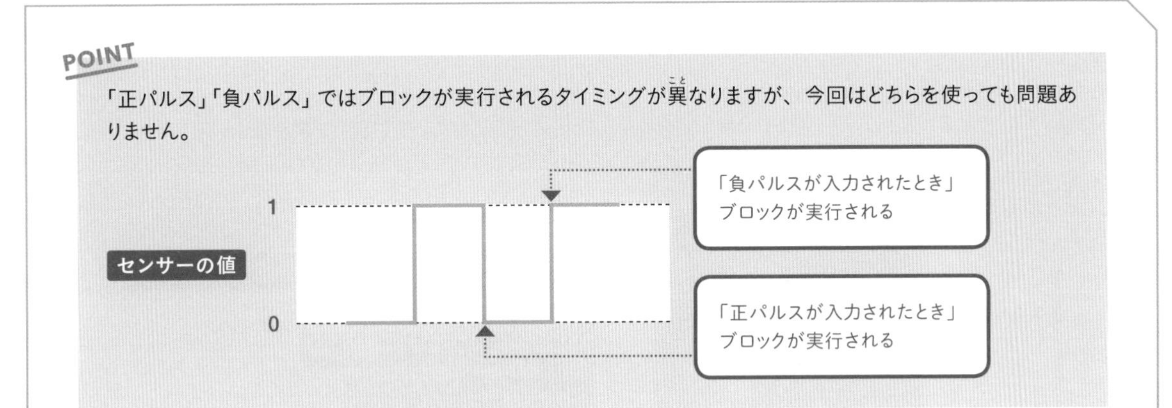

プログラミング

1 関数「押されている位置を調べる」を作り、以下のように定義します。変数「位置センサーの値」「押されている位置」も新しく作りましょう（関数の作り方は142ページを、変数の作り方は109ページを参照してください）。

使用ブロック 変数→変数 位置センサーの値 を 0 にする

使用ブロック 高度なブロック→入出力端子→アナログ値を読み取る 端子 P0

使用ブロック 論理→もし 真 なら／でなければ

使用ブロック 論理→0 < 0

使用ブロック 変数→位置センサーの値

使用ブロック 変数→変数 押されている位置 を 0 にする

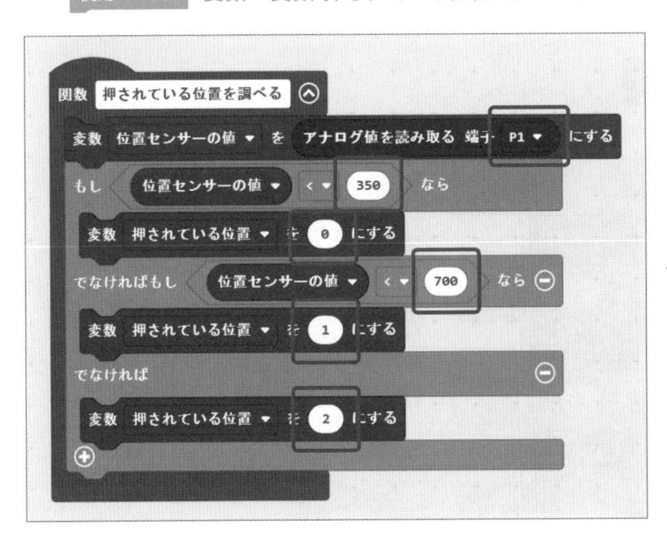

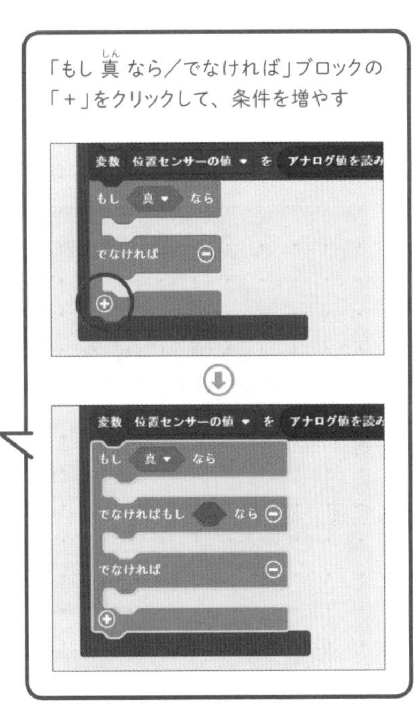

POINT

「変数」の中に「変数 押されている位置 を 0 にする」ブロックがない場合は、表示されている「変数（変数名）を 0 にする」ブロックをつなげ、「▼」部分をクリックして「押されている位置」を選びましょう。

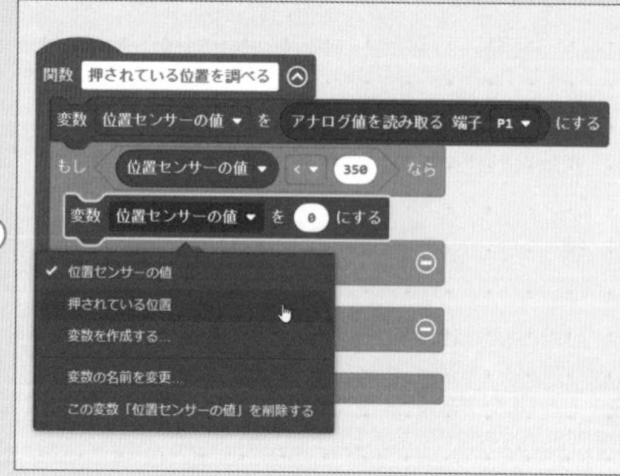

2 「端子 P0 に 正パルス が入力されたとき」ブロックを置き、プログラムを完成させましょう。

使用ブロック 高度なブロック→入出力端子→その他→端子 P0 に 正パルス が入力されたとき

使用ブロック 高度なブロック→関数→呼び出し 押している位置を調べる

使用ブロック 論理→もし 真 なら／でなければ

使用ブロック 論理→0 = 0

使用ブロック 変数→押されている位置

使用ブロック 音楽→音を鳴らす 高さ（Hz）真ん中のド 長さ 1 拍

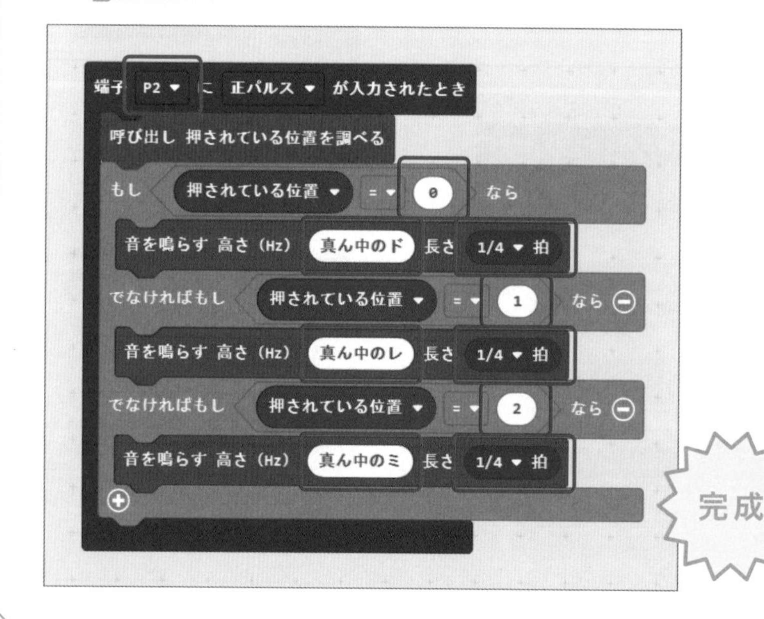

実際に試してみる

1 micro:bitにプログラムを書きこみ、ワークショップモジュールのスイッチをオンにします(スイッチの場所は114ページ参照)。

2 フォトリフレクターのセンサー部分に弓の白黒もようがかぶさる位置で、弓を動かしてみましょう。「ド」の音が鳴るはずです。また、接触(せっしょく)位置センサーを押す位置によって音が変わることも確認してみましょう。

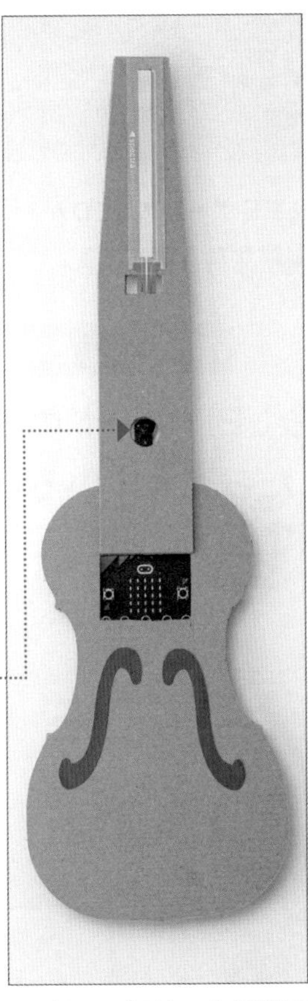

ワークショップモジュールを裏側に貼り、micro:bitのLEDが見えるようボディに窓を開けてみました。

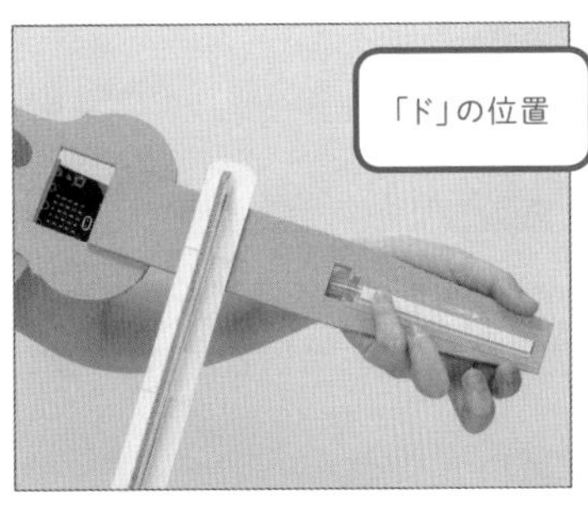

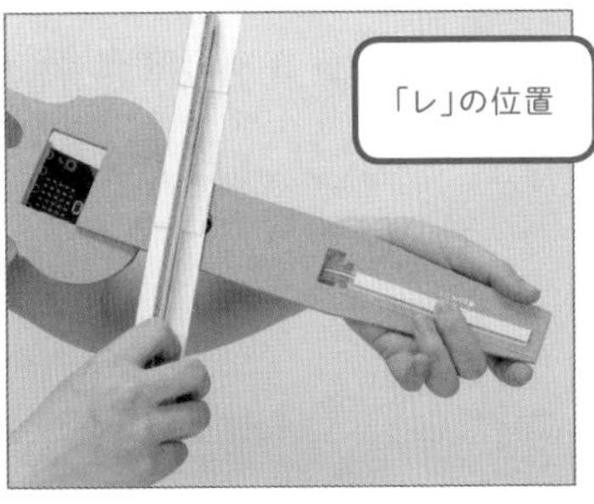

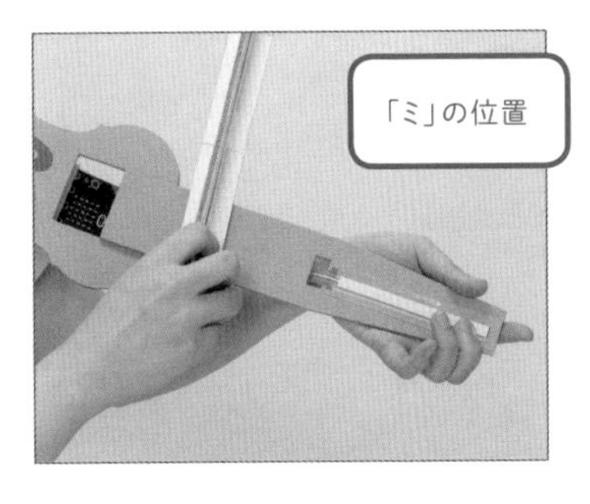

POINT

もし弓を動かしても音が鳴らない場合は、フォトリフレクターの感度を調整してみましょう(調整のしかたは124ページ参照)。弓の白色部分が面しているときにフォトリフレクターのLEDが緑色に光り、黒色部分が面しているときにLEDが消えていたらOKです。

アレンジしよう!

今回は接触(せっしょく)位置センサーのエリアを3つに分けましたが、8つに分ければ1オクターブ鳴るようにバージョンアップすることができます。

また、音に合わせてLEDを点灯させたり、加速度センサーで楽器をゆらしたときに別の音を鳴らすなど工夫を重ねると、いっそう楽しくなりそうです。

4-6

使うモジュール ワークショップモジュール、LEDボード（サークル型）

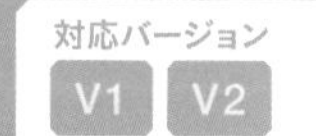

ルーレットゲームを作ろう

ボタンAを押したらゲームスタート！LEDボードのLEDが1つずつ順番に光ります。「アタリ」に設定したLEDが光っているときにボタンBを押せたら勝ちです。

できること

ボタンAが押されたらLEDボードのLEDを1つずつ光らせ、ボタンBが押されたら光っているLEDの番号を調べる

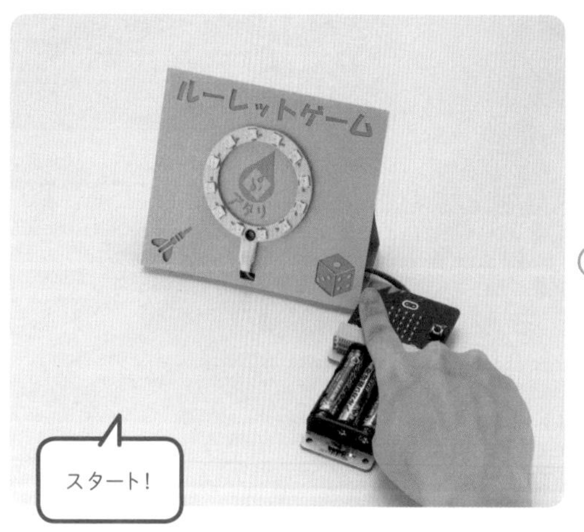

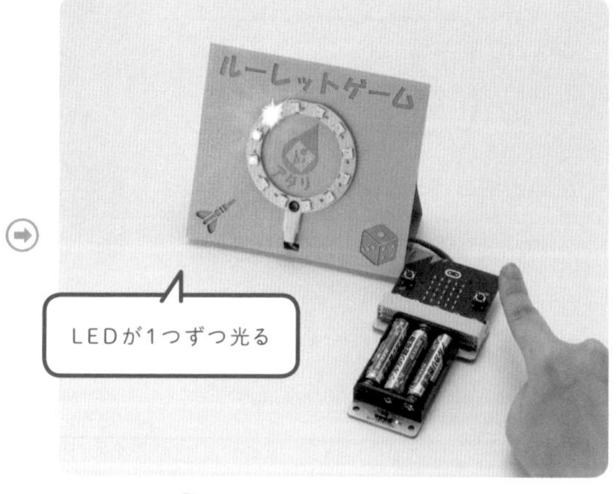

ボタンAを押してゲームスタート！ LEDボードのLEDが順番に光ります。「アタリ」のLEDが光っているタイミングでボタンBをピッタリ押せたら、あなたの勝ちです！

どうすれば作れる?

micro:bitとモジュールを組み合わせて装置を作り、プログラムを作ってmicro:bitに書きこみます。

①LEDボードとmicro:bit、クラフト素材を組み合わせ、ルーレットゲームの装置を作る。

**②ボタンAでLEDが順番に光りはじめ、ボタンBで光っているLEDが
アタリかどうか調べるプログラムを作る。**

装置を作る

身近な材料を使って、ルーレットゲーム機を作ってみましょう。

●用意するもの

micro:bit、micro:bit用ワークショップモジュール、micro:bit用フルカラーLEDボード（サークル型）、単4乾電池×3本、厚紙、はさみ（またはカッター）、両面テープ

●作り方

1 ワークショップモジュールにLEDボードを接続します。

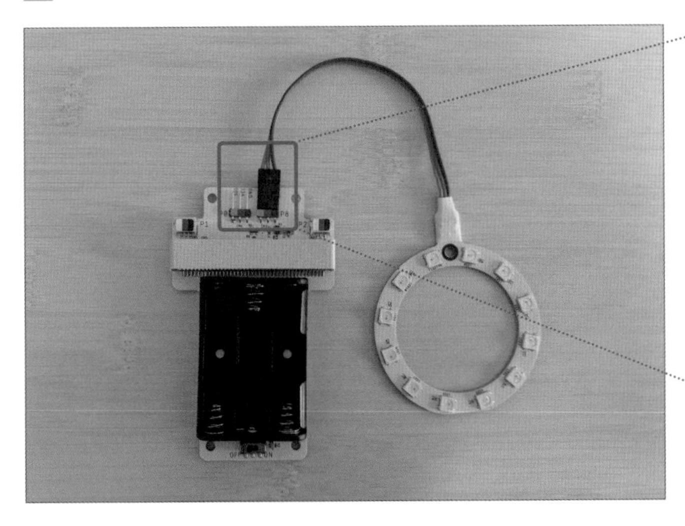

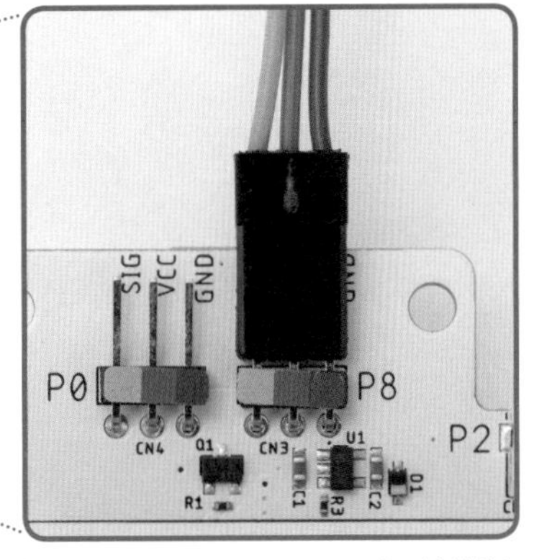

「P8」と書かれたコネクターにLEDボードを接続してください。コネクターのシールの色と、LEDボードのコードの色のならびが同じになるように接続してください。

2 ワークショップモジュールにmicro:bitを差しこみます。また、電池を入れてください。

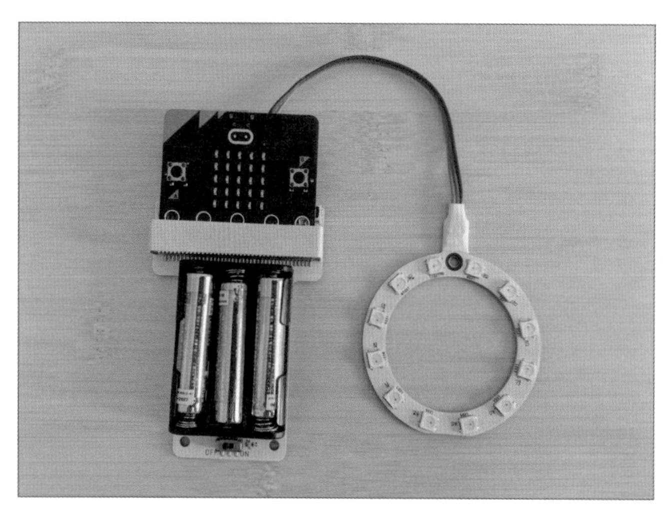

電池の向きに注意してください（くわしくは114ページ参照）。

3 両面テープを使って厚紙にLEDボードを貼り付け、「アタリ」のLEDがわかるようにマークを付けましょう（好きな場所を選んでかまいません）。これで完成です。

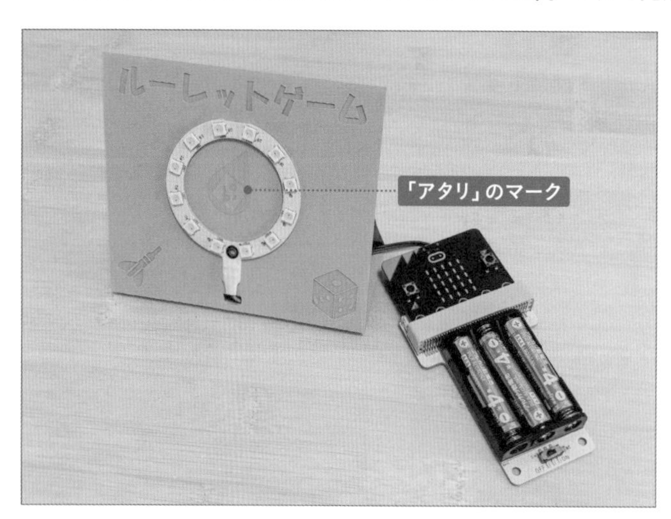

プログラムの最終形

LEDボードのLEDは、ゲームの間（ボタンAが押されてからボタンBが押されるまで）ずっと、1つずつ順番に光ります。今回は、変数「ゲーム中」を作り、ボタンAが押されたら「真」に、ボタンBが押されたら「偽」にします。そして、変数「ゲーム中」が「真」の間、ずっとLEDが1つずつ光るようにプログラムします。

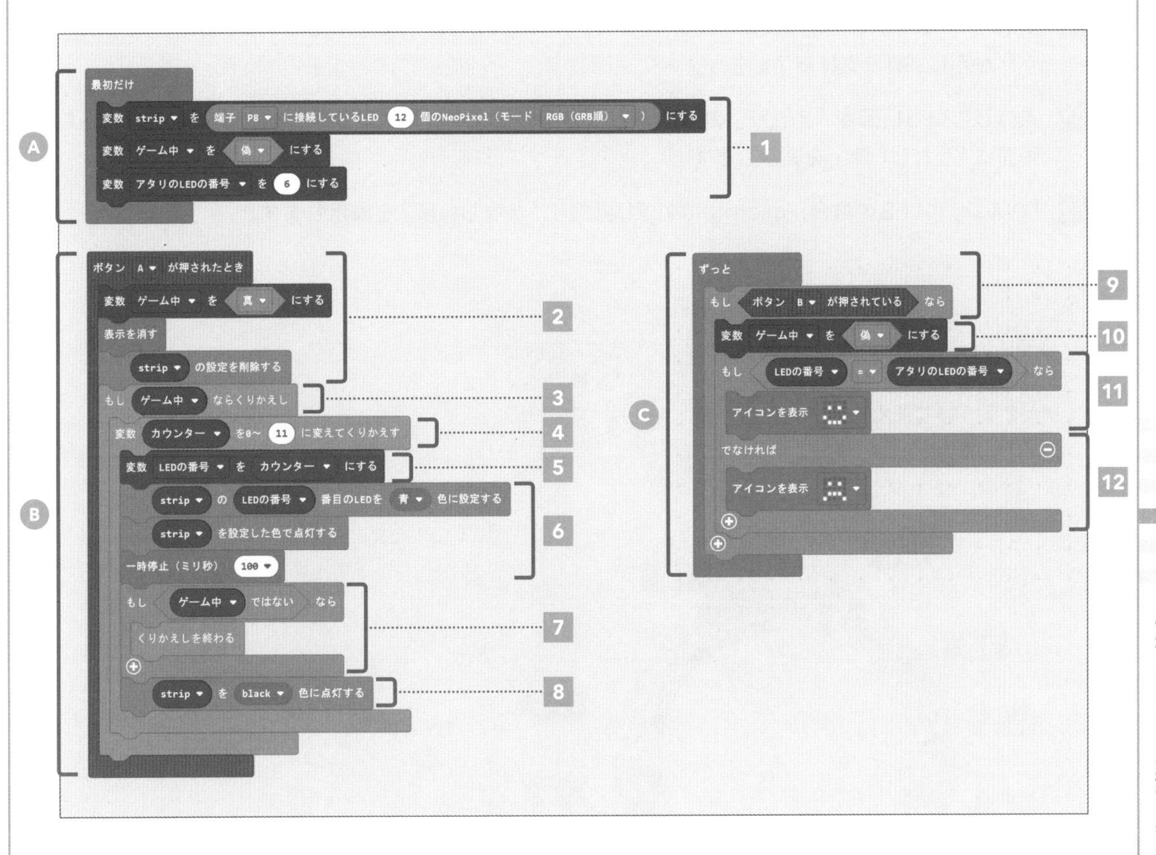

1 LEDボードの接続設定と、変数の設定を行います。

2 ボタンAが押されたら、変数「ゲーム中」を「真」に設定します。また、micro:bitのLED画面の表示を消し、LEDボードの色の設定を削除します。

3 変数「ゲーム中」が「真」だったら（ボタンBが押されていなかったら）、4～8をくりかえし行います。

4 変数「カウンター」に値「0」を保存し5～8を行い、次は変数「カウンター」に値「1」を保存し5～8を行い、というように、変数「カウンター」の値を「0」から「11」まで1ずつ増やしながら5～8をくりかえし行います。

5 点灯するLED番号を変数「LEDの番号」に保存します。

6 LEDボードの、変数「LEDの番号」番目のLEDを、青色で100ミリ秒(0.1秒)光らせます。

7 変数「ゲーム中」が「偽」の場合(ボタンBが押されていたら)、「変数 カウンター を0〜11に変えてくりかえす」ループを終了します。

8 LEDボートのLEDをすべて消灯します。

9 ボタンBが押されていたら10〜12を行います。

10 変数「ゲーム中」を「偽」に設定します。これで、「ボタンAが押されたとき」ブロック内の2つのくりかえしブロックは終了します。

11 点灯しているLEDが「アタリ」のLEDかどうか判断します。「アタリ」の場合、micro:bitのLED画面に「うれしい顔」を表示します。

12 「ハズレ」のLEDの場合、micro:bitのLED画面に「かなしい顔」を表示します。

POINT

今回使うLEDボードには12個のLEDが付いています。各LEDの番号は図のようにわりふられています。ループ「変数 カウンターを0〜11に変えてくりかえす」の「0〜11」は、このLEDの番号と関連しています。

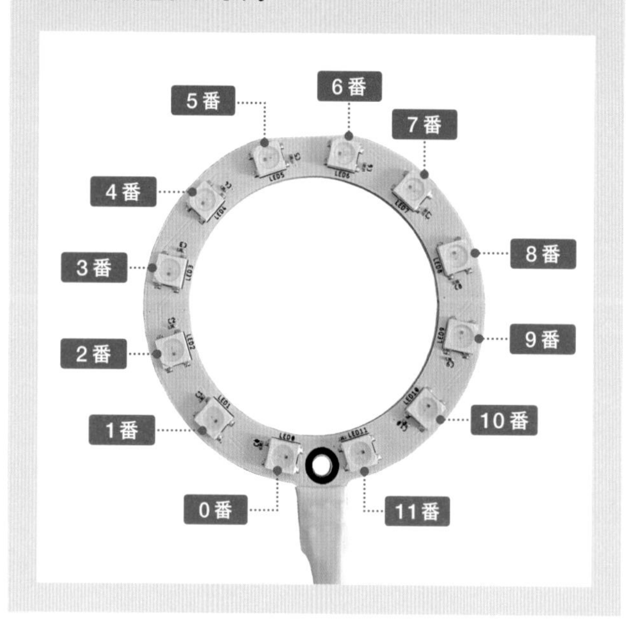

プログラミング

●グループA

1 「最初だけ」ブロック内でNeopixelの設定を行います。また、変数「ゲーム中」「アタリのLEDの番号」を新たに追加し、以下のように設定します（拡張機能「Neopixel」の追加方法は119ページに、変数の追加方法は109ページにくわしく紹介しています）。

使用ブロック　基本→最初だけ

使用ブロック　Neopixel→
変数 strip を端子 P0 に接続しているLED 24 個のNeoPixel
（モード RGB（GRB順））にする

使用ブロック　変数→変数 ゲーム中 を 0 にする

使用ブロック　論理→偽

使用ブロック　変数→変数 アタリのLEDの番号 を 0 にする

最初だけ
変数 strip ▼ を 端子 P8 ▼ に接続しているLED 12 個のNeoPixel（モード RGB（GRB順） ▼ ） にする
変数 ゲーム中 ▼ を 偽 ▼ にする
変数 アタリのLEDの番号 ▼ を 6 にする

POINT

変数「アタリのLEDの番号」は、「装置を作る」手順 **3** でアタリマークを貼り付けたLEDの番号（0から11までの数字）を、160ページのPOINTを参考にしながら入力しましょう。

● グループB

1 「ボタンAが押されたとき」ブロックを置き、変数「LEDの番号」を新たに追加して、グループBの一部分を作りましょう。

- 使用ブロック 入力→ボタンAが押されたとき
- 使用ブロック ループ→変数 カウンター を0〜4に変えてくりかえす
- 使用ブロック 変数→変数 LEDの番号 を 0 にする
- 使用ブロック 変数→カウンター
- 使用ブロック Neopixel→その他→strip の 0 番目のLEDを 赤 色に設定する
- 使用ブロック 変数→LEDの番号
- 使用ブロック Neopixel→strip を設定した色で点灯する
- 使用ブロック 基本→一時停止（ミリ秒）100
- 使用ブロック Neopixel→strip を 赤 色に点灯する

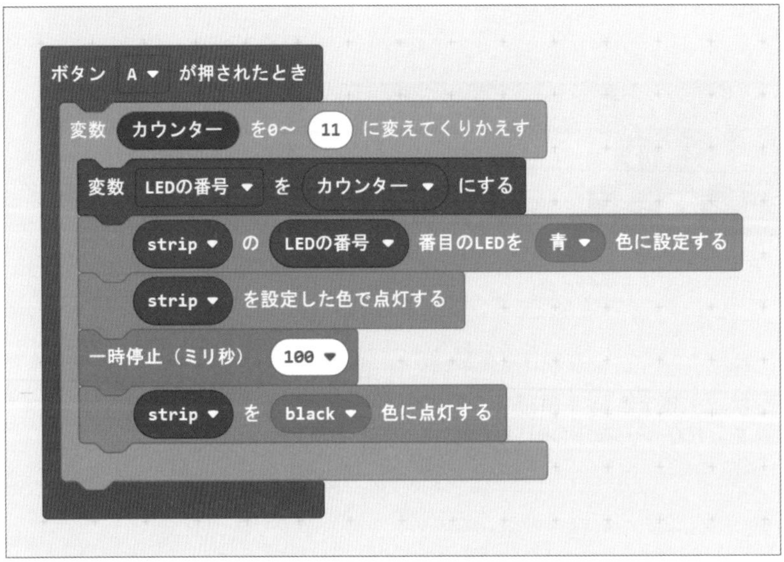

ボタン A ▾ が押されたとき
変数 カウンター を0〜 11 に変えてくりかえす
変数 LEDの番号 ▾ を カウンター ▾ にする
strip ▾ の LEDの番号 ▾ 番目のLEDを 青 ▾ 色に設定する
strip ▾ を設定した色で点灯する
一時停止（ミリ秒） 100 ▾
strip ▾ を black ▾ 色に点灯する

POINT

「変数」の中に「変数 LEDの番号 を 0 にする」ブロックがない場合は、表示されている「変数（変数名）を0 にする」ブロックをつなげ、「▼」部分をクリックして「LEDの番号」を選びましょう。

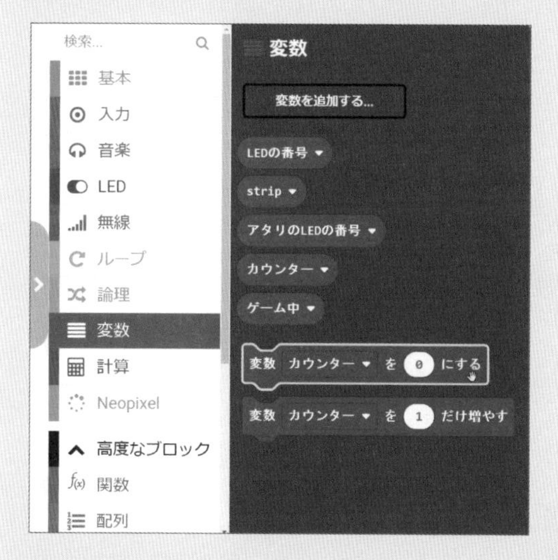

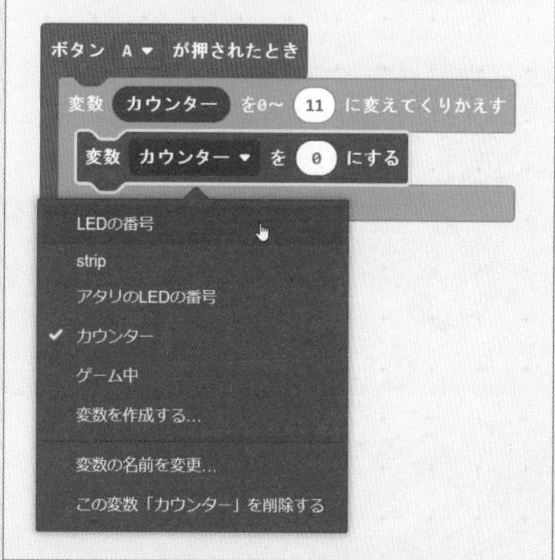

変数「カウンター」ブロックは、「変数 カウンター を0～ 4 に変えてくりかえす」ブロックの「カウンター」部分をドラッグ＆ドロップして取り出すこともできます。

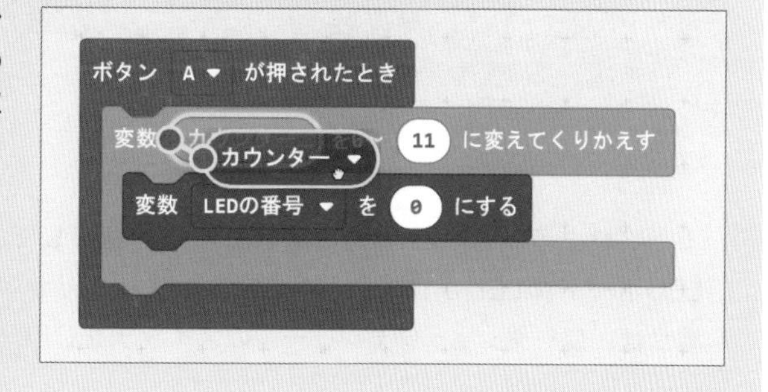

2 ここまでのプログラムをmicro:bitに書きこんで、動かしてみましょう。ボタンAを押したら、LEDボードのLEDが0番から順番に1回だけ光るはずです。

POINT

ある動作をくりかえし行いたい場合は、「ループ」のブロックを使うとかんたんにプログラムを作ることができます。
今回は、LEDボードの0番から11番のLEDを1個ずつ順番に光らせます。LED番号以外は同じ命令のくりかえしなので、「変数 カウンター を0～ 4 に変えてくりかえす」ブロックを使いました。

注意

LEDボードが光らない場合は、ワークショップモジュールのスイッチがONになっているか確認してください（スイッチの場所は114ページ参照）。

3 「変数 カウンター を0～ 11 に変えてくりかえす」ブロックのかたまりを、「もし 真(しん) ならくりかえし」ブロックの中に入れます。

使用ブロック ループ→もし 真 ならくりかえし

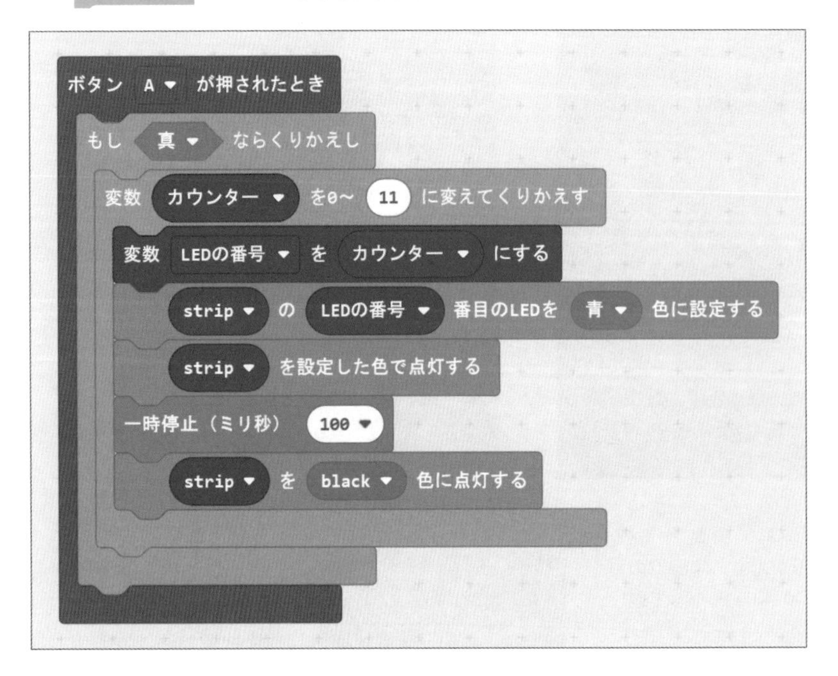

4 またプログラムをmicro:bitに書きこんで、動かしてみましょう。今度は、ボタンAを押したらLEDボードのLEDが0番から1つずつ順番にくりかえしずっと光るはずです。LEDを消したい場合は、ワークショップモジュールのスイッチをOFFにしましょう。

POINT

ある条件を満たすまでずっとくりかえしたい場合は、「もし 真(しん) ならくりかえし」ブロックを使います。今は条件を指定していない(「真(しん)」のまま)ので、永遠にずっとくりかえし点滅(てんめつ)するプログラムとなっています。

5 図のようにブロックをつなげて、グループBのプログラムを完成させましょう。

使用ブロック 変数→変数 ゲーム中 を 0 にする
使用ブロック 変数→ゲーム中
使用ブロック 論理→真
使用ブロック 論理→もし 真 なら
使用ブロック 基本→表示を消す
使用ブロック 論理→ではない
使用ブロック Neopixel→strip の設定を削除する
使用ブロック ループ→くりかえしを終わる

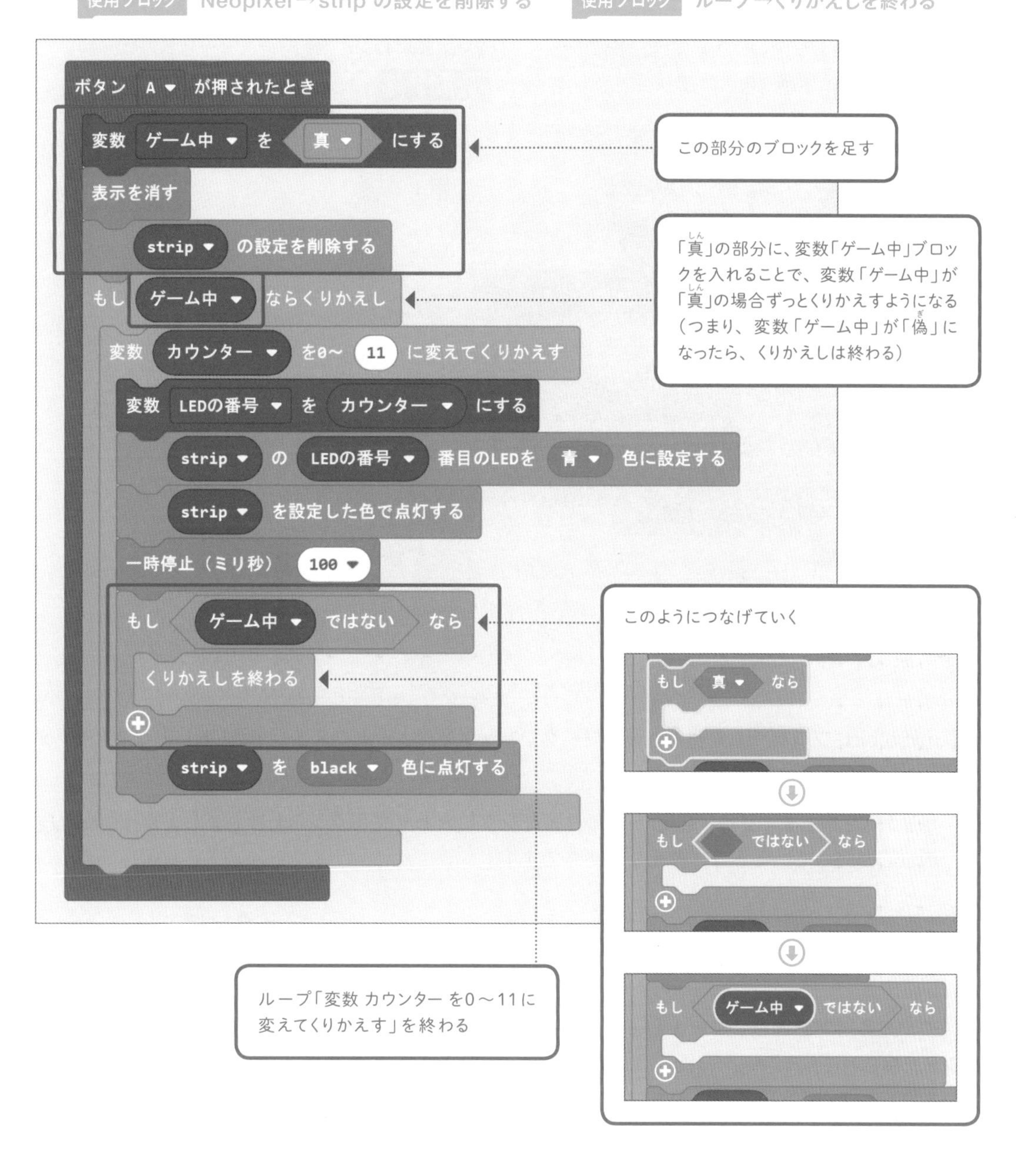

グループC

1 「ずっと」ブロックを置き、図のようにプログラムを作りましょう。以上でプログラムは完成です。

使用ブロック 基本→ずっと
使用ブロック 論理→もし 真 なら
使用ブロック 入力→ボタンAが押されている
使用ブロック 変数→変数 ゲーム中 を 0 にする
使用ブロック 論理→偽
使用ブロック 論理→もし 真 なら／でなければ
使用ブロック 論理→0 = 0
使用ブロック 変数→LEDの番号
使用ブロック 変数→アタリのLEDの番号
使用ブロック 基本→アイコンを表示

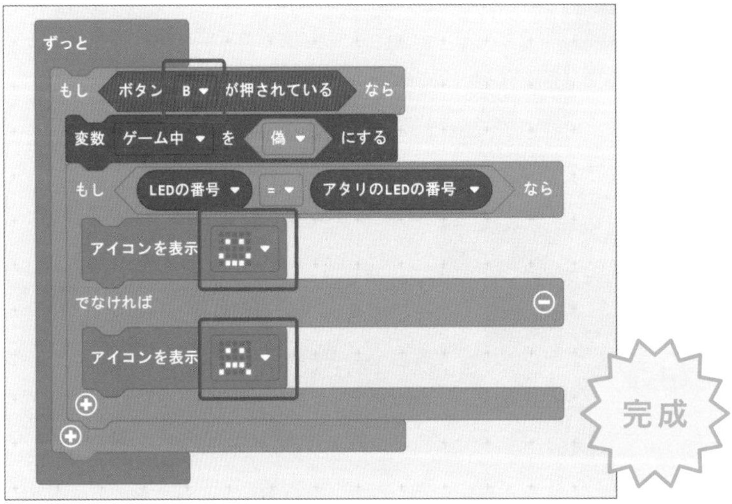

実際に試してみる

1 micro:bitにプログラムを書きこみ、ワークショップモジュールのスイッチをONにします（スイッチの場所は114ページ参照）。

2 ボタンAを押しましょう。LEDが光るタイミングに合わせてボタンBを押しましょう。「アタリ」のLEDが光っているときに押せたら勝ちです！

アレンジしよう！

LEDが光る時間を調整してみましょう。時間が短いほど、ゲームがむずかしくなります。また、ボタンBが押されて「アタリ」だったら、LEDボードを派手に光らせると楽しさがアップしますね。スピーカーを搭載しているmicro:bit V2を使っている場合は、メロディを流すのもよいですね。
「アタリ」のLEDを増やすのも楽しそうです。いろいろ工夫して、オリジナルのルーレットゲームを作りましょう！

4-7

使うモジュール ワークショップモジュール、サーボモーター

対応バージョン V1 V2

旗あげロボットを作ろう

プログラミングソフト「Scratch」を使って人工知能の技術の1つである「機械学習」を活用した作品を作ります。今までより少しむずかしくなりますが、micro:bitでできることがより広がります。ぜひチャレンジしてみてください。

できること

認識した音声によって、異なるサーボモーターを動かす

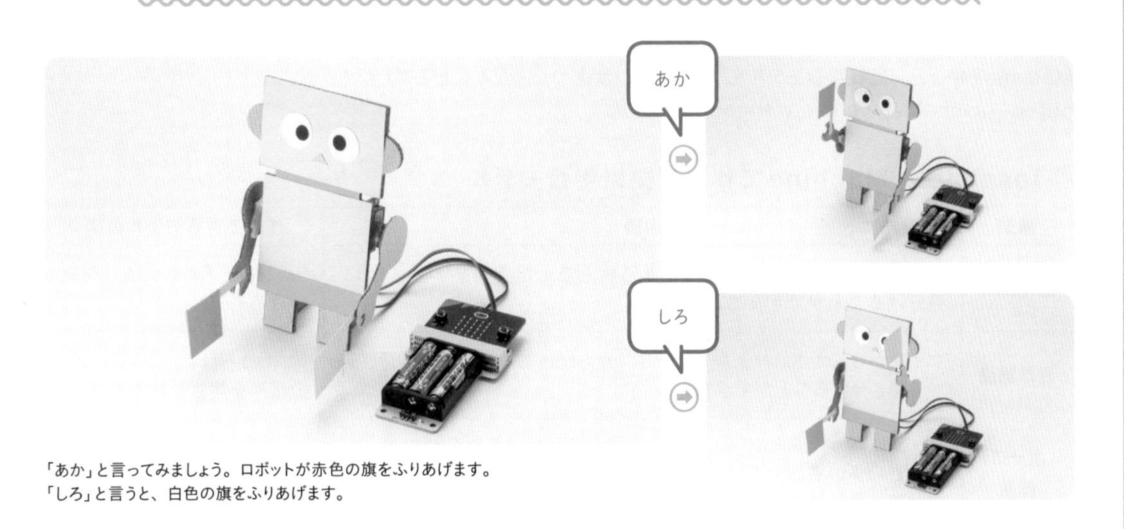

「あか」と言ってみましょう。ロボットが赤色の旗をふりあげます。
「しろ」と言うと、白色の旗をふりあげます。

どうすれば作れる?

音声「あか」「しろ」を認識する機能は、Teachable Machineというツールを使って作ります。作った機能はプログラミングソフト「Scratch」で利用します。Scratchでは、音声認識の結果に応じてmicro:bitに接続しているサーボモーターを動かします。

①Scratchでmicro:bitを動かすための準備を行う。
②2つのサーボモーター、micro:bit、クラフト素材を組み合わせ、旗あげロボットを作る。
③Teachable Machineで音声「あか」「しろ」を認識する機械学習モデルを作る。
④Scratchで旗あげプログラムを作る。

※本章で紹介する手順は、2021年6月時点での情報にもとづいています。

もっと知りたい！

人工知能とは？

コンピューターが、人間と同じように知的な活動を行うことができる技術です。AI（Artificial Intelligenceの略）ともいいます。
人工知能のひとつに「機械学習」という技術があります。これは、大量のデータから「何か」を学習する技術のことで、たとえば、たくさんの犬やネコの画像からそれぞれの特徴を学習し、新しい画像をあたえられたときに、学習した知識を使って「犬」「ネコ」どちらの画像なのか予測することができます。今回作る「旗あげ」では、「あか」「しろ」の音声を学習させて、どちらなのかを聞き分けられるようにします。

Teachable Machineとは？

ティーチャブルマシンと読みます。Googleが提供している無料の機械学習ツールで、画像／音声／姿勢（ポーズ）を学習することができます。機械学習によって導き出されたパターンのことを「モデル」といいますが、Teachable Machineを使うと、機械学習モデルをウェブブラウザ上でかんたんに作ることができます。
https://teachablemachine.withgoogle.com/

Teachable Machineで作れる機械学習モデル

種類	内容	作成できるモデルの例
画像認識	カメラに写った画像やファイルから読みこんだ画像を学習させて、見分けることができます。	「ペン」と「消しゴム」を見分けるモデル
音声認識	マイクから入力された音声やファイルから読みこんだ音声を学習させて、聞き分けることができます。	「こんにちは」と「バイバイ」の音声を聞き分けるモデル
ポーズ認識	カメラに写った画像やファイルから読みこんだ画像から、目、鼻、耳、肩などの体の各部分を認識し、どんなポーズをとっているかを学習させて、見分けることができます。	「バンザイ」と「おじぎ」の姿勢を見分けるモデル

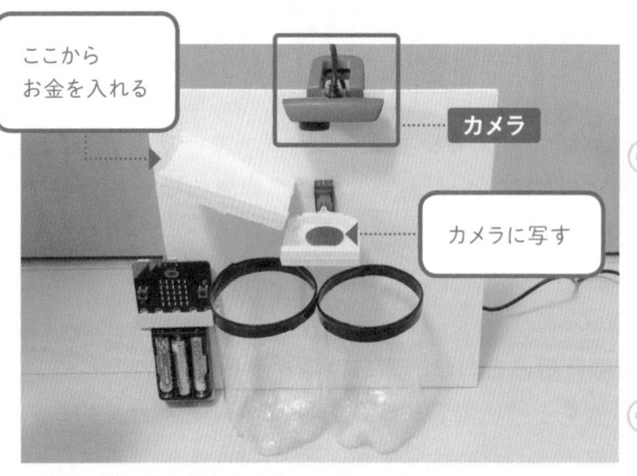

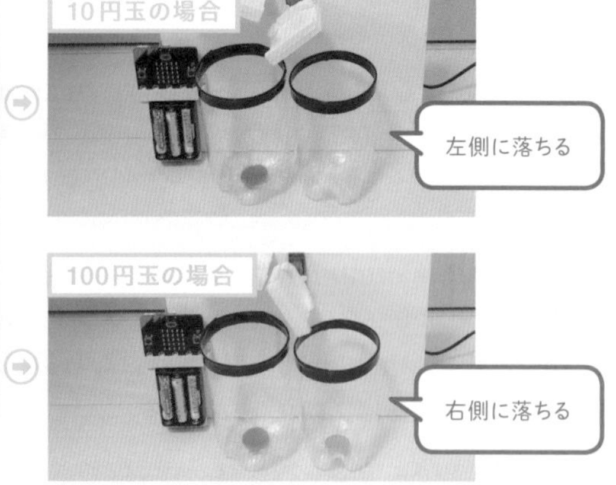

たとえば、10円玉と100円玉を見分けることができる画像分類モデルを作って「コインふり分け貯金箱」を作ることもできます。

Scratchとは？

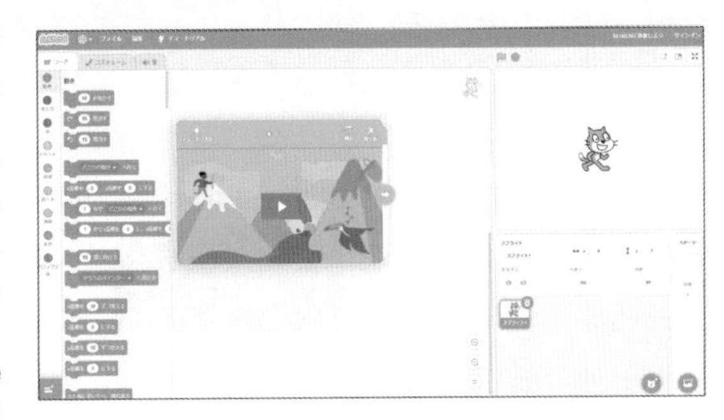

スクラッチと読みます。アメリカ、MIT（マサチューセッツ工科大学）のメディア・ラボによって作られた教育向けプログラミング言語と開発環境（エディター）です。ウェブブラウザからプログラミングができ、パソコンやタブレットで遊べるゲームやアニメーションをかんたんに作ることができます。ウェブサイト（https://scratch.mit.edu/）には世界中の人が作った作品が公開されています。
ただし、MIT公式のScratchでは、Teachable Machineで作った機械学習モデルを使うことはできません。また、micro:bitで使える機能も制限されており、この作例で使うサーボモーターを動かすことができません。そこで今回は、Teachable Machineと連携できて、micro:bitの機能もすべて使うことができる特別なScratch「Stretch 3」（ストレッチスリー：https://stretch3.github.io/）を使います。

Scratchとmicro:bitをつなげるには

Scatchとmicro:bitをつなげるためには、以下の準備が必要です。

- パソコンの準備：Scratchからmicro:bitを操作するために、「Scratch Link」アプリをインストールします。
- micro:bitの準備：拡張機能「Microbit More」専用のプログラムファイルを書きこみます。

● パソコンの準備

1 まず、パソコンの環境をチェックしましょう。下記3つの条件をすべて満たしていることが必要です。

- インターネットが使える
- Bluetoothが使える
- OSが「Windows10 version 1709以降」「macOS 10.13以降」のどちらか

2 Scratchは、「Scratch Link」（スクラッチリンク）というアプリを通してmicro:bitとBluetooth通信を行い、さまざまな機能を操作します。そのため、まずはパソコンのBluetoothをオンにしてください。

［Windows10の場合］

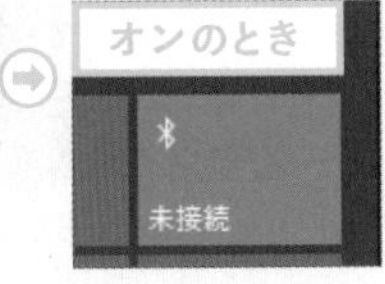

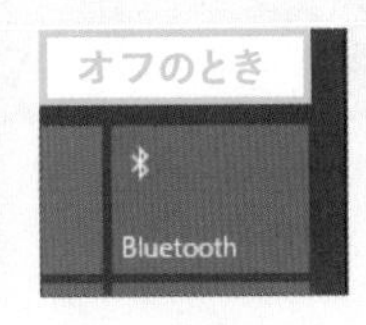

画面右下のアクションセンターをクリックして、Bluetoothアイコンが青色になっていたら「オン」です。灰色の場合は、Bluetoothアイコンをクリックし、オンにしてください。

［macOSの場合］

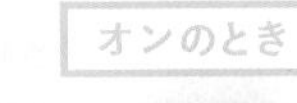

オフのとき

メニューバーで、Bluetooth状況アイコンをクリックして、Bluetoothのオンとオフを切りかえられます。

3 次にScratch Linkをパソコンにインストールしましょう。手順は、Scratchウェブサイト(https://scratch.mit.edu/microbit)を見てください。

[Windows10の場合]

[macOSの場合]

4 最後に、Scratch Linkが起動していることを確認しましょう。これでパソコンの準備は完了(かんりょう)です。

[Windows10の場合]

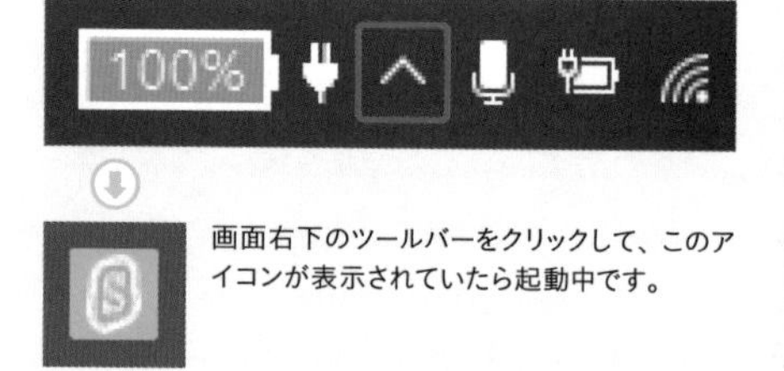

画面右下のツールバーをクリックして、このアイコンが表示されていたら起動中です。

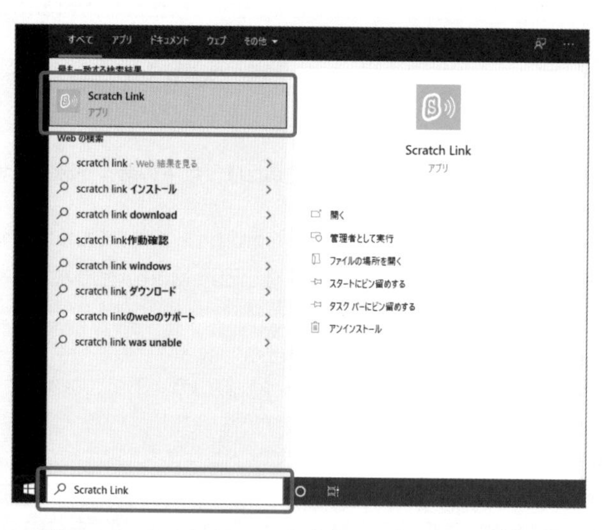

アイコンが表示されていなかった場合は、画面左下の検索ツールで「Scratch Link」と入力してください。検索結果にアプリが表示されるのでクリックして起動しましょう。

[macOSの場合]

このアイコンが出ていれば起動中です。

起動していなかった場合、アプリケーションからScratch Linkをクリックして起動しましょう。

micro:bitの準備

1 Scratchでは、拡張機能「Microbit More（マイクロビットモア）」を使ってmicro:bitを動かします。そのため、micro:bitにはMicrobit More専用のプログラムを書きこみます。Microbit More ウェブサイト（https://microbit-more.github.io/index-ja.html）にアクセスし、プログラムファイルをダンロードしてください。

2 USBケーブルでパソコンとmicro:bitを接続し、ダウンロードしたプログラムファイルをmicro:bitに書きこみます。

[Windows10の場合]

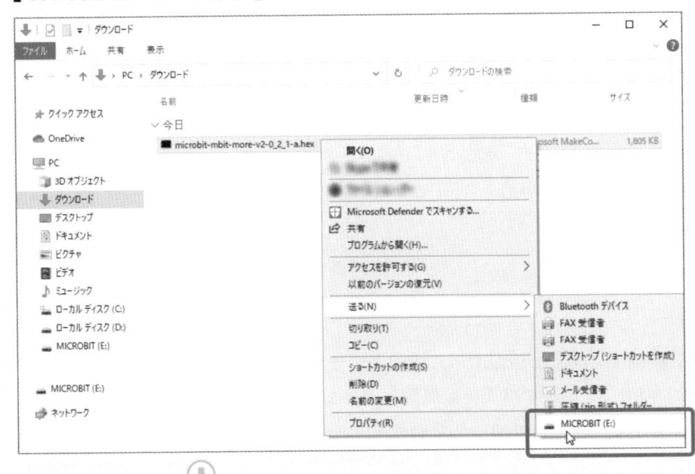

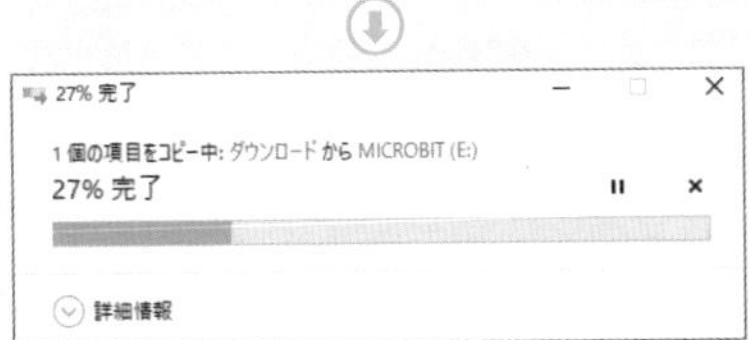

ダウンロードされたファイルを選んで、右クリックでメニューを表示し、「送る」→「MICROBIT」を選んでmicro:bitに書きこみます。

[macOSの場合]

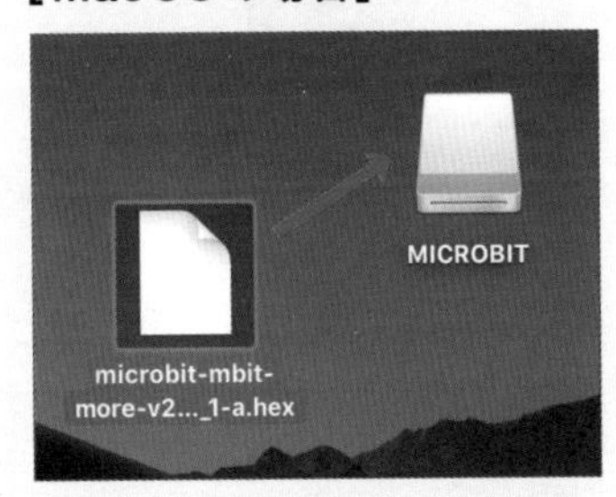

ダウンロードされたファイルを「MICROBIT」にドラッグ＆ドロップします。

※ダウンロードしたファイルは、パソコンの「ダウンロード」フォルダなどに入っています。
ダウンロードしたファイルの名前は、画像とは異なる場合があります。

3 micro:bitへの書きこみが完了したら、micro:bitのLED画面に「TILT TO FILL SCREEN」と表示されるはずです。76ページを参考に水平方向の設定を行ってください。設定を終えると、micro:bitのLED画面に文字が流れはじめます。これで、micro:bitの準備は完了です。

POINT

micro:bitにプログラムを書きこむのは、この1回だけです。以降は、Scratchでプログラミングを行います。

micro:bitをScratchにつなげる

1 Scratchからmicro:bitを動かしてみましょう。ウェブブラウザを開き、特別なScratchである「Stretch 3」(https://stretch3.github.io/) にアクセスしてください。また、micro:bitはワークショップモジュールに接続しておきましょう。
プログラミングのしかたは、MakeCodeと似ています。画面左側のブロックパレットからブロックをドラッグし、中央のスクリプトエリアにドロップしてプログラムを作ります。

注意

MIT公式のScratch(https://scratch.mit.edu/)では、拡張機能「Microbit More」や、Teachable Machineで作った機械学習モデルを使うことができません。この作例では、必ずこちらのStretch3を使ってください。

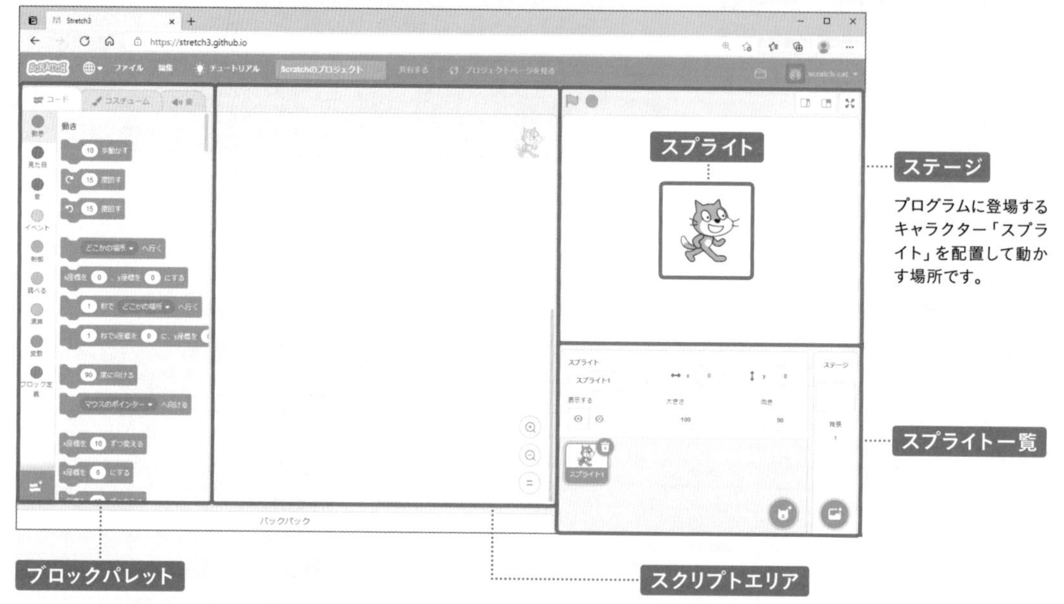

プログラミングブロックが収納されています。カテゴリーごとにまとまっています。

ブロックをつなげてプログラムを作る場所です。

2 まず、micro:bitと連携するための拡張機能「Microbit More」を追加します。ブロックパレット一番下にある青色マークをクリックし、「Microbit More...」と書かれている機能を選んでください。

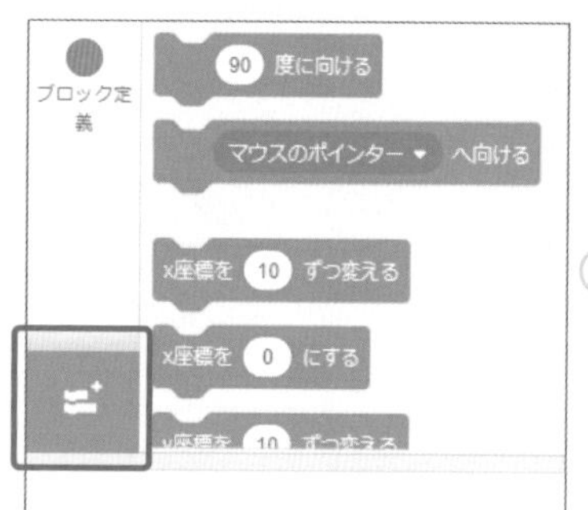

注意

拡張機能の中には、「micro:bit」というものもありますが、今回はそれではなく、「Microbit More」を必ず選んでください。こちらを使えば、micro:bitのすべての機能をScratchから使うことができます。

3 拡張(かくちょう)機能を追加すると、接続できるmicro:bitをさがしはじめます。しばらく待つと、接続可能なmicro:bitが表示されるので、「接続する」ボタンをクリックしましょう。

デバイス名は、micro:bitによって異なります。

4 接続を完了(かんりょう)した画面が表示されたら、「エディターへ行く」ボタンをクリックしましょう。
Scratchがmicro:bitと接続できている場合、ブロックパレット内カテゴリー名の右横に下図のようなマークが表示されます。

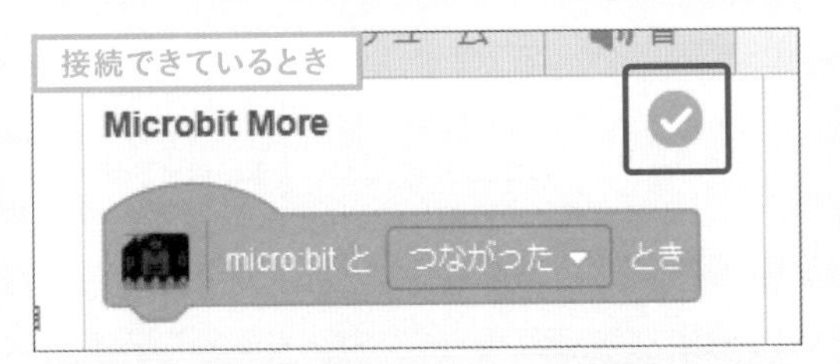

「ビックリマーク」をクリックすると接続作業を行うことができます。

POINT

Scratchとmicro:bitの接続に失敗する場合は、次の3点を確認したうえで、もう一度接続してみてください。

①専用(せんよう)プログラムを書きこんだmicro:bitの電源(でんげん)が入っていること
(ワークショップモジュールの電源(でんげん)スイッチがONになっていること)
②パソコンのBluetoothがオンになっていること(確認方法は、169ページ参照)
③Scratch Linkを起動していること(確認方法は、170ページ参照)

5 かんたんなプログラムを作ってみましょう。図のようにスクリプトエリアにブロックをつなげ、実際にmicro:bitのボタンAを押してみましょう。micro:bitのLED画面にハートマークが表示されるはずです。

使用ブロック Microbit More→ボタンAが下がったとき

使用ブロック Microbit More→パターン ♡ を表示する

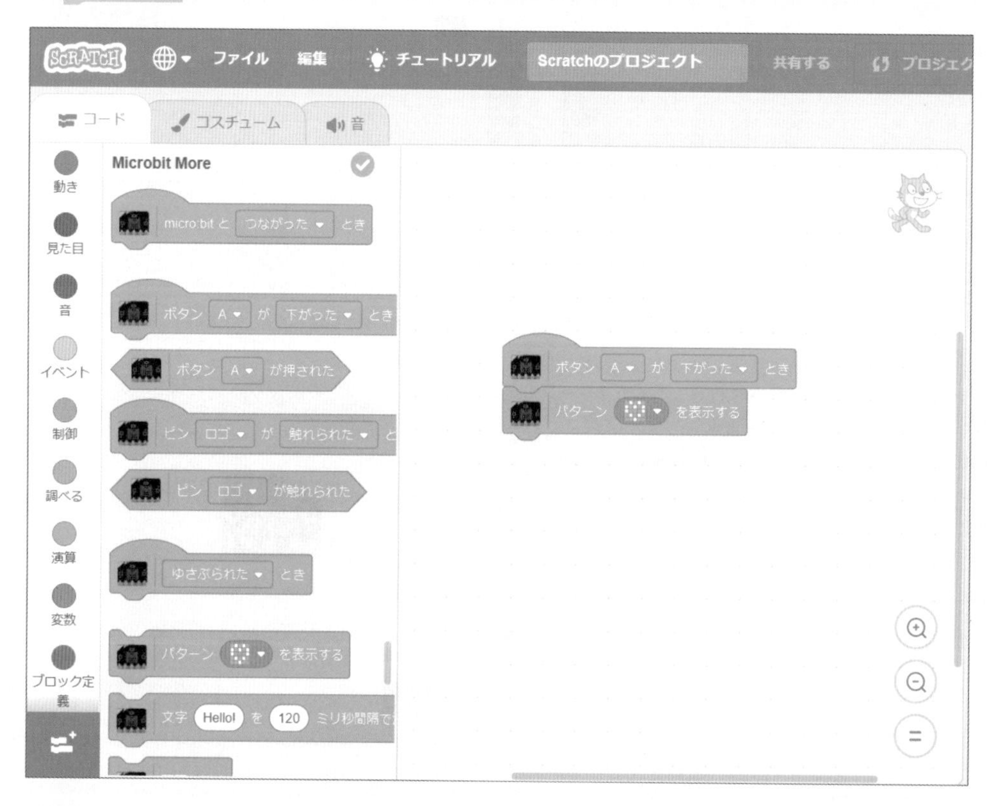

POINT

ハートマークが表示されない場合は、micro:bit本体のリセットボタンを押しmicro:bitを再起動させましょう（リセットボタンの場所は13ページ参照）。リセットボタンを押すとScratchとの接続は自動的に切断されます。ふたたび接続して、micro:bitのボタンAを押してみてください。

装置を作る

旗あげロボット本体を作りましょう。工作しやすいように、いったんワークショップモジュールの電源スイッチをオフにして、micro:bitを取りはずしてください。

用意するもの

micro:bit、micro:bit用ワークショップモジュール、ベーシックモジュール用サーボモーターセット×2セット、単4乾電池×3本、ダンボール板、厚紙、定規、折り紙、はさみ（またはカッター）、両面テープ、グルーガン

作り方

1 ダンボール板を使って、ロボットの体を作りましょう（高さ16cm、幅8cmくらいがちょうどよいです）。どう体と腕はパーツを分けて作ってください。腕パーツには、グルーガンを使ってサーボホーンを固定しましょう。

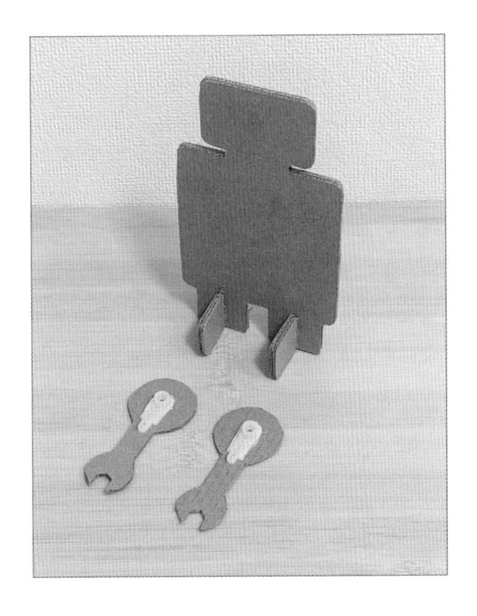

2 両面テープを使って、サーボモーター2つをロボットのどう体に貼り付けてください。そして、腕パーツに固定したサーボホーンを、サーボモーターの回転軸に取り付けます。

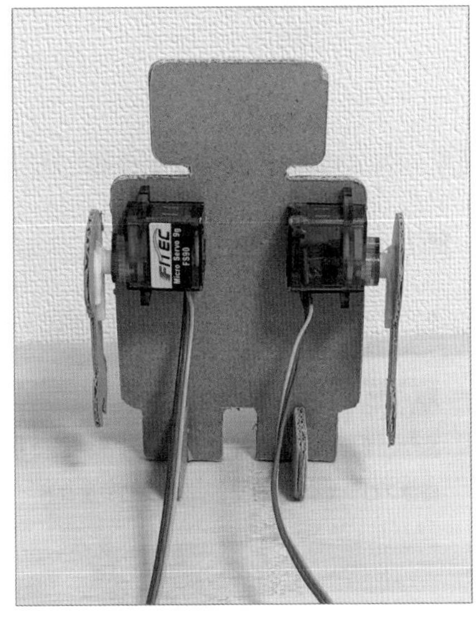

3 ワークショップモジュールの「P0」と「P8」コネクターにサーボモーターを接続します。今回は、P0コネクターに接続するサーボモーターの腕パーツに赤い旗を、P8コネクターに接続するサーボモーターの腕パーツに白い旗を貼り付けます。
最後に、micro:bitを差しこんだら、ロボット本体の完成です。

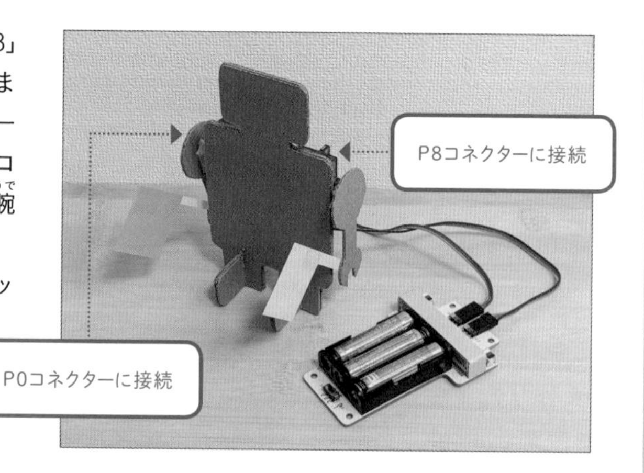

音声を学習させる（モデルの作成）

1 音声「あか」「しろ」を認識するモデルの作成は、Teachable Machineのウェブサイト上で行います。まずはウェブブラウザ（Google Chrome推奨）を開き、Teachable Machineのウェブサイト（https://teachablemachine.withgoogle.com/）にアクセスし、「使ってみる」をクリックしましょう。

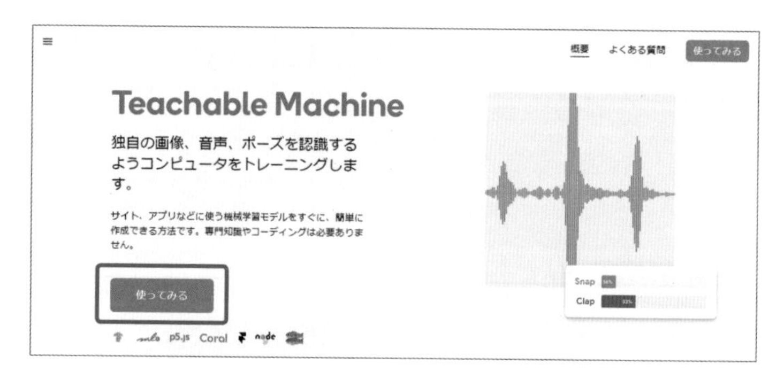

2 今回は音声分類モデルを作るため、「音声プロジェクト」を選びます。

3 Teachable Machineの画面が開きます。このページで、以下の順番で機械学習モデルを作成します。

①サンプルデータを用意
認識させたい音声（「あか」「しろ」）ごとに、サンプルの音声データを録音します。

②学習
サンプルデータをもとにコンピューターに学習させ、モデルを作成します。

③作成したモデルの確認
作成したモデルが音声を正しく認識しているか確認します。

4 まず、「バックグラウンドノイズ」の音声サンプルを用意します。バックグラウンドノイズとは、何もしゃべっていないときの音、つまり環境音です。「マイク」マークをクリックしてください。ブラウザからマイクの使用許可を求められたら、許可してください。

※パソコンにマイクが搭載されていない場合は、外付けのマイクを用意してください。

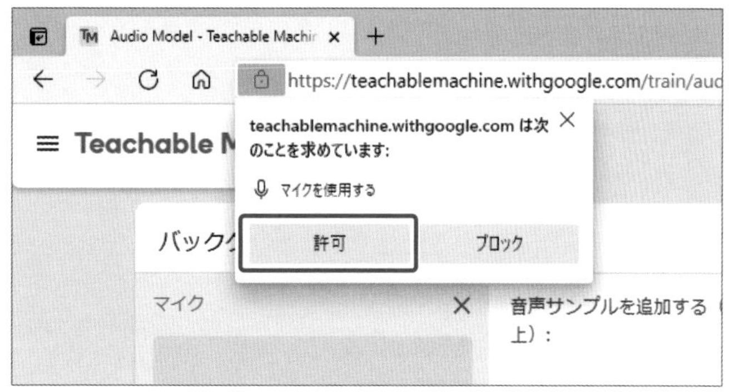

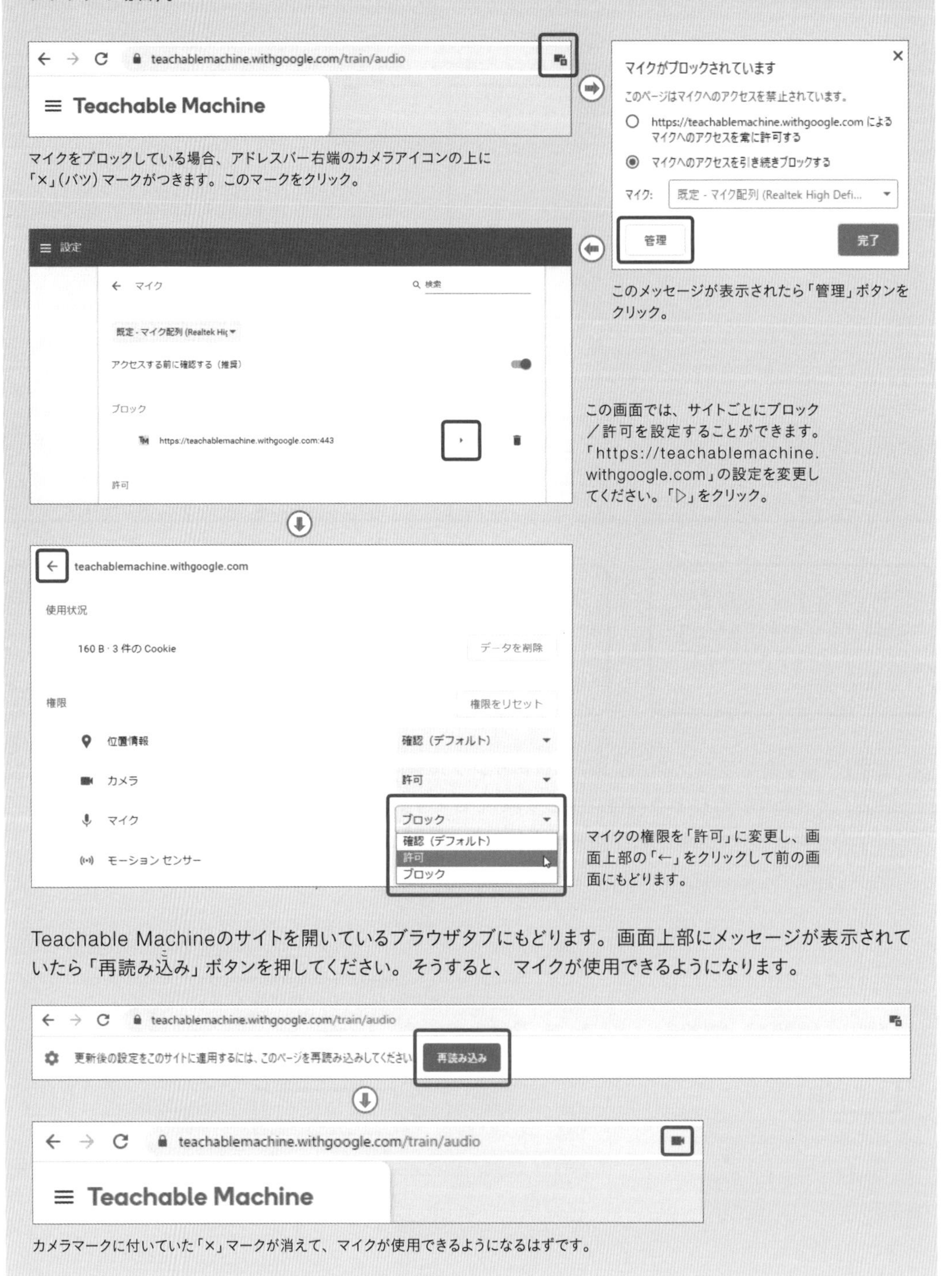

POINT

手順 4 で、もしまちがって「ブロック」をクリックしてしまった場合は、以下の方法で許可してください（Chromeブラウザの場合）。

マイクをブロックしている場合、アドレスバー右端のカメラアイコンの上に「×」(バツ) マークがつきます。このマークをクリック。

このメッセージが表示されたら「管理」ボタンをクリック。

この画面では、サイトごとにブロック／許可を設定することができます。「https://teachablemachine.withgoogle.com」の設定を変更してください。「▷」をクリック。

マイクの権限を「許可」に変更し、画面上部の「←」をクリックして前の画面にもどります。

Teachable Machineのサイトを開いているブラウザタブにもどります。画面上部にメッセージが表示されていたら「再読み込み」ボタンを押してください。そうすると、マイクが使用できるようになります。

カメラマークに付いていた「×」マークが消えて、マイクが使用できるようになるはずです。

5 次に、「20秒間録画する」ボタンを押すと、録音がはじまります。最低でも20秒のサンプルデータが必要です。もし、とちゅうで関係のない音が入ってしまっても、気にせず録音を続けてください。音が入ってしまった部分だけ、あとから削除(さくじょ)することができます。

※「録画」と書かれていますが、カメラ画像は記録されません。マイクから入力される音声のみ記録されます。

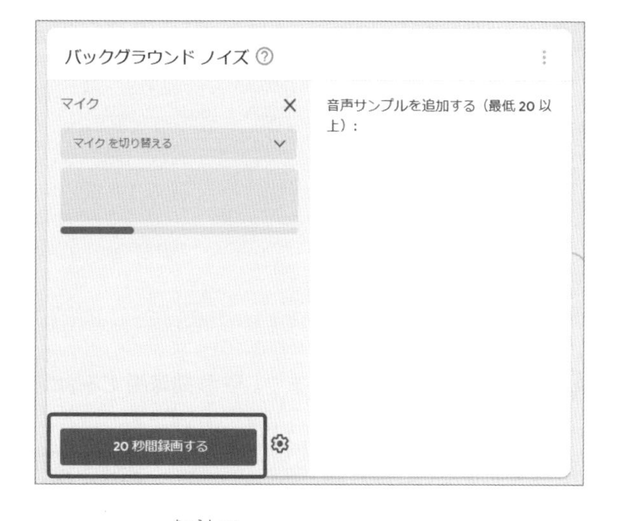

6 20秒たつと、自動的に録音は終了(しゅうりょう)します。「サンプルを抽出(ちゅうしゅつ)」ボタンを押しましょう。すると、20秒の音声が1秒ずつに区切られ、20個のサンプルデータが登録されます。
サンプルの色の明るさは音の大小を表していて、色が明るいほど音が大きいことを意味します。静かな環境(かんきょう)で録音しているときに明るい色のサンプルがあったら、サンプルデータの音を実際に聞いて確認しましょう。もし環境(かんきょう)音と関係のない音が入ってしまっていたら、ゴミ箱マークを押してサンプルを削除(さくじょ)しましょう。
サンプルデータを削除(さくじょ)した場合は、もう一度「20秒間録画する」ボタンを押してサンプルを録音します。20個以上のサンプルが用意できたら、バックグラウンドノイズの音声サンプルは準備完了(かんりょう)です。

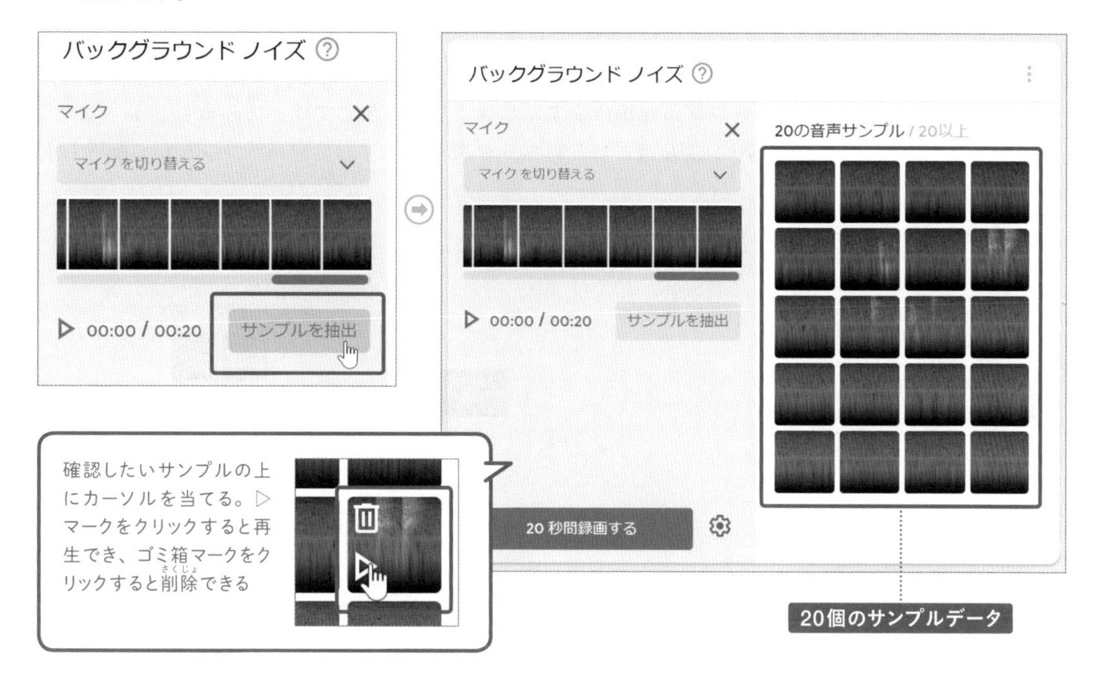

7 次は、「あか」の音声サンプルを用意します。「Class2」と表示されている場所をクリックし、「あか」と入力しましょう。

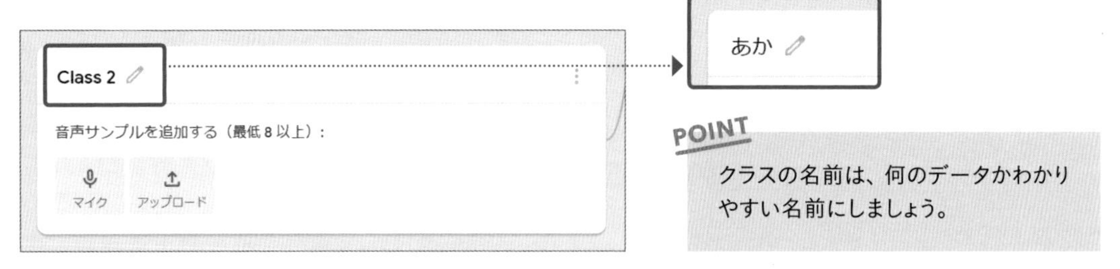

POINT

クラスの名前は、何のデータかわかりやすい名前にしましょう。

8 「マイク」マークを選びます。「2秒間録画する」ボタンを押し、「あか」と声を出して言いましょう。

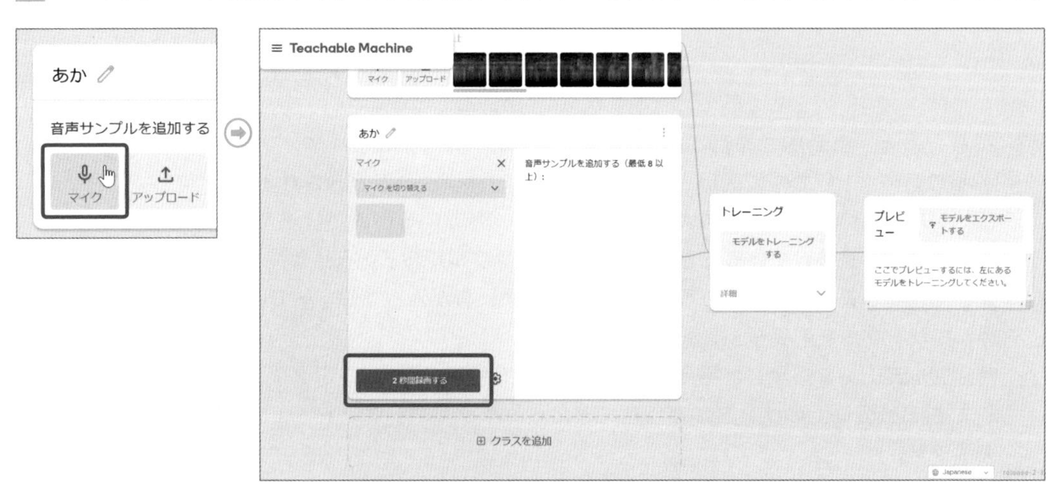

9 2秒たつと、自動的に録音は終了（しゅうりょう）します。「サンプルを抽出（ちゅうしゅつ）」ボタンをクリックすると、右側に1秒ごとに区切られた音声サンプルが現れます。サンプルを再生して聞いてみましょう。「あか」という音声が入っていないサンプルは、ゴミ箱マークをクリックして音声サンプルから削除（さくじょ）しましょう。

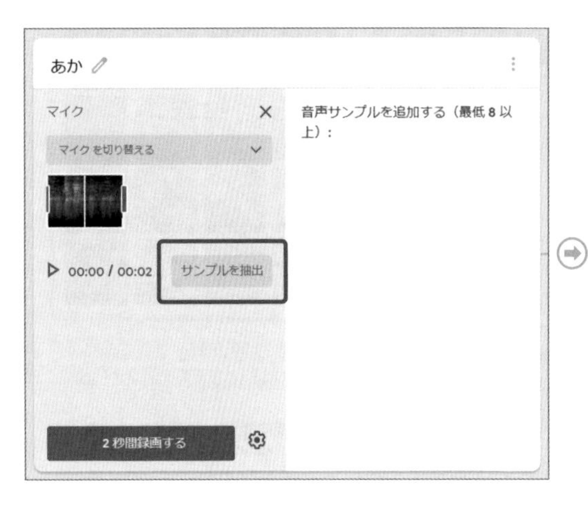

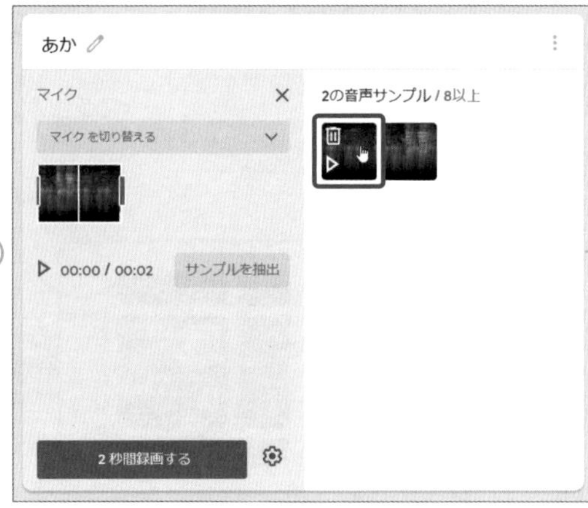

10 音声サンプルは、最低8つ必要です。手順 **8** 〜 **9** をくりかえし、「あか」の音声サンプルを8つ用意しましょう。

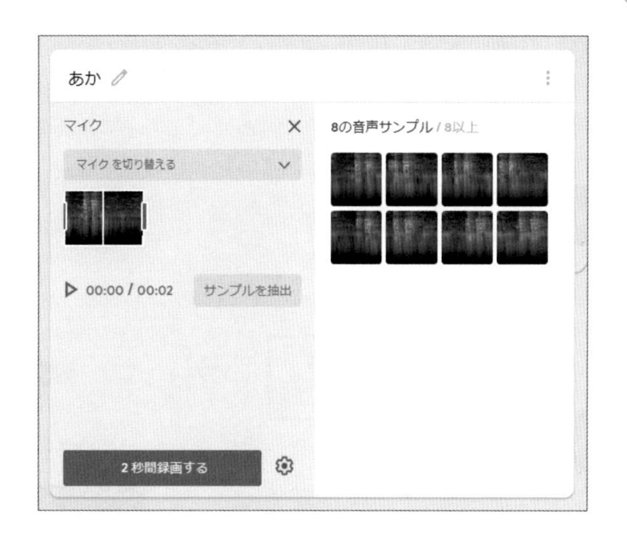

11 次に、「しろ」の音声サンプルを用意します。「クラスを追加」部分をクリックすると、新しく「Class3」が現れます。「Class3」に「しろ」という名前を付けてから、音声「あか」と同じ方法で、音声「しろ」の音声サンプルを8つ以上用意してください。以上で、音声サンプルの用意は完了です。

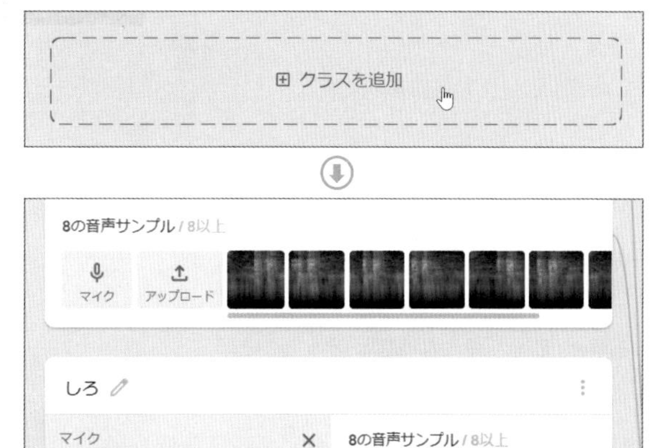

12 次は、「モデルをトレーニングする」を選び、コンピューターに音声を学習させます。しばらく待つとモデルが作成され、プレビューの出力部分に認識(にんしき)結果が表示されます。入力された音声が「バックグラウンドノイズ」「あか」「しろ」である確率を、それぞれパーセントで表現しています。

「あか」と言ったときの出力結果です。「あか」の確率が90%をこえていて、認識が正確に行われていることがわかります。

POINT

「あか」と言ったのに「あか」の確率が50%未満になるなど認識(にんしき)精度が低い場合は、音声サンプルの中に関係のないデータが入っていないかどうか確認してみましょう。また、サンプルの数を増やすと認識(にんしき)精度が高まる可能性もあります。関係のないデータを削除(さくじょ)したり、サンプルを新しく追加した場合は、手順 **12** のトレーニングを実行しましょう。

13 プレビューの結果に問題がなければ、作ったモデルをScratchから使えるように、Googleのサーバーにアップロードします。プレビュー内の「モデルをエクスポートする」部分をクリックしてください。

14 「モデルをアップロード」ボタンをクリックします。アップロードが完了すると、「共有可能なリンク」が現れます。このURL情報があとで必要になるので、「コピー」部分をクリックしてメモ帳などにペーストし保存しておきましょう。これでTeachable Machineを使った機械学習モデルの作成は完了です。

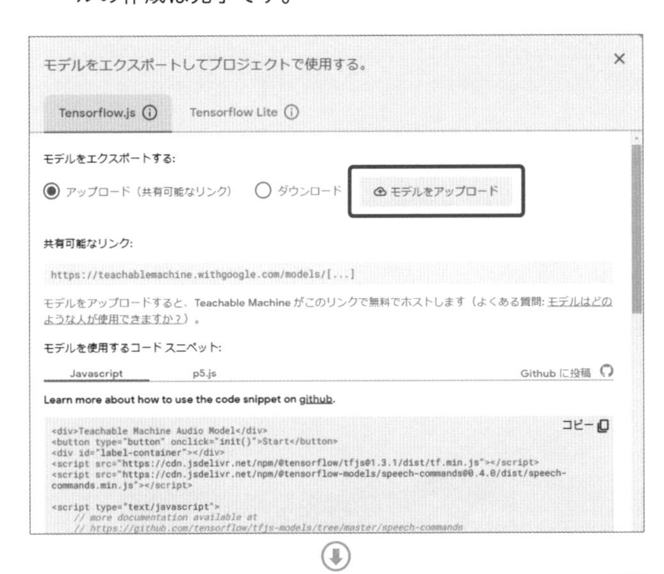

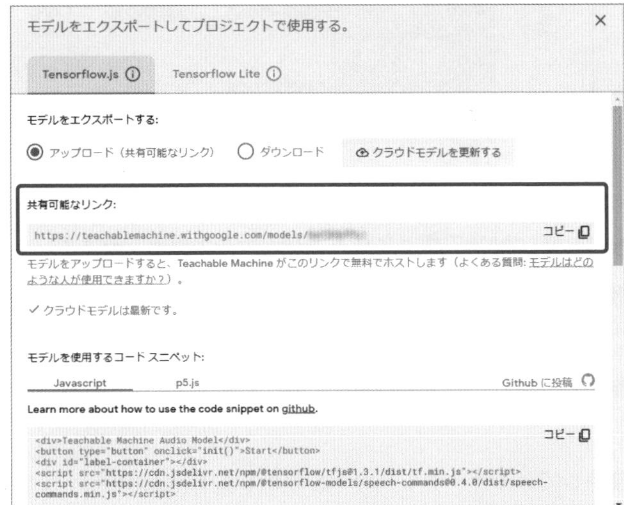

URLはモデルごとに異なります。

POINT

モデルをアップロードすると、モデルデータはGoogleのサーバー上で公開されますが、モデルの作成に使用したサンプルデータは公開されません。サンプルデータに個人の声が入っていたり顔が写っていたとしても、ほかの人にその音声や画像が公開されることはないので安心してください。

※公開されるモデルデータは、どのクラスを表示しているのかを予測する数理プログラムのみです（引用元：https://teachablemachine.withgoogle.com/faq）。

プログラムの最終形

いよいよScratchでプログラムを作ります。Teachable Machineで作った音声分類モデルを読みこみ、受け取った認識(にんしき)結果に応じてmicro:bitに接続しているサーボモーターを動かします。

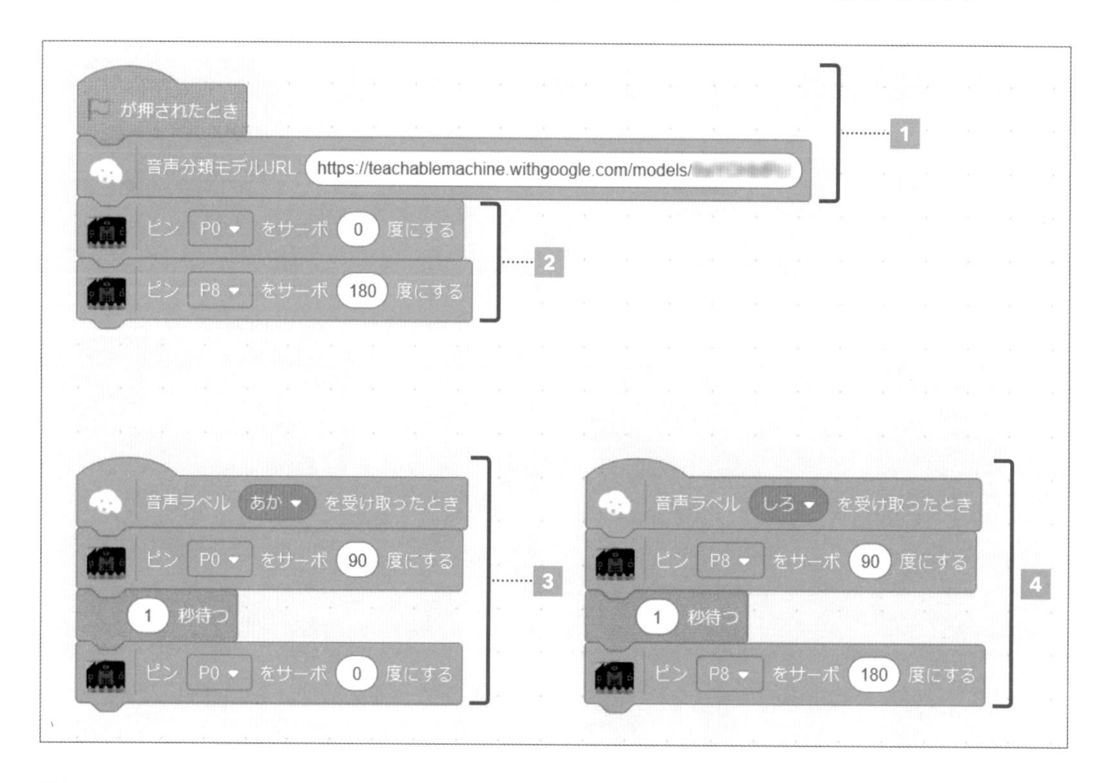

1 プログラムが実行されたとき、Teachable Machineで作った音声分類モデルを読みこみます。

2 サーボモーターのサーボホーンの初期角度を設定するために、P0に接続しているサーボモーターは角度「0」に、P8に接続しているサーボモーターは角度「180」に指定します。

3 音声「あか」を認識(にんしき)したとき、P0に接続しているサーボモーターを動かします（赤旗を持っている腕(うで)パーツを1秒間あげて、おろします）。

4 音声「しろ」を認識(にんしき)したとき、P8に接続しているサーボモーターを動かします（白旗を持っている腕(うで)パーツを1秒間あげて、おろします）。

プログラムを作る

1 特別なScratchである「Stretch 3」(https://stretch3.github.io/) を開き、拡張(かくちょう)機能「Microbit More」を追加してmicro:bitを接続しましょう（くわしい手順は172ページ参照）。

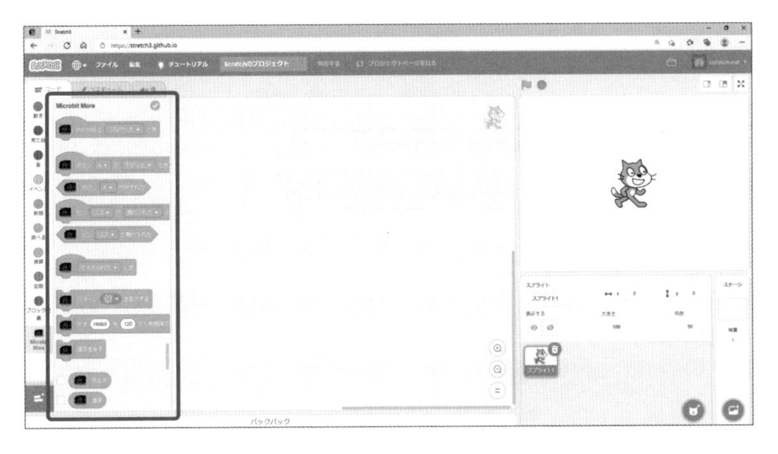

POINT

micro:bitの接続に失敗する場合は、173ページのPOINT「Scratchとmicro:bitの接続に失敗する場合」を確認してください。

2 次に、Teachable Machineで作った音声分類モデルを使えるように、拡張(かくちょう)機能「TM2Scratch」を追加します。

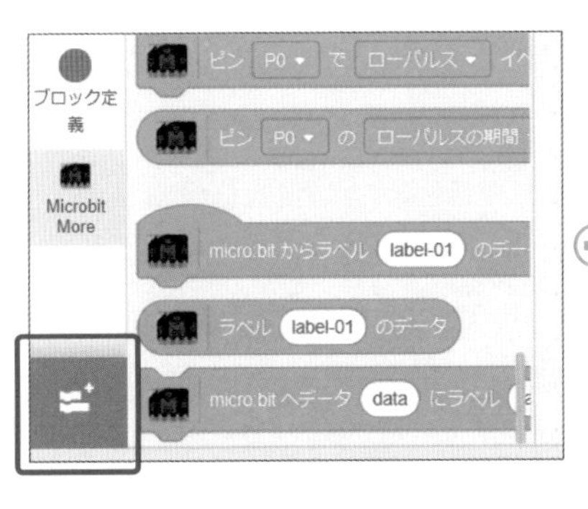

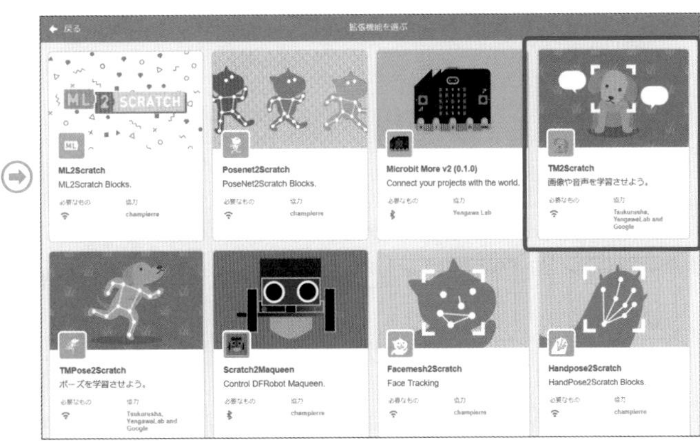

POINT

ブラウザからカメラの使用許可を求められたら、「許可」か「ブロック」どちらかを選んでください。今回はマイク入力しか利用しないので、どちらでも問題ありません。画像分類モデルを使う場合は「許可」を選びましょう。

3 図のようにブロックをつなげ、モデルURL部分に、「音声を学習させる」手順**14**でコピーした音声分類モデルのURLをペーストしましょう。

使用ブロック　イベント→旗が押されたとき

使用ブロック　TM2Scratch→音声分類モデルURL https://teachable...

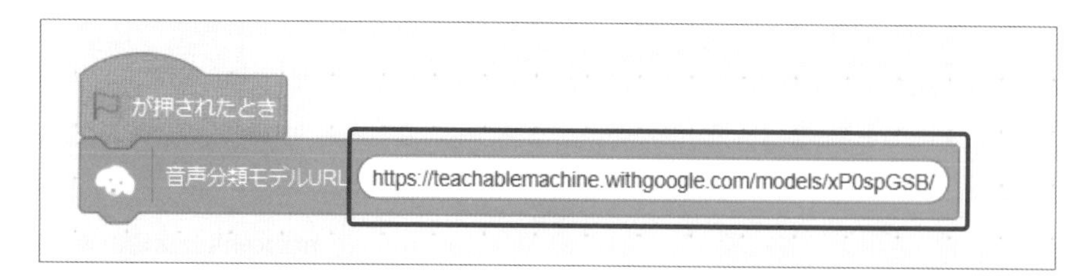

4 「旗が押されたとき」ブロックをクリックしてみましょう。ブロックの周囲に黄色のわくが表示され、モデルの読みこみが開始されます。
このとき、ブラウザからマイクの使用許可を求められたら、「許可」を選んでください。

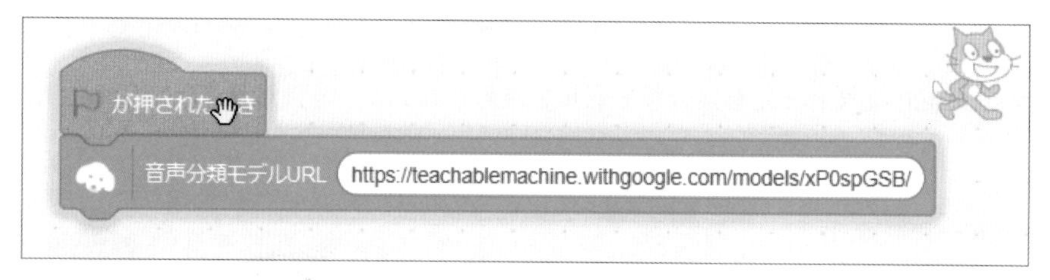

POINT

もしまちがって「ブロック」をクリックしてしまった場合は、178ページのPOINTと同じ手順で許可してください。

5 ブロックを囲む黄色のわくが消えたら、モデルの読みこみ完了(かんりょう)です。少し離(はな)して、「音声ラベル のどれか▼ を受け取ったとき」ブロックをスクリプトエリアにドラッグ＆ドロップし、「のどれか▼」部分をクリックして「あか」を選びましょう。

使用ブロック　TM2Scratch→音声ラベル のどれか▼ を受け取ったとき

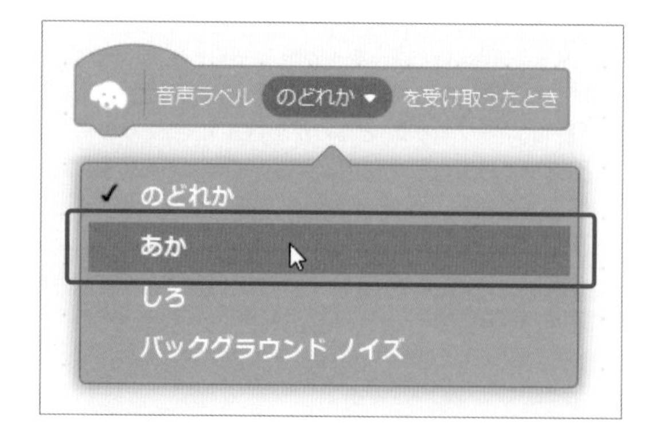

6 音声ラベル「あか」を受け取ったときにワークショップモジュールの「P0」に接続しているサーボモーターを動かすため、以下のブロックをつなぎます。

使用ブロック **Microbit More→ピン P0 をサーボ 0 度にする**

使用ブロック **制御→1秒待つ**

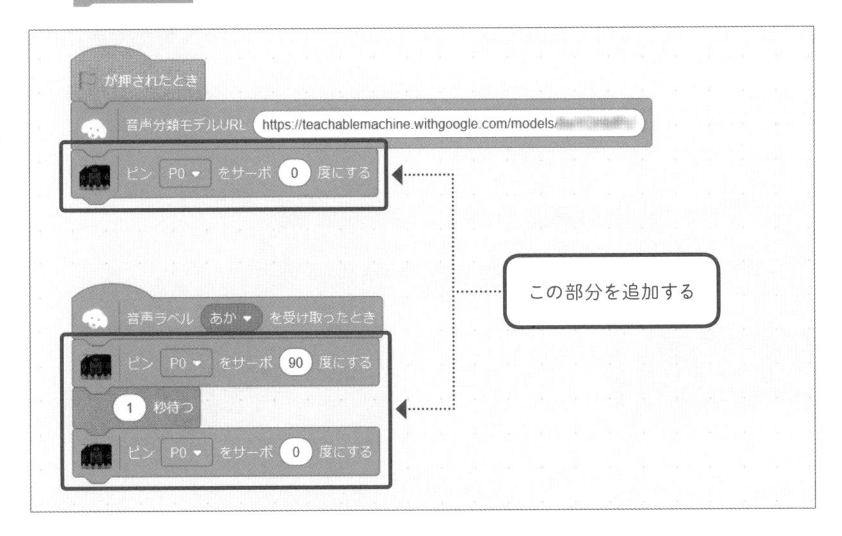

7 同じように、音声ラベル「しろ」を受け取ったときにワークショップモジュールの「P8」に接続しているサーボモーターを動かすため、以下のブロックをつなぎます。

使用ブロック **Microbit More→ピン P0 をサーボ 0 度にする**

使用ブロック **TM2Scratch→音声ラベル のどれか▼ を受け取ったとき**

使用ブロック **制御→1秒待つ**

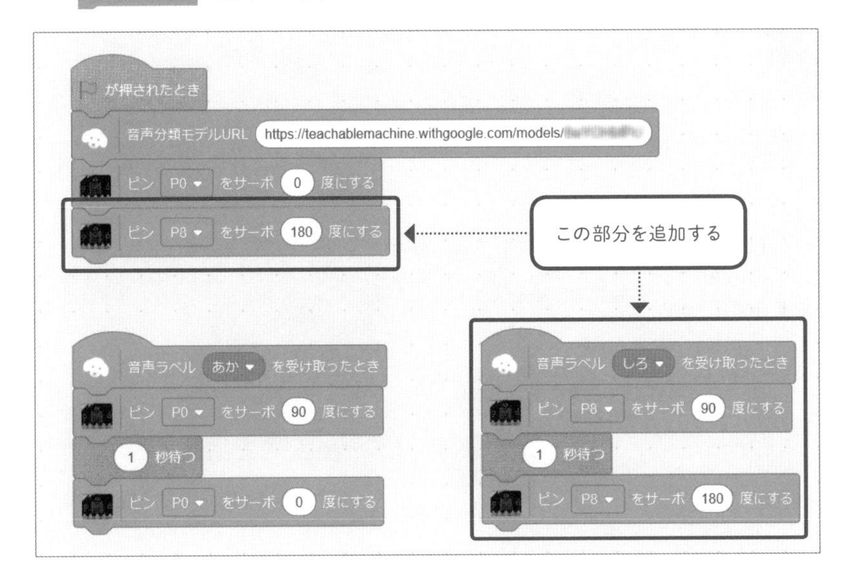

8 最後に、サーボホーンの初期角度を設定します(116ページを参照)。「旗が押されたとき」ブロックをクリックしてください。
すると、ワークショップモジュールの「P0」に接続しているサーボモーターは角度「0」のところまで、「P8」に接続しているサーボモーターは角度「180」のところまで回転軸が動きます。このとき、サーボホーンに貼り付けたロボットの腕パーツが真下に向いていない場合は、いったん腕(サーボホーン)を取りはずし、真下に向く位置で取り付け直しましょう。この調整ができたら、完成です。

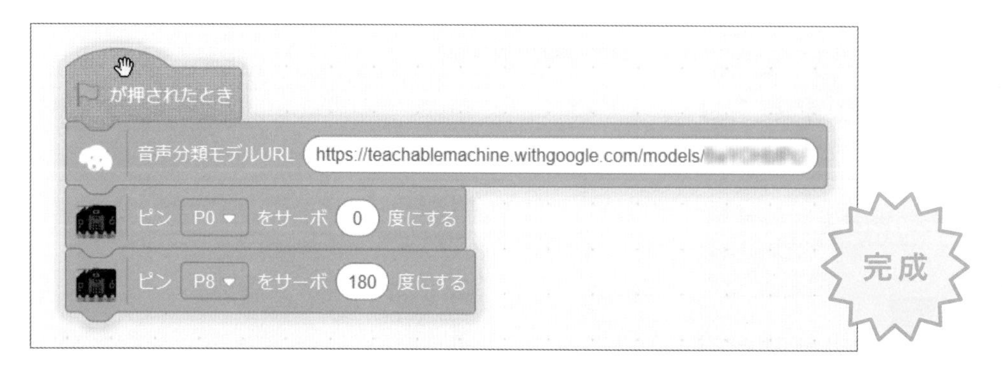

腕パーツの向きが、右の写真の位置になるように調整してください。

POINT

Scratchで作ったプログラムをパソコンに保存したい場合は、画面上のメニュー「ファイル」>「コンピューターに保存する」から保存してください。

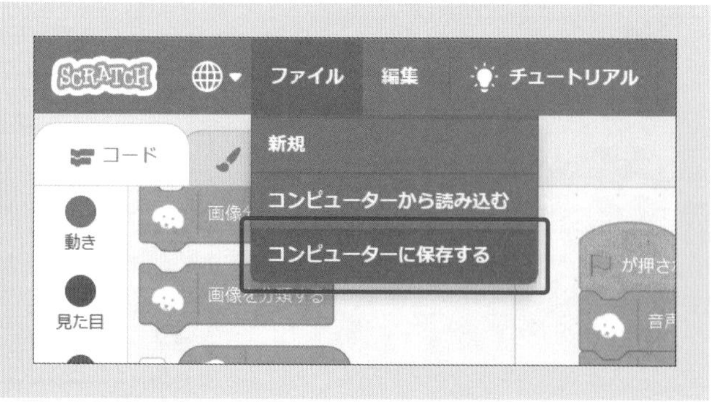

実際に試してみる

「あか」または「しろ」と言ってみましょう。ロボットは、言われた色の旗をふりあげるはずです。

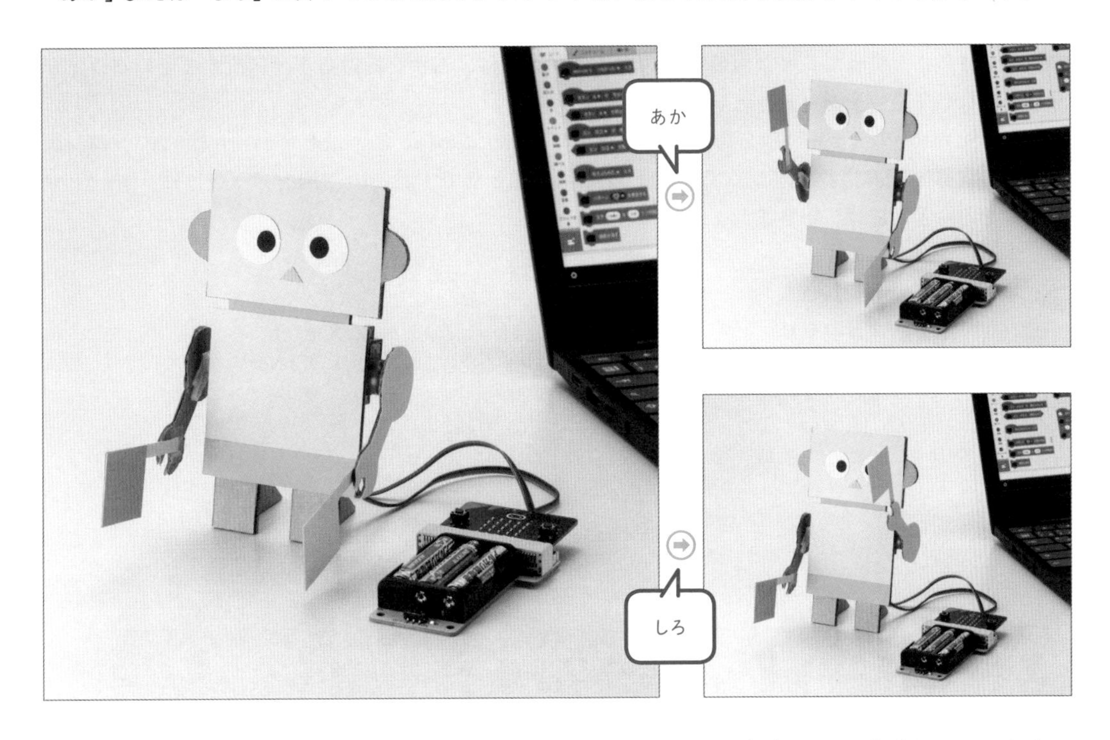

ロボットが期待どおりの動きをしない場合は、プログラムのサーボブロックで指定している角度の数値(すうち)を調整してみましょう。

音声認識(にんしき)の精度が低い場合は、Teachable Machineで作ったモデルの音声サンプルデータの中に、ラベルとは関係のない音声データがふくまれていないか確認しましょう。また、サンプルの数を増やしてみると精度が高まる可能性もあります。

アレンジしよう！

今回は音声分類モデルを使いましたが、Teachable Machineでは画像分類モデル、ポーズ分類モデルも作ることができます。画像認識(にんしき)では、赤い色を見せたら赤の旗をあげる、白い色を見せたら白の旗をあげる、といったことが可能です。ポーズ認識(にんしき)では、右手をあげるポーズをするとロボットがそれをまねして右手をあげる、といったことができます。

また、Scratchのステージ部分のプログラミングも作りこめば、Scratch × micro:bitでパソコン画面の中の世界と現実世界をリンクした作品も考えられそうです。この作例をきっかけに、micro:bitの世界をどんどん広げていきましょう！

POINT

Stretch3でポーズ分類モデルを使うプログラムを作るときは、「TMPose2Scratch」という拡張(かくちょう)機能を使います。画像分類モデルを使うプログラムを作るときは、音声分類モデルのときと同様、「TM2Scratch」を使います。

もっと知りたい！

少ない音声データ数でも効率よく学習できる仕組み

通常、機械学習では大量のサンプルデータを使って学習しモデルを作ります。機械学習で音声を認識(にんしき)しようという場合、1,000個、あるいは10,000個の音声データが必要になることもあります。一方、Teachable Machineでは、8〜20個のデータだけでモデルを作ることができました。これは、すでに学習ずみのモデルをベースにして効率よく学習する技術を活用しているからです。この技術を「転移学習」といいます。

5 章

micro:bitで自由研究

プログラムでさまざまに動かせるmicro:bitは、自由研究にもぴったりです。先生のアドバイスをもらいながら、お友達はどんなテーマに取り組んだのでしょうか？ 参考になる場面がたくさん出てくると思います。みなさんもmicro:bitで自由研究してみませんか？

研究 その1

micro:bitで電気の「もったいない」をなくそう

［教えてくれる先生］

埼玉県川越市立
新宿小学校
鈴谷 大輔先生

きっかけ 電気の「もったいない」

夏休み、小学6年生のアキヒロくんはmicro:bitを使った自由研究について、部屋で考えていました。エアコンが故障していて、代わりに扇風機が回っています。とつぜん、雨が降ってきたかと思うとすぐにやみました。すずしくなりましたが、扇風機は回りっぱなしです。「電気がもったいない」とスイッチを切ったとき、アイデアがひらめきました。

アキヒロ：micro:bitを使って、電気の「もったいない」をなくせないかな？

調べよう 「こんな電気の使い方はイヤだ」リストを作る

アキヒロくんは家の中や外で「こんな電気の使い方はもったいなくてイヤだ」と思うことを調べてリストにしてみました。

アキヒロ：でもどうやってmicro:bitで解決すればいいのかな？

こまったアキヒロくんは先生に相談しました。

先生：どうなったら電気で動く道具がむだな電気を使わずにすむか、考えてみたらどうかな？ たとえば「昼でもついたままの街灯」なら、今が昼かどうかがわかればいいよね？ 昼なら自動的に消えればいいんだから。昼と夜はどう見分ければいい？
アキヒロ：…そうか、光センサーで明るさを測ればいいんだ。

アキヒロくんは、リストに使えそうなmicro:bitのセンサーを書き出してみました。

●こんな電気の使い方はイヤだ

	イヤな使い方		使えそうなセンサー	理由
1		昼なのに、街灯がついたままになっている。	光センサー	明るさを測れば、昼かどうかわかるから。
2		暑くないのに、扇風機が回ったままになっている。	温度センサー	温度を測って暑くなかったら扇風機の電気を切ればいいから。
3		コンビニに入って自動ドアがしまったのに、音がずっと鳴っている。	加速度センサー	ドアにmicro:bitを付けて加速度を測れば、自動ドアがしまったことがわかるから。
4		人が中にいないのに、トイレの電気がついたままになっている。	距離センサー	トイレの中の人との距離がわかれば、中に人がいるかどうかがわかるから。

解決方法を考えよう　ポイントは「もし」「なら」

アキヒロ：どうやってセンサーを使えばいいかな？
先生：センサーを使うには、micro:bitでプログラミングする必要があるね。
アキヒロ：どんなプログラムを作ればいいんですか？
先生：「もし」と「なら」を使って考えると、わかりやすいよ。先生が作った「もしなら」シートをあげよう。まずは文章で空らんをうめてみて。その考えをフローチャートで整理すれば、プログラムが作りやすいよ。

先生は例が入った「もしなら」シートをアキヒロくんにくれました。

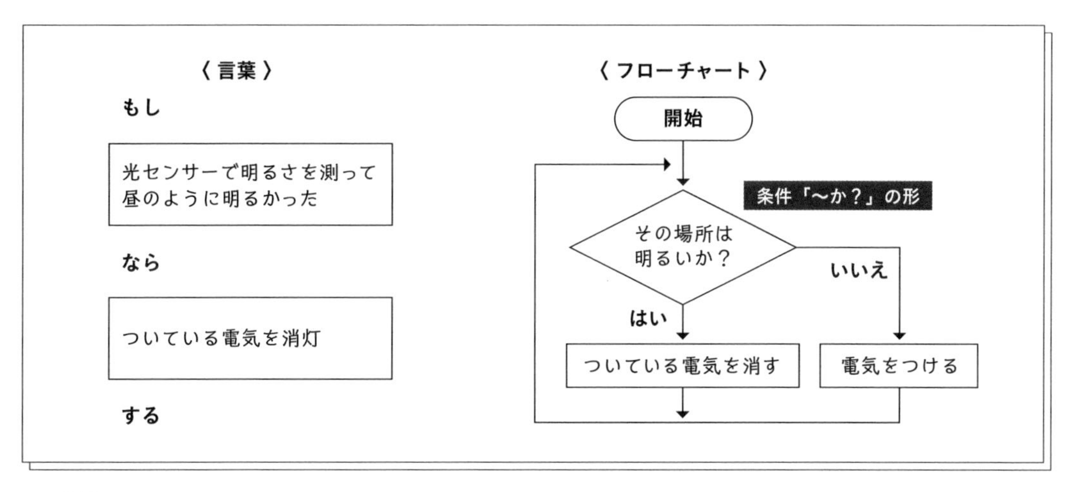

先生からアドバイス

フローチャートとは、考え方や作業などの流れを、ボックスと矢印を使って表した図のこと。流れを整理できるので、プログラミングをするときにあると便利だよ。

アキヒロくんは、「もしなら」シートを使って、ほかのケースについても同じように解決策を考えてみました。

●こんな電気の使い方はイヤだ

	イヤな使い方		センサーと解決方法
1		昼なのに、街灯がついたままになっている。	光センサーで測って、もし明るかったら明かりを消す。反対に暗かったら明かりをつける。
2		暑くないのに、扇風機が回ったままになっている。	温度センサーで測って、一定の温度より低かったらスイッチを切る。反対に一定の温度より高かったらスイッチを入れる。
3		コンビニに入って自動ドアがしまったのに、音がずっと鳴っている。	加速度センサーで自動ドアがしまったことがわかったら、ブザーを切る。
4		人が中にいないのに、トイレの電気がついたままになっている。	距離センサーで人がいるかいないかを調べ、人がいなければ明かりを消す。

micro:bitを使おう　センサーで測って動きをコントロール

アキヒロくんは自分が考えたことが実行できるかどうか、micro:bitとセンサーでプログラミングして確かめることにしました。

① 明るくなったら光が消える

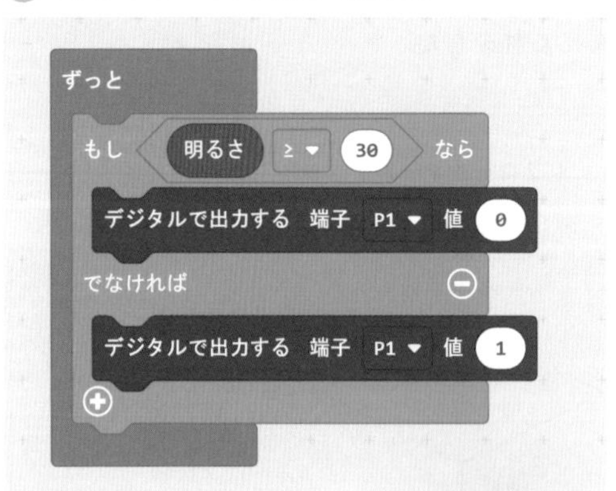

街灯の代わりにLEDをmicro:bitの端子P1に付けて、明るさによってついたり消えたりするよう、プログラムを作った。

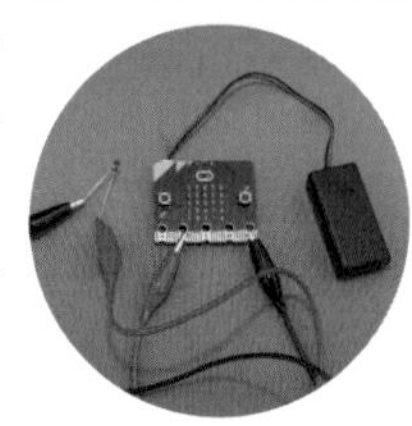

② 暑くなったらモーターが動く

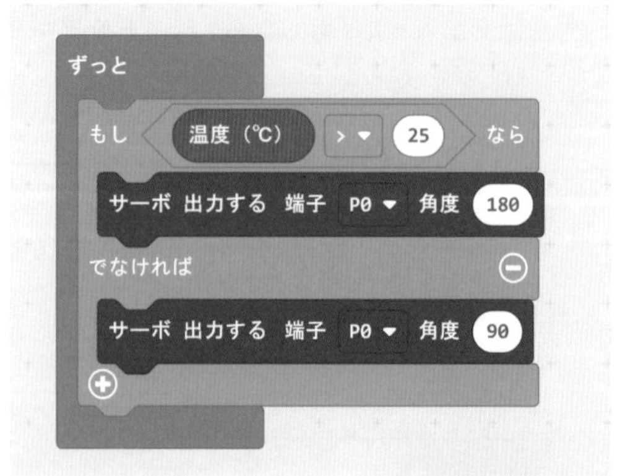

扇風機の代わりに回転サーボモーターをワークショップモジュールで端子P0に付けた。温度が25℃をこえたら、回転サーボモーターが動くようにプログラムを作った。

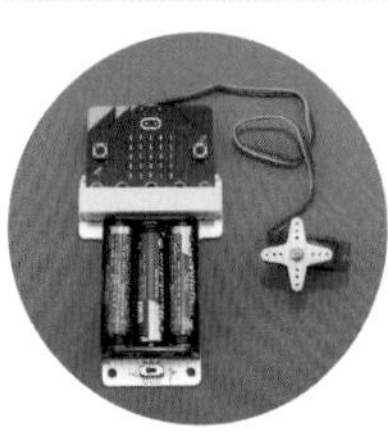

※くわしいプログラムはこちらから　http://sedu.link/book-microbit3

③ 自動ドアがしまったらブザーが止まる

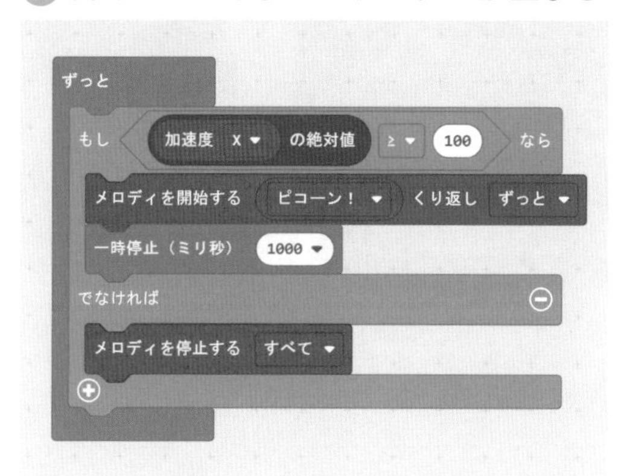

自動ドアにmicro:bitを付けたとして、自動ドアが開き、しまるまではブザーが鳴り、自動ドアがしまっている間はブザーが止まるようにプログラムを作った。

④ 人がいなくなったら光が消える

距離センサーをワークショップモジュールで端子P0につなぎ、プログラムを作った。人がいないときは、距離センサーはかべまでの距離を測り、人がいるときは人までの距離を測る。センサーからかべまでの距離より、センサーから人までの距離のほうが短くなるので、距離の値で人がいるかどうかがわかる。人がいるときは、トイレの明かりの代わりにmicro:bitのLED画面が光るようにし、人がいないときは消えるようにプログラミングした。

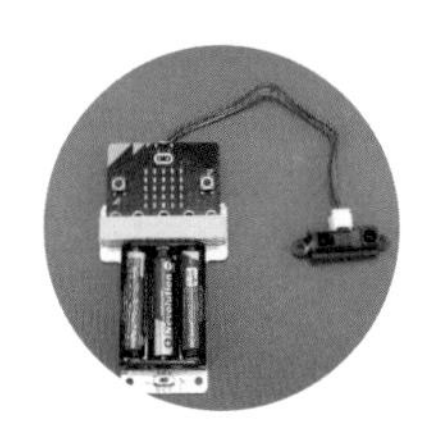

アキヒロくんは何回か試して、やっと自分が考えたとおりにセンサーやmicro:bitを動かすことができました。

アキヒロ：大変だったけど、自分で作ったプログラムで「もったいない」が解決できそうなことがわかったぞ。次は具体的な装置作りにチャレンジしたいな。

自由研究としてのまとめ方は204ページに出ています。

研究 その2

手作りスピーカーとmicro:bitで音楽プレーヤーを作ろう

［教えてくれる先生］
宮城県登米市立
佐沼小学校
金 洋太先生

きっかけ イヤホンに入っているもの

夏休みのある日のこと。小学5年生のシンスケくんはとなり町へ行くため、駅で電車を待っていました。電車が来るまでの間、イヤホンで音を聴きながら携帯ゲーム機で遊んでいました。そこに、担任の先生が通りかかりました。

先生：シンスケくん、ひさしぶりだね。
シンスケ：(イヤホンをはずして)あ、先生、こんにちは。
先生：シンスケくん、宿題の自由研究は進んでる？
シンスケ：まだテーマしか決めてなくて。理科で習った電磁石がおもしろかったので、それで何かを作ろうと思ってるんですけど、何を作ればいいか思いうかばないんです。
先生：身近にあるもので電磁石が使われているものがないか、さがしてみたら？
シンスケ：うーん…。でも、コイルと鉄しんと電池を組み合わせたものなんて、見たことないなあ…。
先生：ひとつヒントをあげよう。君がさっきしていたイヤホン、あの中にも電磁石が入っているよ。

 調べよう 電磁石で音が鳴る仕組み

家に帰ったシンスケくんは、こわれてしまったイヤホンがあったことを思い出し、それを分解してみることにしました。すると、先生が言うように、磁石とコイルが出てきました。

シンスケ：わ、ほんとうだ！ でも、なぜ電磁石が入っているのかなぁ？

シンスケくんは電磁石で音が鳴る仕組みについてインターネットで調べてみました。

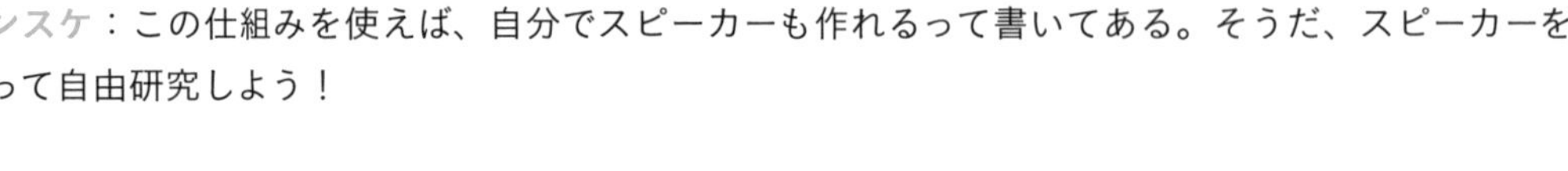

シンスケ：この仕組みを使えば、自分でスピーカーも作れるって書いてある。そうだ、スピーカーを作って自由研究しよう！

調べてみてわかったこと

イヤホンの中身

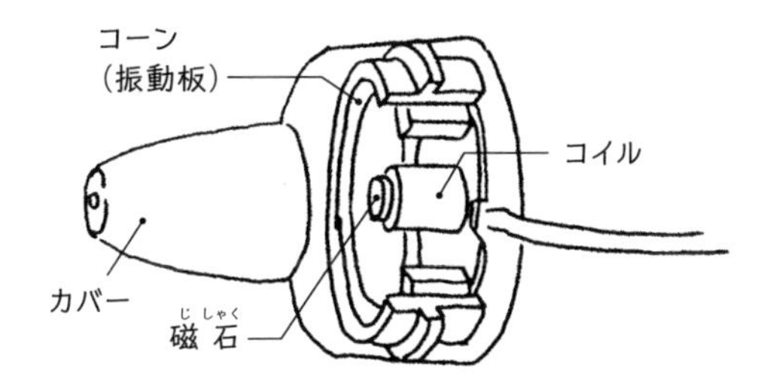

イヤホンが鳴る仕組み

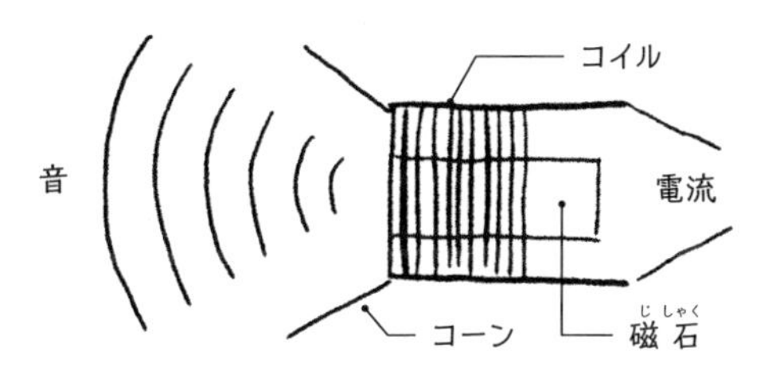

- コイルに電流が流れると電磁石になる。
- そのとき、中央の磁石と引き合ったり、反発したりして、コイルが細かく動き、ふるえる。
- コイルはコーン（振動板）に貼り付けられているので、コーンもふるえて、まわりの空気をゆらし、音として耳に聞こえる。

理科で習ったこと

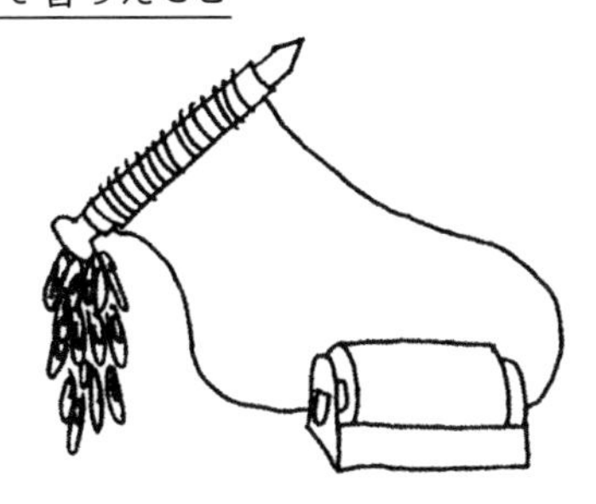

コイル（導線をまいたもの）に鉄しんを入れて、電流を流すと磁石のような性質が生まれる。これを電磁石と呼ぶ。

先生から アドバイス

ほかにも、音が出る、動くなどの装置の中に電磁石を使ったものがたくさんあるよ。調べてみてね。

作ってみよう **手作りコップスピーカー**

シンスケくんはインターネットで作り方を調べて、コップスピーカー作りに取り組みました。

用意するもの

コップ、はさみ、エナメル線（ポリウレタン銅線。太さは直径0.2～0.4mm、長さは10m以上）、単1乾電池（使用ずみでもよい）、紙やすり（400番。30×30mm）、フェライト磁石（直径10～20mm）、セロハンテープ

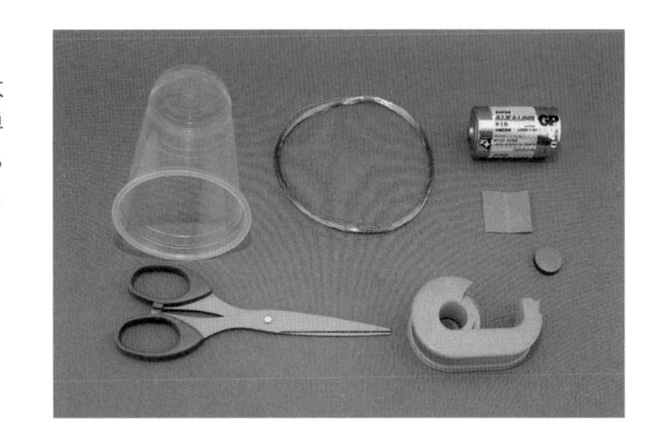

●作り方

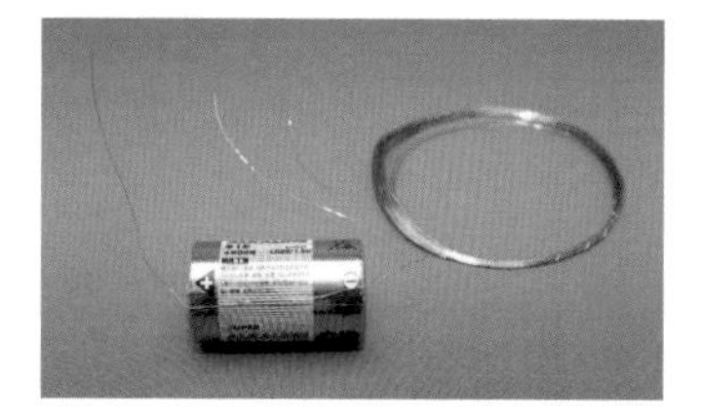

1 エナメル線の端を10cmほど残し、単1乾電池の端にテープで仮止めする。

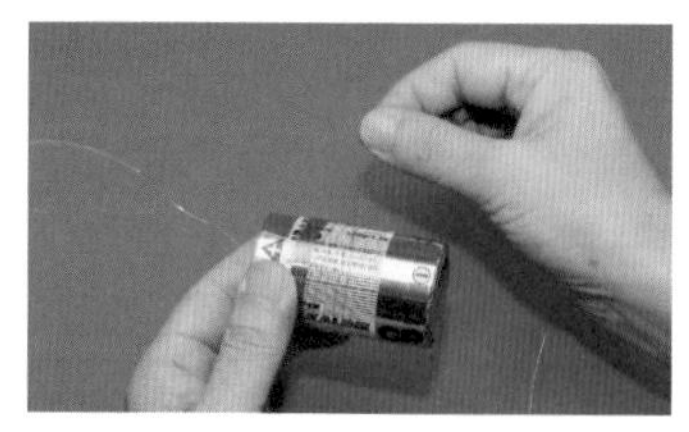

2 ていねいに10回以上まく。エナメル線はばらけやすいので十分注意する。

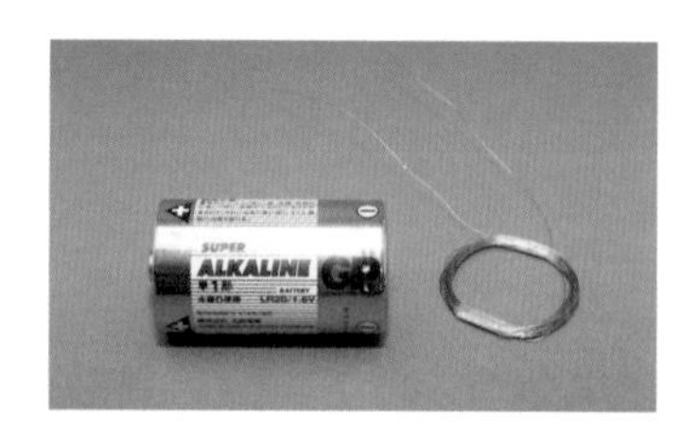

3 まき終わったら仮止めをはずし、単1乾電池からぬく。ばらけないように、輪の上下2か所をセロハンテープで止める。

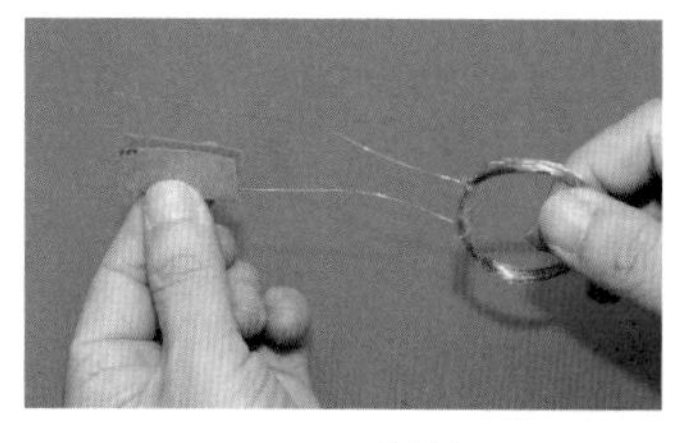

4 エナメル線の先端2か所を、紙やすりをたてにして10回、90度横にして10回、計20回ていねいにこする。

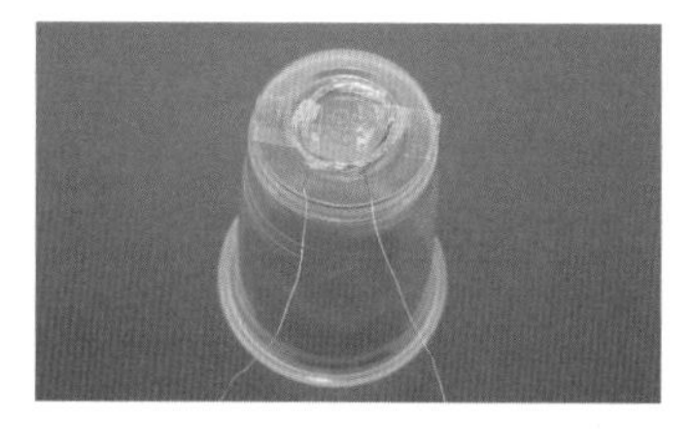

5 コップの底の外側にセロハンテープでコイルを貼る。

6 コイルの真ん中にコップの内側と外側から1個ずつ磁石を付けて固定すれば、完成。

先生から
アドバイス

エナメル線はていねいにまこう。まいたあとにゆるまないよう注意してね。

micro:bitを使おう　micro:bitで好きな音を鳴らす

シンスケ：鳴らす音はどうしようかなぁ？

　完成したコップスピーカーを前に、シンスケくんは考えていました。そこで、先生に相談することにしました。

先生：どうせなら音も自分で作って、それをコップスピーカーで鳴らしてみたらどうかな。シンスケくんはmicro:bitを持っているじゃないか。

　シンスケくんは、さっそくmicro:bitでプログラミングしてコップスピーカーにつなぎました。

micro:bitとコップスピーカーで自分だけの音楽プレーヤーが完成

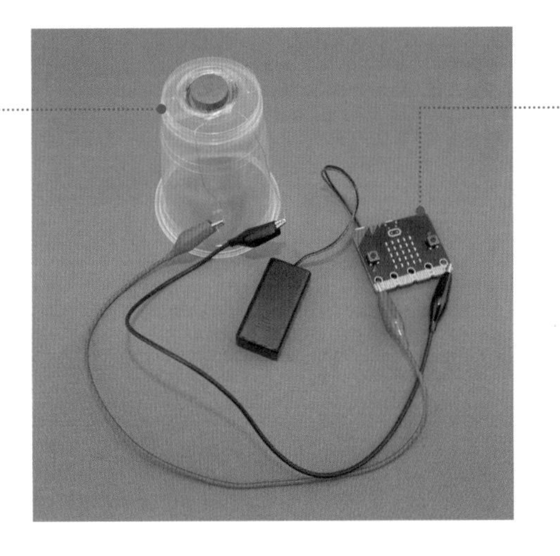

コップスピーカー

コイルの両端をワニ口クリップコードでつなぐときは、エナメルをけずったところをはさむ。

micro:bit

コップスピーカーのコイルの両端は、プログラムずみmicro:bitの端子P0とGNDにワニ口クリップで結んだ。

[プログラム]

4種類のメロディが順番に流れるプログラム。「メロディを開始する」ブロックのあとに「一時停止」ブロックを使って、間をおいた。

※くわしいプログラムはこちらから　http://sedu.link/book-microbit3

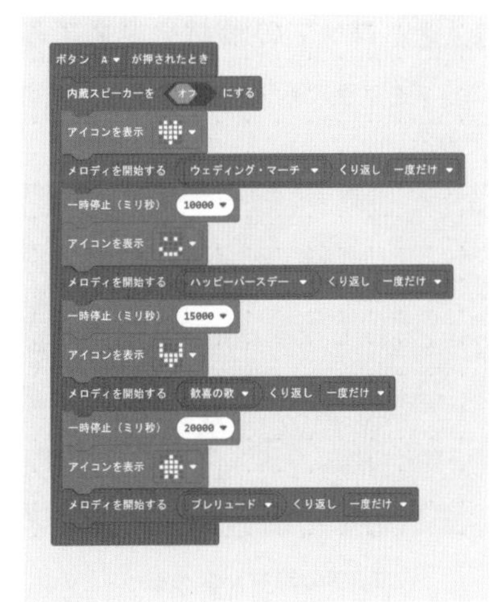

先生からアドバイス

ボタンを押す、ゆさぶるなどの動作でちがうリズムを鳴らすなど、プログラミング次第でいろいろな音が作れるよ。自分なりに工夫して みよう。

実験しよう　音を大きくするには…

シンスケ：意外に音は小さいな。どうすれば大きくできるんだろう？

　シンスケくんは、学校で習ったことを思い出しながら、作った音楽プレーヤーでどうやったら大きい音が出せるか、考えました。結果を予想して実験し、実験後の結果とくらべてみました。

実験1 コイルのまき数を変える

まき数を変えたら、音量がどう変わるかさぐってみる。

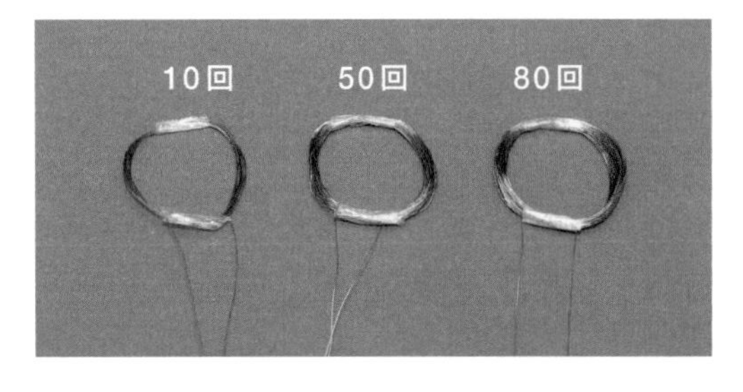

予想 まき数を多くすれば電磁石は強くなるはずだから、音も大きくなるのでは？

実験2 磁石の数や種類を変えてみる

磁石の数を増やしたり、100円ショップなどで売っているネオジム磁石（磁力が強い）に変える。

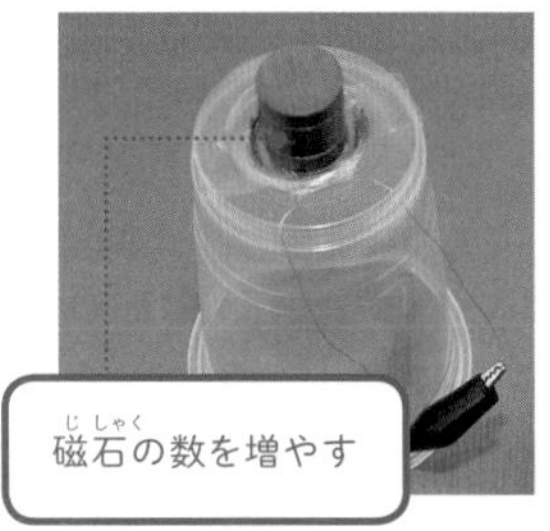

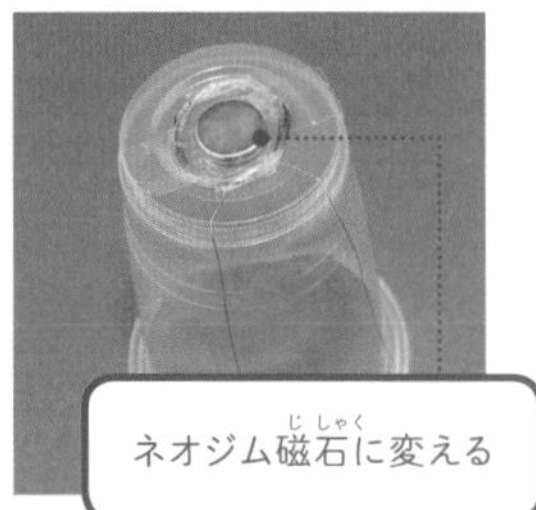

予想 磁石の数を増やしたり、磁力が強い磁石を使ったほうが、電磁石の力も強くなって、音が大きくなるのでは？

実験3 コップの素材を変えてみる

コップをプラスチックのものから、紙のものに変えてみる。

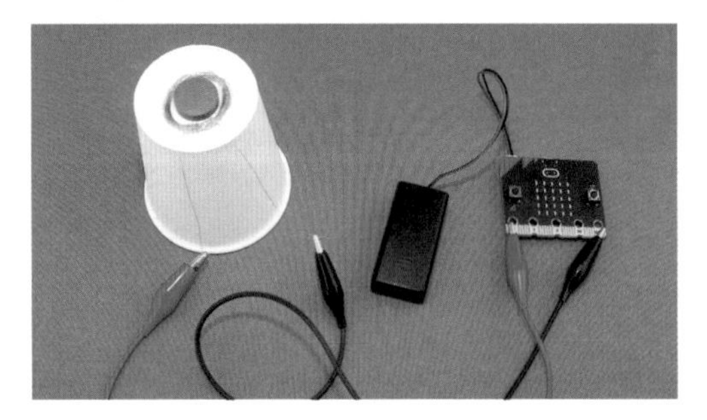

予想 コップの素材が変わると、音の大きさも変わるのでは？

実験4 micro:bitの音量を変えてみる

micro:bitのプログラムを変え、音量を上げてみる（「音量を設定する」ブロックの数字が55のときと255のときで音が変わるか調べてみる）。

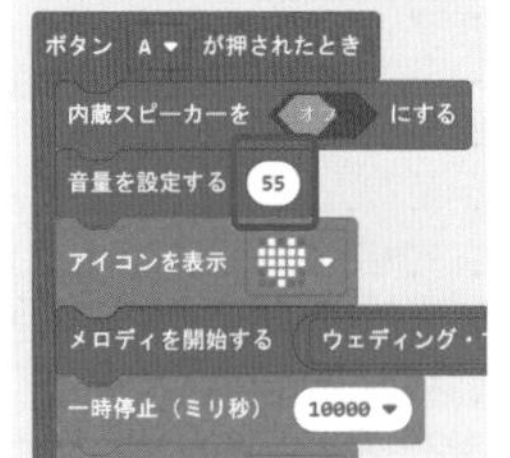

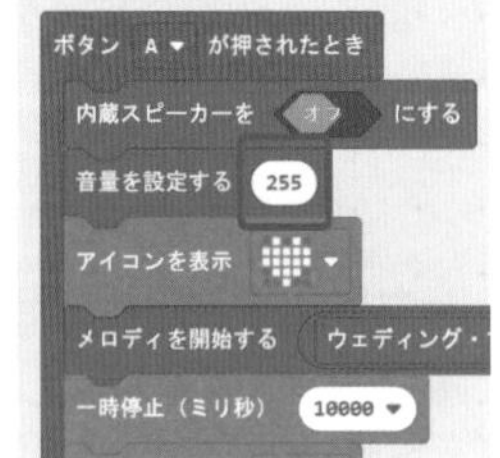

予想 micro:bitから流す音量が大きくなれば、コップスピーカーの音も大きくなるのでは？

先生からアドバイス
同じ素材でコップの大きさを変えると、音の大きさはどうなるかな？ 考えてみよう。

シンスケくんは予想と結果からわかったことをまとめ、自由研究として発表するための資料を作りました。

シンスケ：音楽プレーヤーを手作りして実験することで、電磁石と音の関係がいろいろわかっておもしろかったなあ。もっと電磁石や音のことを知りたくなっちゃった。

自由研究としてのまとめ方は205ページに出ています。

研究 その3

目が不自由な人のために micro:bitで できることをやろう

［教えてくれる先生］
宮城県登米市立
佐沼小学校
金 洋太（こん ようた）先生

きっかけ 目が不自由な人に会ってお話を聞いた

ハナコさんは夏休みに入る直前、学校の「総合的な学習」の時間で、町内の福祉施設（ふくししせつ）に行きました。目が不自由な方から直接いろいろな話を聞き、ふだんの生活にたくさん不便があることを知りました。近所に住む仲のよい同級生マリさんと2人で、夏休みの間にmicro:bitを使って何かできないか、まずは目の不自由な人がこまっていることを書き出すことからはじめてみました。

調べよう 「目の不自由な人がこまっていること」リストを作る

なかなか考えがまとまらず、2人は先生に相談しました。

先生：そうだね、「目の不自由な人がこまっていること」リストを見ながら、もし自分がそうなったら、と想像してみて。場面をイメージしながら何をどうすればいいか、micro:bitで解決できるか、リストにまとめてみたら？

2人は、先生のアドバイスをもとにリストを作ってみました。

ハナコ、マリ：この中でmicro:bitで解決できそうなことは…。
マリ：そうだ、micro:bitの通信機能を使えば、目の不自由な人がヘルパーさんなどにメッセージを送れるね。
ハナコ：2人ならmicro:bitが2枚（まい）になるからバッチリね。

●目の不自由な人がこまっていること

- 移動するとき、どこに階段や段差などがあるかわからないから、あぶない。
- 人がどこにいるかわからないから不安。
- ものを落としたときに、さがせない。
- 危険を感じたときに人を呼びたいけど、近くにいるかどうかわからない。
- 歩く先に水たまりがあってもわからない。
- 食事のときに、どこに料理があるかわからない。

- ものに近づいたとき、音が鳴って危険を知らせてくれる装置を作る。micro:bitに距離センサーを付ければ作れるかも？
- 貴重品バッグにmicro:bitを入れておいて、落としたら音が鳴り続けるようにする。micro:bitの加速度センサーを使えばよさそう。
- 危険を感じたら、micro:bitのボタンを押してもらう。ヘルパーさんなどが持つmicro:bitに音とLED表示で知らせる。
- お皿に磁石を貼り付けておく。micro:bitをセットしたおはしが近づくと音が鳴るようにする。地磁気センサーを利用すればできるかも？

micro:bitを使おう **micro:bitでお助けアイテムを作る**

ハナコさんとマリさんは2枚のmicro:bitを使って、2種類のお助けアイテムを作りました。

●だれかを呼びたいときに押すボタン

目の不自由な人がヘルパーさんなどを呼ぶとき、送信側のmicro:bitのボタンAを押すと、ヘルパーさんなどが持っているmicro:bitのブザーが鳴り、LED画面に文字が表示されて伝えることができる。

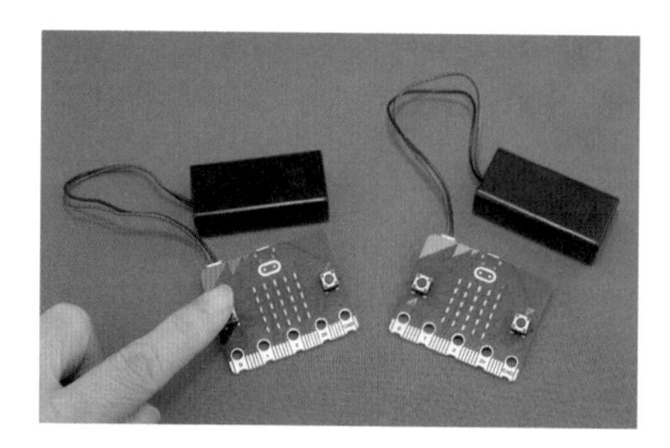

[プログラム]

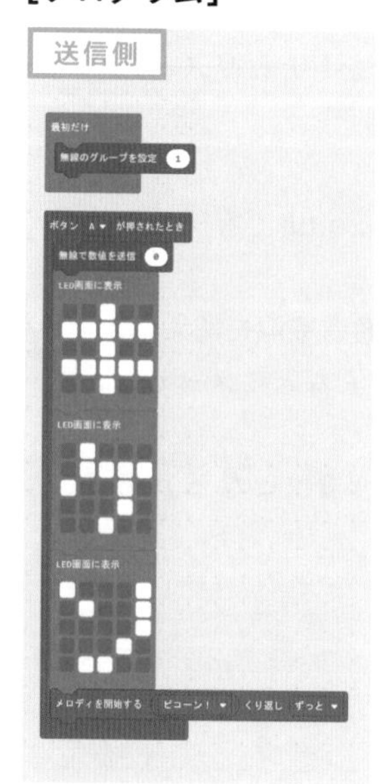

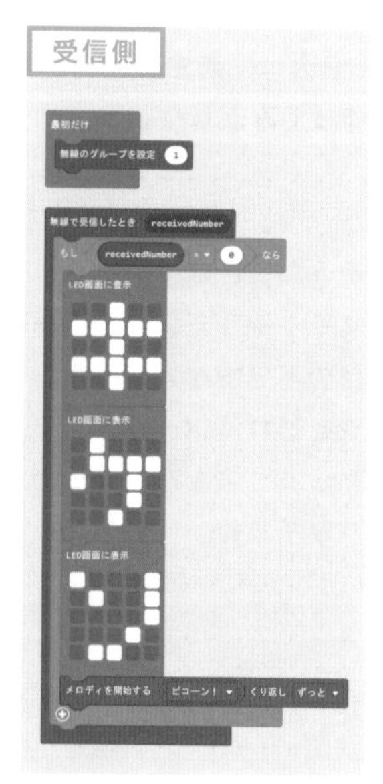

※くわしいプログラムはこちらから
http://sedu.link/book-microbit3

●階段や段差を教えてくれるブザー

ワークショップモジュールに距離センサーを付けたmicro:bit（送信側）を階段や段差のあるところに置き、目の不自由な人に受信側のmicro:bitを持ってもらう。階段など段差のあるところに目の不自由な人が近づくと、ブザーで知らせてくれる。

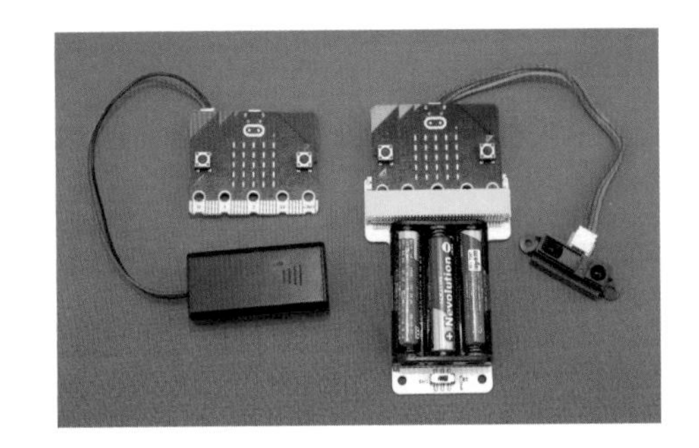

［プログラム］

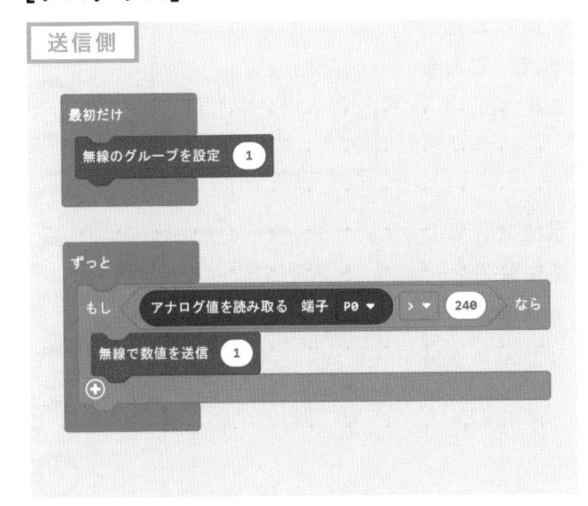

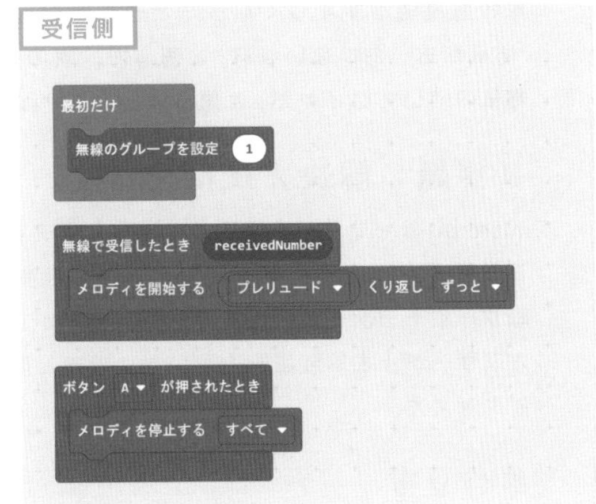

※くわしいプログラムはこちらから　http://sedu.link/book-microbit3

ハナコ：実際に目の不自由な人に使ってもらって、感想を聞いてみたい。
マリ：装置が役に立って、目の不自由な人によろこばれれば、とてもうれしいわ。

先生からアドバイス

実際にある福祉用品などを調べると、micro:bitでできることのヒントがもっと見つかるかもしれないね。

自由研究としてのまとめ方は206ページに出ています。

自由研究のまとめ方

※このレポートは、あくまでまとめ方の例として紹介しています。
記事を参考に、自分なりに工夫してみましょう。

各テーマで研究したことを、自由研究として発表するときのコツをまとめてみました。

micro:bitで電気の「もったいない」をなくそう

中身がみんなにわかるタイトルを付ける。

きっかけは？

家の扇風機(せんぷうき)がすずしくなったときにも動いているのを見て「電気がもったいないなあ」と思った。家の中と外で「こんな電気の使い方はイヤだ」と思うケースをさがしてみた。

研究のきっかけや調べてわかったことなどを書こう。

課題の解決方法は？

micro:bitのセンサーを使って、課題を解決する装置(そうち)を作ることを考えた。明るくなると消えるLED装置(そうち)、暑くなると回転サーボモーターが回転する装置(そうち)、動きが止まると鳴っていたブザーが止まる装置(そうち)、人がいなくなると明かりが消える装置(そうち)を考えた。

解決方法の手順を書こう。順を追って書くのがコツ。

作り方

プログラミングをしたmicro:bitとセンサーなどを、それぞれの装置(そうち)に組みこんだ。micro:bitのほかに、電池ボックス、LED、距離(きょり)センサー、ワークショップモジュールなどを使った。

使った材料や、作った手順を書こう。

工夫した点

コンビニの自動ドアは人が前に立つと開き、中に入るとしまる。この間、ドアは動き続けている。ドアが動いていることを加速度センサーで検知して、ドアがしまったらブザーが止まるようにプログラミングした。

ものづくりやプログラミングでとくに強調したい点があれば書いておく。

感想

身のまわりには、むだな電気を使って動いてしまう、「もったいない」道具があることがわかった。micro:bitで課題を解決する装置(そうち)が自分に作れるかな、と思ったけど、思ったよりうまくできた。次はもっとむずかしい装置(そうち)を作ってみたい。

研究を通して感じたこと、おもしろかったことや反省点、これからさらにやりたいことなどを書く。

コップスピーカーとmicro:bitで手作り音楽プレーヤーを作ろう

きっかけは？

携帯ゲームでイヤホンをしているとき、電磁石がイヤホンの中のスピーカー部分に使われていることを知った。調べたら、電磁石でスピーカーが手作りできることもわかった。

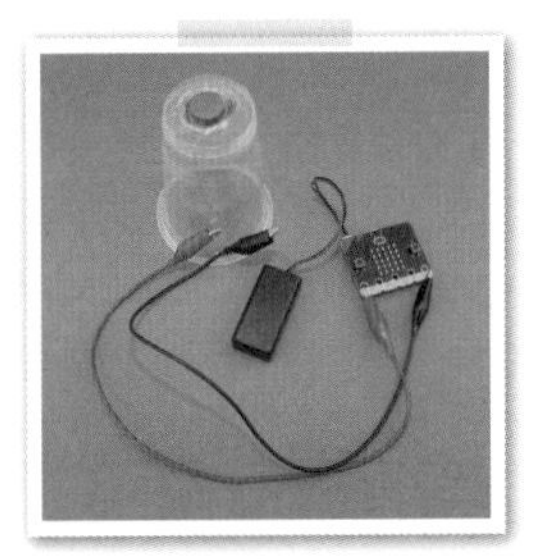

手作りした音楽プレーヤー。

作り方

コイルをまき、コップの底に貼り付け、真ん中に磁石を置いてコップスピーカーを作った。出したい音をmicro:bitでプログラミングし、接続した。

磁石の数を増やす

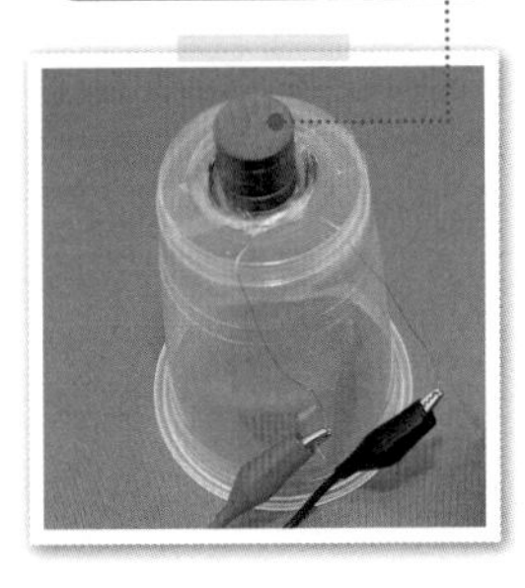

実験の方法

音を大きくするために、コイルのまき数、磁石の数と種類、コップの素材、micro:bitの音量を変えた。

実験の前に自分なりに考えて予想した結果を書く。

予想

コイルのまき数や磁石の力は音の大きさに関係があるのでは？ コップの素材やmicro:bitの音量はあまり関係がないのでは？ と思った。

ネオジム磁石に変える

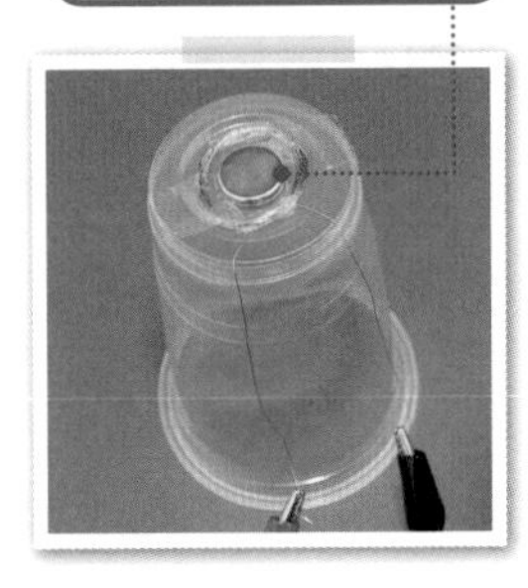

写真やイラスト、表やグラフなども使ってわかりやすく。

実験の結果

コイルのまき数が多く、磁石の力を強くしたほうが、音が大きくなった。コップの素材を紙にしたら音が大きく鳴った。micro:bitの音量を大きくするとスピーカーの音量も大きくなった。

わかったこと

コイルのまき数、磁石の力だけでなく、コップの素材やmicro:bitの音量も、予想とちがって音の大きさに関係があることがわかった。

自分の意見を入れずに、やってみてわかったことだけを書く。予想とのちがいがあればそれも書いておく。

目が不自由な人のために micro:bitでできることをやろう

きっかけは？

福祉施設で目が不自由な人たちから話を聞き、ふだんの生活にいろいろな不便があることがわかった。micro:bitで解決できることはないか、研究してみた。

リストを作る

まずはどんなところに不便を感じているか、話を聞いたことをリストにして、micro:bitで解決できそうなことを加えた。

装置を作る

リストの中から、2つのお助けアイテム「だれかを呼びたいときに押すボタン」「階段や段差を教えてくれるブザー」を、micro:bitをプログラミングして作ってみた。

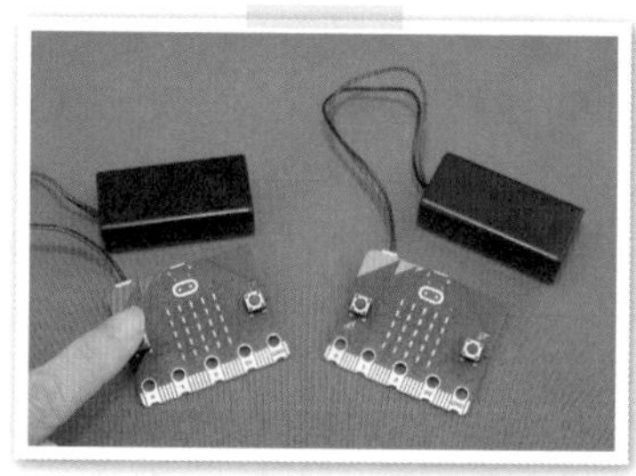

だれかを呼びたいときに押すブザー

工夫した点

micro:bitを2つ使い、通信機能でつないだ。
「だれかを呼びたいときに押すボタン」では送信側を目が不自由な人に、受信側をヘルパーさんなどに持ってもらう。
「階段や段差を教えてくれるブザー」では距離センサーを使った。

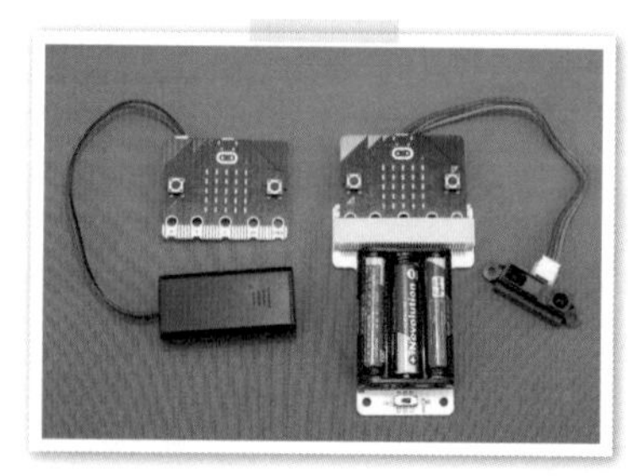

階段や段差を教えてくれるブザー

感想

作った装置を使ってもらいたかったけど、そこまではいかなかった。実際に使うには、どうやって持ってもらうかなど工夫しなければならないことがありそうだった。これからも目の不自由な人のために少しでも役に立てれば、と思った。

付録

ブロックリファレンス

micro:bitのプログラミングソフトで使えるブロックの一覧(いちらん)です。この本では使わない高度なものもふくまれていますが、興味がわいたら、くわしい人を探して質問してみるのもよいでしょう。

基本ブロック

※ V2 のマークがあるブロックは、micro:bit バージョン2（v2）用のブロックです。

ブロックの形	機能
 数を表示 0	LED画面に数値を表示します。数値が数字2ケタ以上の場合には、横スクロールして全体を表示します。
 LED画面に表示	LED画面に、このブロックで指定されたとおりのパターンを表示します。
 アイコンを表示	LED画面にアイコンを表示します。アイコンは、ハートマークなど40種類から選べます。 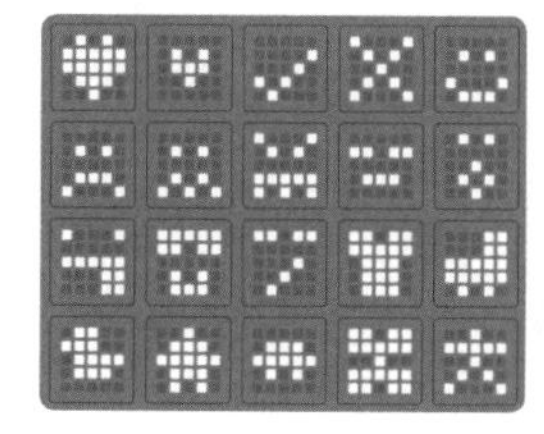 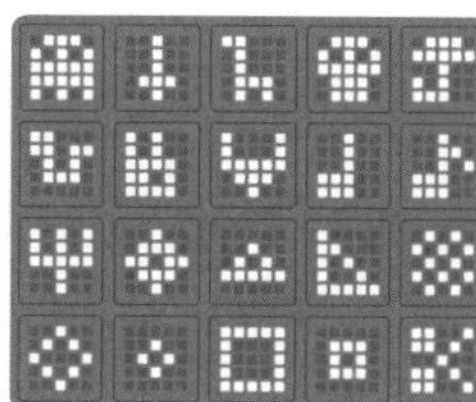
文字列を表示 "Hello!"	LED画面に文字列を表示します。文字列が2文字以上の場合には、横スクロールして全体を表示します。
表示を消す	LED画面のすべてのLEDを消灯します。
 ずっと	この中に入れた内容は、プログラムの実行中にずっとくりかえして実行されます。
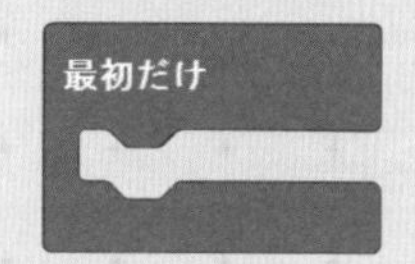 最初だけ	この中に入れた内容は、プログラムを起動して最初に一度だけ実行されます。

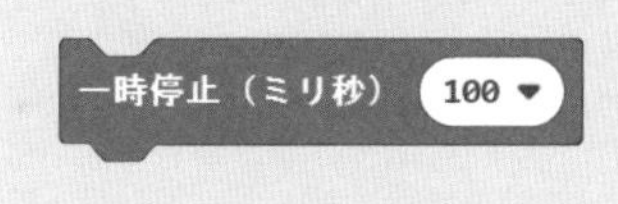

指定された時間の間、何もせずに待ちます。時間はミリ秒の数値で指定してください。ミリ秒は1秒の1/1000であり、1000ミリ秒は1秒です。「100」の部分をクリックすると、「100 ms」「200 ms」「500 ms」「1 second」「2 seconds」「5 seconds」から選べます（msはミリ秒、secondおよびsecondsは秒の意味です）。「100」の部分は、ほかのブロックが組み合わせてあるように見えますが、取り外すことはできません。数値を返すブロックを入れることができます。

矢印を表示 上向き ↑

LED画面に矢印を表示します。矢印は、上下左右とななめ方向の合計8種類から選べます。「上向き↑」の部分は、ほかのブロックが組み合わせてあるように見えますが、取り外すことはできません。クリックして矢印を選ぶか、矢印の向きを示す番号を入れてください。番号は、上向きが0で、右回りに1ずつ増えます。

⊙ 入力ブロック

ブロックの形	機能
	この中に入れた内容は、ボタンスイッチが押されたときに実行されます。どのボタンスイッチが押されたときに実行されるかは、「A」「B」「A＋B」の3種類から選べます。「A＋B」は、ボタンスイッチAとBが同時に押されたときという意味です。
	この中に入れた内容は、micro:bitのマイコンボード自体に物理的な動きが加えられたときに実行されます。物理的な動きは、「ゆさぶられた」「ロゴが上になった」「ロゴが下になった」「画面が上になった」「画面が下になった」「左に傾けた」「右に傾けた」「落とした」「3G」「6G」「8G」の11種類から選べます。Gは重力加速度です。たとえば3Gは、重力加速度の3倍の強さ（加速度）を加えたことを意味しています。
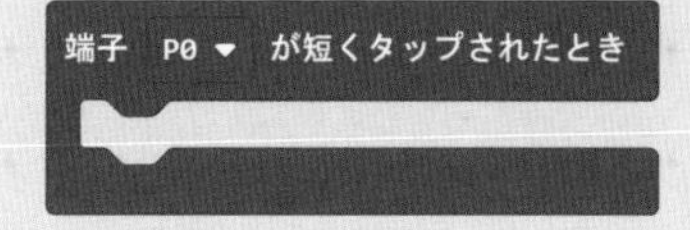	この中に入れた内容は、micro:bitのマイコンボードにある太い端子が短くタップされたときに実行されます。短くタップされたとは、タッチされて、すぐにタッチがなくなったことをいいます。長くタップされたときは実行されません。どの端子がタップされたときに実行されるかは、「P0」「P1」「P2」の3種類から選べます。 端子がタッチされたかどうかを調べる方式は、初期状態では抵抗式ですが、静電容量式に変更できます。変更するには、「端子(P0)のタッチ方式を(静電容量式)にする」のブロックを使ってください。抵抗式の場合は、調べる端子と端子GNDとの間が導線や人間の体などによって電気的につながったときにタッチしたことになります。静電容量式の場合は、指1本でさわるだけです。

ブロック	説明
ボタン A ▼ が押されている	ボタンスイッチが押されているかどうかを調べて、真偽値で返します。どのボタンスイッチを調べるのかは、「A」「B」「A＋B」の3種類から選べます。「A＋B」は、ボタンスイッチAとBが同時に押されているという意味です。
加速度 X ▼	micro:bitのマイコンボードに加わっている加速度を調べて、ミリGの単位の数値で返します。加速度には3方向の軸がありますが、どの値を調べるかは、「X」「Y」「Z」「絶対値」から選べます。Xは、LED画面からBボタンに向かう方向です。Yは、LED画面からロゴに向かう方向です。Zは、LED画面を正面に見て、こちらに向かってくる方向です。絶対値とは、方向には関係なく、加速度の大きさを示します。 ミリGは、重力加速度の1/1000を意味します。micro:bitでは、本来の意味とはちがいますが、重力加速度の1/1023をミリGとしています。 地球上では、ものが落ちる方向につねに1Gの重力加速度が加わっています。そのため、たとえばmicro:bitを机の上に水平に置いた状態では、XとYが0、Zが-1023、絶対値が1023という値を示します。
端子 P0 ▼ がタッチされている	micro:bitのマイコンボードにある太い端子がタッチされているかどうかを調べて、真偽値で返します。どの端子を調べるかは、「P0」「P1」「P2」の3種類から選べます。 端子がタッチされたかどうかを調べる方式は、初期状態では抵抗式ですが、静電容量式に変更できます。変更するには、「端子(P0)のタッチ方式を(静電容量式)にする」のブロックを使ってください。抵抗式の場合は、調べる端子と端子GNDとの間が導線や人間の体などによって電気的につながったときにタッチしたことになります。静電容量式の場合は、指1本でさわるだけです。
明るさ	まわりの明るさを調べて、0～255の範囲の数値で返します。少し特殊な方法を使って、LED画面を使って明るさを調べています。LED画面を、明るさを調べたい方向に向けてください。ここでの明るさは、科学的に正確な単位ではありません。日常的な感覚で暗いときに0、明るいときに255になるようにしてあります。
方角（°）	micro:bitのマイコンボードが向いている方角を調べて、北から右回りに測った角度の数値で返します。micro:bitを机の上に水平に置いて、micro:bitの顔のロゴが真北(磁北)を向いているときが0°です。ここから顔のロゴの向きを右回りに回していくと、ちょうど東向きのとき90°、南向きのとき180°、西向きのとき270°になります。さらに回して真北にもどるとき、359°から0°に変わります(75ページ参照)。
温度（℃）	まわりの温度を調べて、セ氏(℃)の数値で返します。正確には、micro:bitのマイコンボードに搭載されているマイコンチップの中の温度を調べています。そのため、まわりの温度より数度高い値を示す傾向があります。

ゆさぶられた ▼ 動き

micro:bitのマイコンボード自体に物理的な動きが加えられているかどうかを調べて、真偽値で返します。指定された動きがあるなら真、そうでなければ偽を返します。物理的な動きは、「ゆさぶられた」「ロゴが上になった」「ロゴが下になった」「画面が上になった」「画面が下になった」「左に傾けた」「右に傾けた」「落とした」「3G」「6G」「8G」の11種類から選べます。Gは重力加速度です。たとえば3Gは、重力加速度の3倍の強さ（加速度）が加えられていることを意味しています。

V2

まわりの音が うるさくなった ▼ とき

この中に入れた内容は、まわりの音がうるさくなったとき、またはまわりの音が静かになったときに実行されます。「うるさくなった」を選んだ場合は、まわりの音の大きさが、うるさいかどうかのしきい値よりも小さかったのが大きくなったときに実行されます。「静かになった」を選んだ場合は、まわりの音の大きさが、静かかどうかのしきい値よりも大きかったのが小さくなったときに実行されます。どちらのしきい値も、「（うるさいかどうか）のしきい値を設定する」のブロックで具体的な値に設定することができます。

V2

ロゴが 短くタップされた ▼ とき

この中に入れた内容は、micro:bitのマイコンボードにあるロゴの部分が指でタッチされたときに実行されます。どのようにタッチされたときに実行されるのかは、「短くタップされた」「タッチされた」「タッチが無くなった」「長くタップされた」の4種類から選べます。たとえば、ロゴを短くタップしたときは、時間の順に「タッチされた」「タッチが無くなった」「短くタップされた」と認識します。

ロゴがタッチされたかどうかを調べる方式は、初期状態では静電容量式ですが、抵抗式に変更できます。変更するには、「端子(P0)のタッチ方式を(静電容量式)にする」のブロックを使ってください。静電容量式の場合は、指1本でさわるだけです。抵抗式の場合は、ロゴと端子GNDとの間が導線や人間の体などによって電気的につながったときにタッチしたことになります。

V2

ロゴがタッチされている

micro:bitのマイコンボードにあるロゴの部分が、指でタッチされているかどうかを調べて、真偽値で返します。タッチされているなら真、そうでなければ偽を返します。

V2

まわりの音の大きさ

内蔵マイクが検出したまわりの音の大きさを、0から255までの値で返します。静かなときは0、とても大きな音のときは255で、その間の大きさの音のときは0と255の間です。

傾斜（°） ピッチ ▼

micro:bitのマイコンボードが物理的にどれくらい傾いているかを調べて、角度の数値を返します。角度の単位は度（°）です。調べる方向は、「ピッチ」と「ロール」の2種類から選べます。micro:bitのマイコンボードを机の上に水平に置いた状態が基準です。この状態から手前にたおすとピッチがプラスの値になり、向こう側にたおすとピッチがマイナスの値になります。右（ボタンスイッチBの方向）にたおすとロールがプラスの値になり、左（ボタンスイッチAの方向）にたおすとロールがマイナスの値になります。

ブロック	説明
磁力（µT） X ▼	micro:bitのマイコンボードにかかっている磁力を調べて、μT（マイクロテスラ）の単位の数値で返します。調べる値は「X」「Y」「Z」「絶対値」から選ぶことができます。これは加速度のブロックと同様です。地球上では地磁気があるため、磁石を近づけなくてもある程度の磁力がかかっています。この機能は、シミュレーターでは動きません。
稼働時間（ミリ秒）	プログラムが動作し続けている時間、つまりmicro:bitのマイコンボードに電源が入ってから、もしくはリセットボタンが押されてからの時間を調べて、ミリ秒単位で数値を返します。
稼働時間（マイクロ秒）	プログラムが動作し続けている時間、つまりmicro:bitのマイコンボードに電源が入ってから、もしくはリセットボタンが押されてからの時間を調べて、マイクロ秒単位で数値を返します。
コンパスを調整する	地磁気センサー（コンパス）を調整する処理を行います。micro:bitが使っている磁力センサーは、しばらく使っているとどうしても精度が落ちてきます。このブロックを使って地磁気センサーを調整する操作を行うと、精度を回復させることができます。このブロックを実行すると、micro:bitのマイコンボードの傾きによってLEDの光る場所が変わります。このLEDの通った場所が光ったままになるので、いろいろな方向に傾けてLED画面のLEDをすべて光らせれば調整完了です。
端子 P0 ▼ のタッチが無くなったとき	この中に入れた内容は、micro:bitのマイコンボードにある太い端子がタッチされていたのが、タッチされなくなったときに実行されます。どの端子がタッチされなくなったときに実行されるかは、「P0」「P1」「P2」の3種類から選べます。 端子がタッチされたかどうかを調べる方式は、初期状態では抵抗式ですが、静電容量式に変更できます。変更するには、「端子(P0)のタッチ方式を(静電容量式)にする」のブロックを使ってください。抵抗式の場合は、調べる端子と端子GNDとの間が導線や人間の体などによって電気的につながったときにタッチしたことになります。静電容量式の場合は、指1本でさわるだけです。
加速度センサーの計測範囲を設定する 1G ▼	加速度センサーが計測する値の範囲を設定します。設定する範囲は、「1G」「2G」「4G」「8G」から選べます。
V2 うるさいかどうか ▼ のしきい値を 128 に設定する	「まわりの音が（うるさくなった）とき」のブロックで音の大きさを比べるしきい値を設定します。うるさいかどうかのしきい値と、静かかどうかのしきい値のをそれぞれ設定することができます。

音楽ブロック

ブロックの形	機能
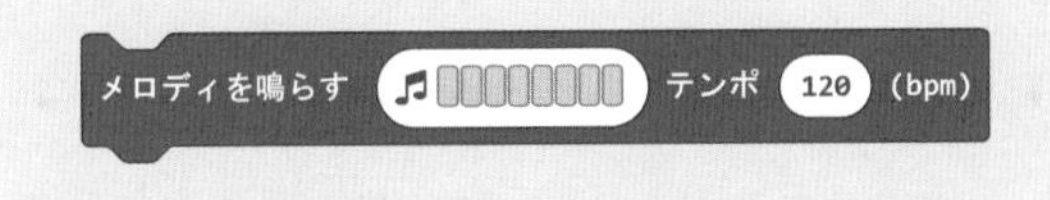	8個の音からできたメロディを鳴らします。音符♫の部分をクリックすると、メロディの入力画面が現れます。「エディター」では、8個の音をそれぞれ選んで自由にメロディを作ることができます。「ギャラリー」では、元からあるいくつかのメロディから選ぶことができます。120の部分には、1拍の速さの数を入れてください。
	指定された高さと長さの音を鳴らします。音の高さは、周波数の数値で指定するか、「真ん中のド」の部分をクリックして鍵盤の図から選んでください。音の長さは、ミリ秒単位の数値で指定するか、「1拍」の部分をクリックして「1拍」「1/2拍」「1/4拍」「1/8拍」「1/16拍」「2拍」「4拍」から選んでください。「真ん中のド」の部分も、「1拍」の部分も、ほかのブロックが組み合わせてあるように見えますが、取り外すことはできません。数値を返すブロックを入れることができます。
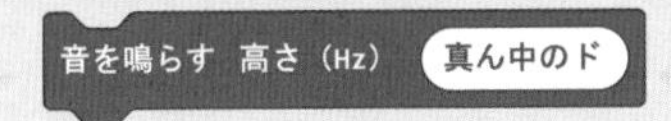	音を鳴らします。音の高さは、周波数の数値で指定するか、「真ん中のド」の部分をクリックして鍵盤の図から選んでください。ほかの音を鳴らすまで、この音が鳴りっぱなしになります。「真ん中のド」の部分は、ほかのブロックが組み合わせてあるように見えますが、取り外すことはできません。「真ん中のド」のブロックのほか、数値を返すブロックを入れることができます。
	休符、つまり音を鳴らさない状態で少し時間を置きます。音を鳴らさない時間は、ミリ秒単位の数値で指定するか、「1拍」の部分をクリックして「1拍」「1/2拍」「1/4拍」「1/8拍」「1/16拍」「2拍」「4拍」から選んでください。「1拍」の部分は、ほかのブロックが組み合わせてあるように見えますが、取り外すことはできません。「1拍」のブロックのほか、数値を返すブロックを入れることができます。
真ん中のド	音符の音の高さを、周波数の数値で返します。音の高さは、このブロックをクリックして鍵盤の図から選んでください。
音量を設定する 127	スピーカーの音量を設定します。「127」の部分には0から255の間の数を入れてください。この範囲より小さな値を設定しようとすると0が設定されます。この範囲より大きい値を設定しようとすると255が設定されます。無音は0、最大の音量は255で、その間の音量は0と255の間です。このブロックをまだ実行していない初期状態では、音量は255です。

ブロック	説明
スピーカーの音量	スピーカーの音量として設定されている値を返します。無音は0、最大の音量は255で、その間の音量は0と255の間です。「音量を設定する」のブロックを実行していない初期状態では、音量は255です。
すべての音を停止する	現在鳴っているすべての音を停止します。
テンポを増やす（bpm） 20	1分間の拍数を増減します。指定した数値がプラスの値なら、1分間の拍数をその数だけ増やします(速くなります)。マイナスの値なら、その数だけ減らします(遅くなります)。
テンポを設定する（bpm） 120	1分間の拍数を設定します。
1 ▾ 拍	音符の音の長さを、ミリ秒単位の数値で返します。音符の音の長さは、「1拍」「1/2拍」「1/4拍」「1/8拍」「1/16拍」「2拍」「4拍」から選べます。1拍の速さは、「テンポを設定する(bpm) (120)」のブロックで指定できます。
テンポ（bpm）	1拍の速さを、1分間の拍数の数値で返します。
メロディを開始する ダダダム ▾ くり返し 一度だけ ▾	メロディを鳴らします。メロディが終わるのを待たずに、次のブロックの実行に進みます。「ダダダム」の部分をクリックすると、メロディが20種類から選べます。「一度だけ」の部分をクリックすると、くりかえしの方法が「一度だけ」「ずっと」「バックグラウンドで一度だけ」「バックグラウンドでずっと」の4種類から選べます。 「一度だけ」は、フォアグラウンドでメロディを一度だけ鳴らします。「ずっと」は、フォアグラウンドでメロディを鳴らし、メロディが終わったらすぐに最初からくりかえします。「バックグラウンドで一度だけ」は、バックグラウンドでメロディを一度だけ鳴らします。「バックグラウンドでずっと」は、バックグラウンドでメロディを鳴らし、メロディが終わったらすぐに最初からくりかえします。バックグラウンドで鳴らしたメロディは、フォアグラウンドでメロディを鳴らしている間は停止して、フォアグラウンドのメロディが終わると再開します。

メロディを停止する すべて ▾

現在鳴っているメロディを停止します。「すべて」の部分をクリックすると、停止する対象が「すべて」「フォアグラウンド再生」「バックグラウンド再生」から選べます。
フォアグラウンド再生とは、「メロディを開始する」のブロックでくり返しを「一度だけ」または「ずっと」にして開始したメロディです。バックグラウンド再生とは、「メロディを開始する」のブロックでくり返しを「バックグラウンドで一度だけ」または「バックグラウンドでずっと」にして開始したメロディです。

音楽 メロディの音を出した ▾ とき

この中に入れた内容は、メロディについて何かが起きたときに実行されます。「メロディの音を出した」の部分をクリックすると、何が起きたときに実行するのかを10種類から選べます。「メロディの音を出した」とは、メロディにふくまれる個々の音を出したことを意味しています。「メロディを開始した」「メロディが終わった」は、それぞれメロディの曲1つを開始した、終わったことを意味しています。「メロディをくり返した」は、メロディの曲1つが終わり、最初からくりかえしたことを意味しています。「バックグラウンドのメロディを一時停止した」は、フォアグラウンドでメロディを鳴らしたため、バックグラウンドのメロディを一時停止したことを意味しています。「バックグラウンドのメロディを再開した」は、フォアグラウンドのメロディが終わったため、バックグラウンドのメロディを再開したことを意味しています。

V2

効果音 くすくす笑う ▾ を鳴らして終わるまで待つ

効果音を鳴らします。効果音が終わるのを待って、次のブロックの実行に進みます。「くすくす笑う」の部分をクリックすると、効果音を「くすくす笑う」「ハッピー」「ハロー」「ミステリアス」「悲しい」「するする動く」「舞い上がる」「バネ」「キラキラ」「あくび」の10種類から選べます。ここでいう「効果音」とは、micro:bitのマイコンボードをロボットに見立てて、その動作や感情を示すような音を意味しています。

V2

効果音 くすくす笑う ▾ を開始する

効果音を鳴らします。効果音が終わるのを待たずに、次のブロックの実行に進みます。「くすくす笑う」の部分をクリックすると、効果音を「くすくす笑う」「ハッピー」「ハロー」「ミステリアス」「悲しい」「するする動く」「舞い上がる」「バネ」「キラキラ」「あくび」の10種類から選べます。ここでいう「効果音」とは、micro:bitのマイコンボードをロボットに見立てて、その動作や感情を示すような音を意味しています。

micro:bitのマイコンボードに内蔵されているスピーカーを使うか、使わないかを設定します。「オン」なら内蔵スピーカーを使うようにします。「オフ」なら内蔵スピーカーを使わないようにし、音を鳴らす端子をP0にします。このブロックをまだ実行していない初期状態では、内蔵スピーカーを使います。内蔵スピーカーを使う場合でも、使わない場合でも、音を鳴らす端子（初期状態ではP0）には音が出力される事に注意してください。音を鳴らす端子を、別の目的の入力または出力に使うと、音を鳴らす端子には音が出力されなくなります。

LEDブロック

ブロックの形	機能
点灯 x (0) y (0)	5×5個のLED画面の上で、xとyの座標で指定されたLEDを点灯させます。x座標は左端から右に向かって0～4、y座標は一番上から下に向かって0～4です。x=0、y=0なら、一番左上のLEDを示します。
反転 x (0) y (0)	5×5個のLED画面の上で、xとyの座標で指定されたLEDについて、消灯なら点灯に、点灯なら消灯に変えます。座標については「点灯 x (0) y (0)」のブロックと同様です。
消灯 x (0) y (0)	5×5個のLED画面の上で、xとyの座標で指定されたLEDを消灯させます。座標については「点灯 x (0) y (0)」のブロックと同様です。
LED x (0) y (0) が点灯している	5×5個のLED画面の上で、xとyの座標で指定されたLEDが点灯しているかどうかを調べて、真偽値で返します。点灯しているなら真、消灯しているなら偽です。座標については「点灯 x (0) y (0)」のブロックと同様です。
棒グラフを表示する 値 (0) 最大値 (0)	5×5個のLED画面の上に棒グラフを表示します。「値」には表示したい値を入れてください。「最大値」には、この画面で表示する予定の最大の値を入れてください。「値」が「最大値」と同じか、それ以上になったとき、LED画面のLEDはすべて点灯します。
点灯 x (0) y (0) 明るさ (255)	5×5個のLED画面の上で、xとyの座標で指定されたLEDを、指定された明るさで点灯させます。座標については「点灯 x (0) y (0)」のブロックと同様です。明るさは、255のときが一番明るく、0は消灯と同じです。
LED x (0) y (0) の明るさ	5×5個のLED画面の上で、xとyの座標で指定されたLEDの明るさを返します。「点灯 x (0) y (0) 明るさ (255)」のブロックで点灯させた場合はその明るさです。「点灯 x (0) y (0)」のブロックで点灯させた場合は255です。
LED画面の明るさ	「LED画面の明るさを設定する (255)」のブロックで設定した画面全体の明るさを調べて、数値で返します。
LED画面の明るさを設定する (255)	5×5個のLED画面全体の明るさを設定します。もちろん、明るさが変わるのは点灯しているLEDだけで、消灯しているLEDは消灯のままです。明るさは、255のときが一番明るく、0なら消灯と同じです。なお、この機能は、表示モードが「白黒」のときだけ働きます。表示モードについては、「表示モードを設定する (白黒)」のブロックを見てください。

5×5個のLED画面全体の表示を有効または無効にします。指定した値が真なら有効、偽なら無効にします。無効にしても画面の内容は残っているので、再び有効にすれば表示は元どおりになります。「LED画面の明るさを設定する (255)」のブロックとは異なり、「点灯 x (0) y (0) 明るさ 255」のブロックで中間の明るさで点灯されたLEDがあっても、無効にしてから再び有効にすれば、元の明るさにもどります。

アニメーションを停止する

通常、LED画面に1文字よりも長い数字や文字列を表示すると、横スクロールして全体が表示されますが、このブロックは、そのスクロールをとちゅうで停止させます。数字や文字列を表示するブロックは、スクロールが終わってから次のブロックに進みます。そのため、数字や文字列を表示するブロックの次に「アニメーションを停止する」のブロックを置いても、とくに効果は見られないでしょう。

表示モードを設定する 白黒

LED画面全体の表示モードを「白黒」または「グレースケール」に設定します。LED画面のLEDは、それぞれ明るさを0から255の範囲に設定することができます。表示モードが「グレースケール」の場合は、設定された明るさどおりに点灯します。表示モードが「白黒」の場合は、明るさ0なら消灯、それ以外なら最大の明るさで点灯します。micro:bitのマイコンボードに電源が入った直後、もしくはリセットボタンが押された直後は、表示モードは「白黒」です。このブロックで「グレースケール」を指定するか、「点灯 x (0) y (0) 明るさ 255」のブロックでLED画面のいずれかのLEDを中間の明るさ (0と255以外) にすると、表示モードは「グレースケール」に変わります。

無線ブロック

ブロックの形	機能
	無線のグループ番号を設定します。グループ番号は1～255の間の数値です。同じグループ番号が設定されたmicro:bitどうしの間でのみ、無線通信ができます。
無線で数値を送信 0	数値を無線で送信します。無線の電波が届く範囲にあり、同じ番号のグループに属しているすべてのmicro:bitに届きます。
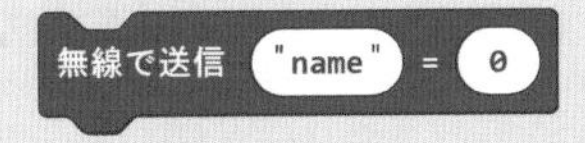	キーワードと数値の組み合わせを無線で送信します。キーワードは、たとえば「温度」や「長さ」といったものです。いろいろなデータを送信したい場合に役立ちます。キーワードは「name」の部分に指定してください。無線の電波が届く範囲にあり、同じ番号のグループに属しているすべてのmicro:bitに届きます。

文字列を無線で送信します。無線の電波が届く範囲にあり、同じ番号のグループに属しているすべてのmicro:bitに届きます。

この中に入れた内容は、文字列を無線で受信したときに実行されます。受信した文字列は、この中に入れた内容だけで使える「receivedString」という名前の変数に入ります。この変数は、ツールボックスの「変数」には現れません。この変数を使うには、このブロックに表示されている「receivedString」の部分をクリックして、別の場所にドラッグアンドドロップしてください。

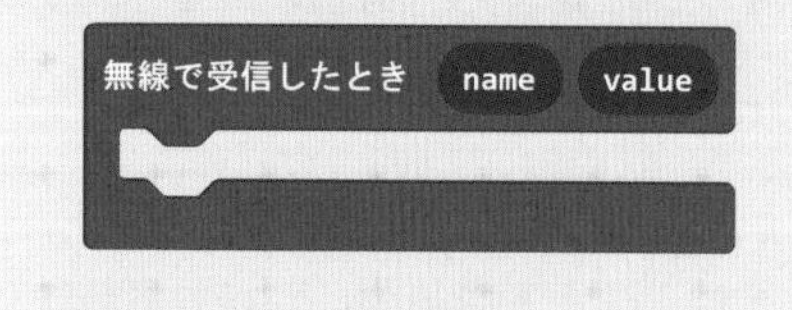

この中に入れた内容は、キーワードと数値の組み合わせを無線で受信したときに実行されます。受信したキーワードと数値は、それぞれこの中に入れた内容だけで使える「name」と「value」という名前の変数に入ります。これらの変数は、ツールボックスの「変数」には現れません。これらの変数を使うには、このブロックに表示されている「name」と「value」の部分をクリックして、別の場所にドラッグアンドドロップしてください。

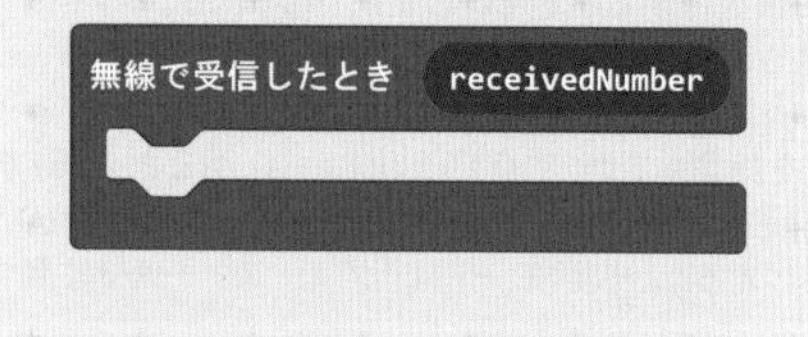

この中に入れた内容は、数値を無線で受信したときに実行されます。受信した数値は、この中に入れた内容だけで使える「receivedNumber」という名前の変数に入ります。この変数は、ツールボックスの「変数」には現れません。この変数を使うには、このブロックに表示されている「receivedNumber」の部分をクリックして、別の場所にドラッグアンドドロップしてください。

受信したパケットの 信号強度 ▾

受信したパケットの「信号強度」「時刻」「シリアル番号」のいずれかを返します。「信号強度」を選んだ場合は、パケットを受信した際の電波の強さをdBm（デシベルミリワット）の数値で返します（マイナスの値が大きいほど弱い）。この値は、－42から－128dBmの範囲であると想定されます。「時刻」を選んだ場合は、送信側のmicro:bitがパケットを送信した瞬間の、送信側のmicro:bitで電源が入ってからもしくはリセットボタンが押されてから経過した時間を、ミリ秒単位の数値で返します。「シリアル番号」を選んだ場合は、送信側のmicro:bitのシリアル番号を返します。シリアル番号とは、micro:bitの個体ごとに割りふられた番号です。

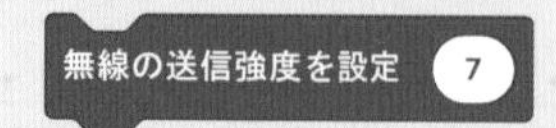

無線の送信強度を設定します。強度は0～7の間の数値で設定でき、0が最も弱く、7が最も強いです。弱くすると電波が遠くまで届かなくなり、強くするとより遠くまで届くようになります。このブロックをまだ実行していない初期状態では6です。教室などでたくさんの人がそれぞれの工作や実験をする場合には、送信強度を弱めにするといいでしょう。

無線でデータを送信するときに、同時にmicro:bitのシリアル番号を送信するかどうかを設定します。「真」なら、シリアル番号を送信します。「偽」なら、シリアル番号を送信しません。シリアル番号とは、micro:bitの個体ごとに割りふられた番号です。

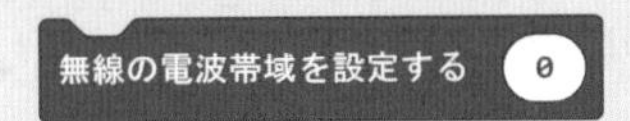

無線で使う周波数帯を設定します。送信側と受信側とで同じ番号の周波数帯を使っている必要があります。送信側と受信側とで周波数帯がちがうと通信ができません。通常はこのブロックを使う必要はありません。まわりに、micro:bitまたはその他の電波を使う装置がたくさんあって通信がうまくいかない場合、周波数帯を変えると通信がうまくいくようになる可能性があります。周波数帯は0から83まであり、このブロックをまだ実行していない初期状態では7です。

ボタンが押された、端子に信号が届いた、といった、micro:bitのマイコンボードで起きたできごとは、「イベント」というデータとして処理されています。このブロックは、ほかのmicro:bitにイベントを送信します。受信したmicro:bitでは、受信したイベントに相当するできごとが実際に起きたかのように処理します。発生源とは、micro:bitのマイコンボードにある入力装置やセンサーです。「MICROBIT_ID_BUTTON_A」と書いてあるプルダウンメニューから選んでください。値は、発生したできごとの種類を示します。「MICROBIT_EVT_ANY」と書いてあるプルダウンメニューから選んでください。

C ループブロック

ブロックの形	機能
	この中に入れた内容を、指定された回数だけくりかえして実行します。
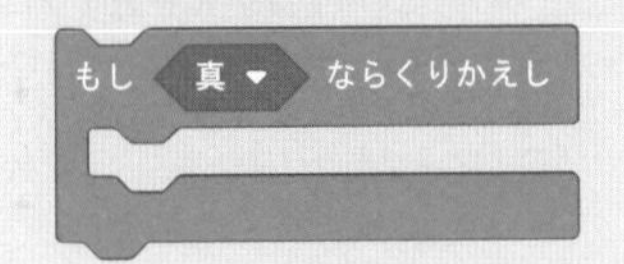	この中に入れた内容を、「真」の部分が実際に真である場合にかぎって、くりかえして実行します。「真」の部分は、ほかのブロックが組み合わせてあるように見えますが、取り外すことはできません。真偽値を返すブロックを入れることができます。

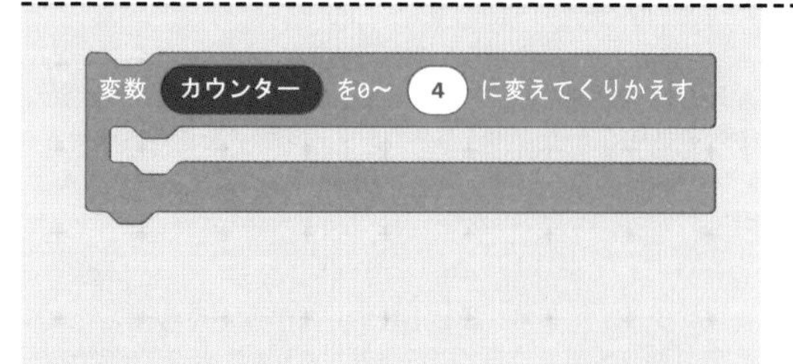

指定した変数の値を、0から終わりの値まで1ずつ変えながら、この中に入れた内容をくりかえして実行します。「カウンター」の部分には、この1ずつ変化する値を入れる変数を指定してください。この部分は、ほかのブロックが組み合わせてあるように見えますが、取り外すことはできません。変数を入れることができます。「4」の部分には終わりの値を入れてください。終わりの値がマイナスの値なら、内容は実行されません。たとえば、終わりの値を2とした場合は、変数の値を0、1、2と変えながら、合計3回くりかえします。

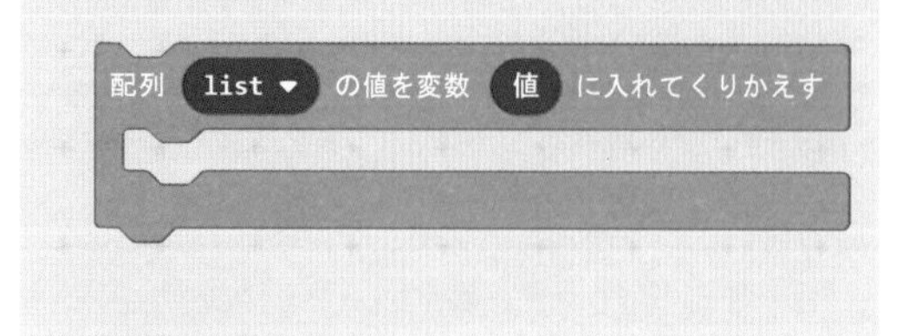

この中に入れた内容をくりかえして実行します。実行する際には、配列に入っている値を先頭から順に1つずつ読み出し、この値を変数に入れます。「list」と「値」の部分は、ほかのブロックが組み合わせてあるように見えますが、取り外すことはできません。「list」の部分には、対象とする配列が入っている変数を指定してください。「値」の部分には、配列から読み出した値を入れる変数を指定してください。

くりかえしを終わる

くりかえしのとちゅうで終わりにします。このくりかえしの外側の次のブロックの実行に進みます。くりかえしの中にくりかえしがあって、その中でこのブロックを実行した場合、最も内側のくりかえしの外側の次のブロックの実行に進みます。

くりかえしの先頭に行く

くりかえしの中の内容の実行をとちゅうでやめて、このくりかえしの次の回に進みます。くりかえしの中にくりかえしがあって、その中でこのブロックを実行した場合、最も内側のくりかえしの次の回に進みます。

論理ブロック

条件判断

ブロックの形

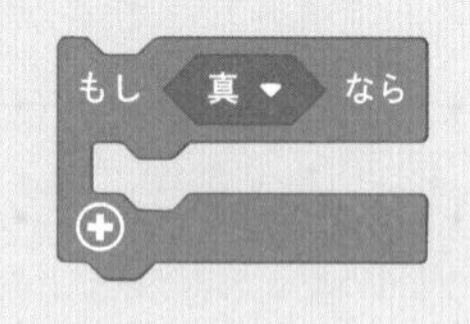

「真」の部分の値が実際に真である場合にだけ、この中に入れた内容を実行します。「真」の部分には、何かを調べて真偽値を返すブロックを入れて使ってください。「⊕」マークをクリックすると、「でなければ」や「でなければもし」を追加することができます。「でなければ」や「でなければもし」があるときに「⊖」マークをクリックすると、それらを減らすことができます。

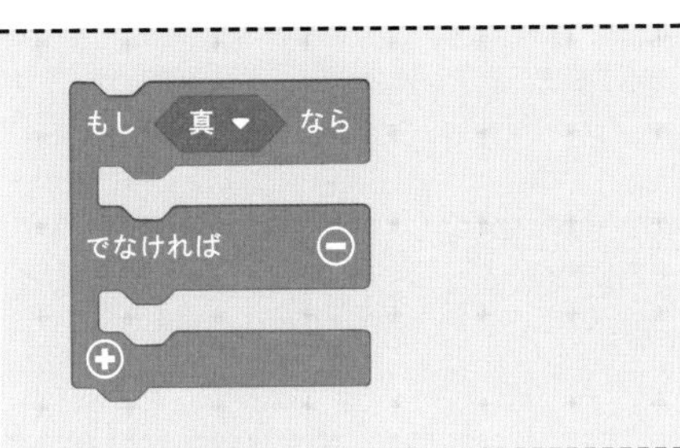

「真」の部分の値が真である場合には、最初のかたまりの内容を実行します。「真」の部分が偽である場合には、2番目のかたまりの内容を実行します。「真」の部分には、何かを調べて真偽値を返すブロックを入れて使ってください。⊕⊖マークをクリックすると、「でなければ」や「でなければもし」を増やしたり減らしたりすることができます。

くらべる

ブロックの形	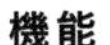機能
	左の値と右の値が等しい場合に真を、そうでない場合には偽を返します。左右の値は、どちらも数値である必要があります。「＝」の部分をクリックすると、判断の条件を「≠（異なる）」「＜（より小さい）」「≦（以下）」「＞（より大きい）」「≧（以上）」に変えることができます。
	左の値が、右の値より小さい場合に真を、そうでない場合には偽を返します。左右の値は、どちらも数値である必要があります。「＜」の部分をクリックすると、判断の条件を「＝（等しい）」「≠（異なる）」「≦（以下）」「＞（より大きい）」「≧（以上）」に変えることができます。
	左の文字列と右の文字列が等しければ真、そうでなければ偽を返します。「＝」の部分をクリックすると、判断の条件を「≠（異なる）」「＜（より小さい）」「≦（以下）」「＞（より大きい）」「≧（以上）」に変えることができます。文字列の「大きい」「小さい」は、文字コードにもとづいて、辞書の順番で考えます。辞書の順番で後ろであるほど「大きい」と考えます。

真偽値

ブロックの形	機能
	左右の値がどちらも真である場合に真を、そうでない場合には偽を返します。左右の値は、どちらも真偽値である必要があります。「かつ」の部分をクリックすると、「または」に変えることができます。
	左右の値のどちらかが真である場合に真を、そうでない場合には偽を返します。左右の値は、どちらも真偽値である必要があります。「または」の部分をクリックすると、「かつ」に変えることができます。
	指定された値が真なら偽を、偽なら真を返します。指定する値は、真偽値である必要があります。

真 ▾	真偽値の真の値を返します。
偽 ▾	真偽値の偽の値を返します。

変数ブロック

ブロックの形	機能
変数を追加する...	このプログラムで使う変数を追加することができます。このボタンをクリックしてから、新しく追加したい変数の名前を入力してください。
変数 ▾	この変数の値を返します。「変数を追加する…」ボタンで変数を追加すると、その変数のブロックがツールボックスに現れます。また、変数が元から入っているブロックを使うと、その変数がツールボックスに現れます。
変数 変数 ▾ を 0 にする	変数に値を入れます。このプログラムで変数がひとつも使われていない場合には、このブロックはありません。「変数」の部分をクリックすると、このプログラムで使えるほかの変数に変えることができます。「0」の部分には、変数に入れたい値を入れてください。この値には、数値だけでなく、文字列、真偽値、配列も使えます。
変数 変数 ▾ を 1 だけ増やす	変数の値を、指定された数値だけ増やします。このプログラムで変数がひとつも使われていない場合には、このブロックはありません。この変数には、数値が入っている必要があります。「1」の部分には、増やしたい数値を指定してください。この値がマイナスの値である場合には、変数の値は減ります。

計算ブロック

ブロックの形	機能
0 + ▾ 0	左右の値を足した結果の値を返します。左右の値は、どちらも数値である必要があります。「+」の部分をクリックすると、計算の方法を「−」「×」「÷」「べき乗」に変えることができます。

ブロック	説明
0 − ▾ 0	左の値から右の値を引いた結果の値を返します。左右の値は、どちらも数値である必要があります。「−」の部分をクリックすると、計算の方法を「＋」「×」「÷」「べき乗」に変えることができます。
0 × ▾ 0	左右の値をかけた結果の値を返します。左右の値は、どちらも数値である必要があります。「×」の部分をクリックすると、計算の方法を「＋」「−」「÷」「べき乗」に変えることができます。
0 ÷ ▾ 0	左の値を右の値で割った結果の値を返します。左右の値は、どちらも数値である必要があります。「÷」の部分をクリックすると、計算の方法を「＋」「−」「×」「べき乗」に変えることができます。
0 べき乗 ▾ 0（このブロックはツールボックスにはありません。上記4つのどれかのブロックをプログラミングエリアに置いてから、「＋」「−」「×」「÷」の部分をクリックして、「べき乗」に変更してください。）	左の値を、右の値の回数だけかけ合わせた結果の値を返します。これを「べき乗」と呼びます。左右の値は、どちらも数値である必要があります。
0	数値を返します。「0」の部分には、好きな数値（整数、小数、浮動小数点数）を入力して使ってください。
0 を 1 で割ったあまり	左の値を右の値で割ったあまりの値を返します。左右の値は、どちらも数値である必要があります。
0 と 0 のうち 小さい方 ▾	左右の値を比べて、小さい方の値を返します。「小さい方」の部分をクリックすると、「大きい方」に変更することができます。左右の値は、どちらも数値である必要があります。
0 と 0 のうち 大きい方 ▾	左右の値を比べて、大きい方の値を返します。「大きい方」の部分をクリックすると、「小さい方」に変更することができます。左右の値は、どちらも数値である必要があります。
0 の絶対値	指定された値がプラスの値なら同じ値を、マイナスの値ならマイナスを取ってプラスに変えたあとの値を返します。
平方根 ▾ 0	指定された値の平方根の値を返します。この値は数値である必要があります。「平方根」の部分をクリックすると、「sin」「cos」「tan」「atan2」「整数の÷」「整数の×」に変えることができます。

	ブロック	説明
このブロックはツールボックスにはありません。「平方根」のブロックをプログラミングエリアに置いてから、「平方根」の部分をクリックして、変更してください。	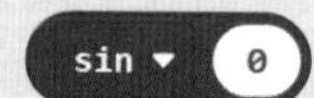	指定された値をラジアンとして、sin (サイン) の値を返します。指定する値は数値である必要があります。
	cos ▾ 0	指定された値をラジアンとして、cos(コサイン)の値を返します。指定する値は数値であることが必要です。
	tan ▾ 0	指定された値をラジアンとして、tan (タンジェント) の値を返します。指定する値は数値である必要があります。
	atan2 ▾ 0 0	tan (タンジェント) の値が、1つ目の値÷2つめの値になるような角度をラジアンの値で返します。2つの値は、いずれも数値である必要があります。 この計算は、XY座標の平面の上に、1つ目の値＝Y、2つ目の値＝Xとなるような点を書いたとき、原点からこの点に向かう直線と、X軸との間の角度とも説明できます。返される値の範囲は、円周率をπとしたとき、－π～πです。atanは「アーク・タンジェント」と読み、tan (タンジェント)の逆関数という意味です。atan2の「2」は、2つの値を指定するという意味です。atanもatan2も数学的な表記ではなく、プログラミングの分野でよく使われる表記です。
	0 整数の÷ ▾ 0	左の値の小数点以下を切り捨てた値を、右の値の小数点以下を切り捨てた値で割って、さらに小数点以下を切り捨てた値を返します。左右の値は、どちらも数値である必要があります。
	0 整数の× ▾ 0	左の値と右の値を、小数点以下を切り捨ててからかけた結果の値を返します。左右の値は、どちらも数値である必要があります。

ブロック	説明
小数点以下四捨五入 ▾ 0	指定された値の小数点以下を四捨五入した結果の値を返します。指定する値は数値である必要があります。

	ブロック	説明
このブロックはツールボックスにはありません。「(小数点以下四捨五入) (0)」のブロックをプログラミングエリアに置いてから、「小数点以下四捨五入」の部分をクリックして、変更してください。	小数点以下切り上げ (ceiling) ▾ 0	指定された値の小数点以下を切り上げた結果の値を返します。指定する値は数値である必要があります。「ceiling」とは天井という意味です。
	小数点以下切り下げ (floor) ▾ 0	指定された値の小数点以下を切り下げた結果の値を返します。指定する値は数値である必要があります。「floor」とは床という意味です。

このブロックは、ツールボックスにはありません。「小数点以下四捨五入」のブロックをプログラミングエリアに置いてから、「小数点以下四捨五入」の部分をクリックして、変更してください。	小数点以下切り捨て (truncate) ▾ 0	指定された値の小数点以下を切り捨てた結果の値を返します。指定する値は数値である必要があります。プラスの数値を指定した場合は「小数点以下切り下げ (floor) (0)」と同じ結果になります。マイナスの数値を指定した場合は「小数点以下切り上げ (ceiling) (0)」と同じ結果になります。

0 から 10 までの乱数	指定された左の値と右の値の間の整数のうち、どれかをランダムに選んで返します。返される値は、指定された左右の値であることもありえます（これを両端をふくむといいます）。
0 を 0 以上 0 以下の範囲に制限	指定された値を、一定の範囲から出ないように制限します。指定することのできる3個の値を左から順にx、a、bとしたとき、xがaよりも小さければaを返し、xがbよりも大きければbを返し、それ以外の場合にはxを返します。通常の使い方では、xには変数を指定し、aとbには数値を直接入力して指定します。指定する値は、いずれも数値である必要があります。

数値をマップする 0 元の下限 0 元の上限 1023 結果の下限 0 結果の上限 4

ある範囲の数値を、別の範囲に変換します。指定することのできる5個の値を左から順にx、a、b、c、dとしたとき、a〜bの範囲の値がc〜dの範囲の値に変換されるように、xを変換して返します。つまり、xがaと等しい場合にはcを返し、xがbと等しい場合にはdを返し、それ以外の値である場合には比例的に決まる値を返します。なお、xがa〜bの範囲をはずれていても問題なく、比例的に決まる値を返します。指定する値は、いずれも数値である必要があります。

ランダムに真か偽に決める	真か偽をランダムに決めて返します。

高度なブロック→ 関数

ブロックの形	機能
関数を作成する...	関数を作成するときに使うボタンです。このボタンをクリックしてから、関数の名前、関数に指定するパラメーターを設定してください。

ブロックの形	機能
戻る (0) ⊖	関数の中で使います。関数をこの時点で終わって、呼び出し元に値を返します。このプログラムで関数がひとつも使われていない場合には、このブロックはありません。「0」の部分には、呼び出し元に返したい値を入れてください。この値には、数値だけでなく、文字列、真偽値、配列も使えます。⊖マークをクリックすると、「戻る」のブロックに変わります。
戻る ⊕	関数の中で使います。関数をこの時点で終わって呼び出し元に戻ります。このプログラムで関数がひとつも使われていない場合には、このブロックはありません。⊕マークをクリックすると、「戻る (0)」のブロックに変わります。
呼び出し 関数	ユーザー、つまりあなたが定義した関数を呼び出します。このブロックで呼び出した場合は、関数から戻ってきた値は使わずに捨てます。このプログラムで使われている関数それぞれに対して、このブロックが現れます。「関数」の部分は、関数ごとにちがいます。
呼び出し 関数	関数から戻ってきた値を返します。このプログラムで使われている関数のうち「戻る (0)」を使っている関数それぞれに対して、このブロックが現れます。「関数」の部分は、関数ごとにちがいます。

高度なブロック→配列

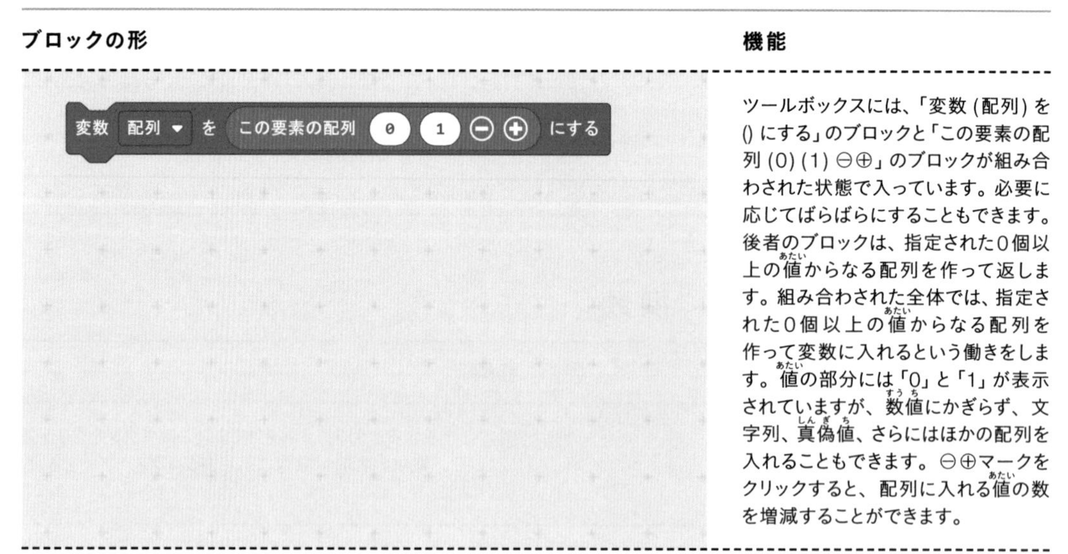

ブロックの形	機能
変数 (配列) を (この要素の配列 (0) (1) ⊖⊕) にする	ツールボックスには、「変数 (配列) を () にする」のブロックと「この要素の配列 (0) (1) ⊖⊕」のブロックが組み合わされた状態で入っています。必要に応じてばらばらにすることもできます。後者のブロックは、指定された0個以上の値からなる配列を作って返します。組み合わされた全体では、指定された0個以上の値からなる配列を作って変数に入れるという働きをします。値の部分には「0」と「1」が表示されていますが、数値にかぎらず、文字列、真偽値、さらにはほかの配列を入れることもできます。⊖⊕マークをクリックすると、配列に入れる値の数を増減することができます。

ツールボックスには、「変数 (文字列の配列) を () にする」のブロックと「この要素の配列 ("a") ("b") ("c") ⊖⊕」のブロックが組み合わされた状態で入っています。必要に応じてばらばらにすることもできます。後者のブロックは、指定された0個以上の文字列からなる配列を作って返します。組み合わされた全体では、指定された0個以上の文字列からなる配列を作って変数に入れるという働きをします。値の部分には「"a"」「"b"」「"c"」が表示されていますが、文字列にかぎらず、数値、真偽値、さらにはほかの配列を入れることもできます。⊖⊕マークをクリックすると、配列に入れる値の数を増減することができます。

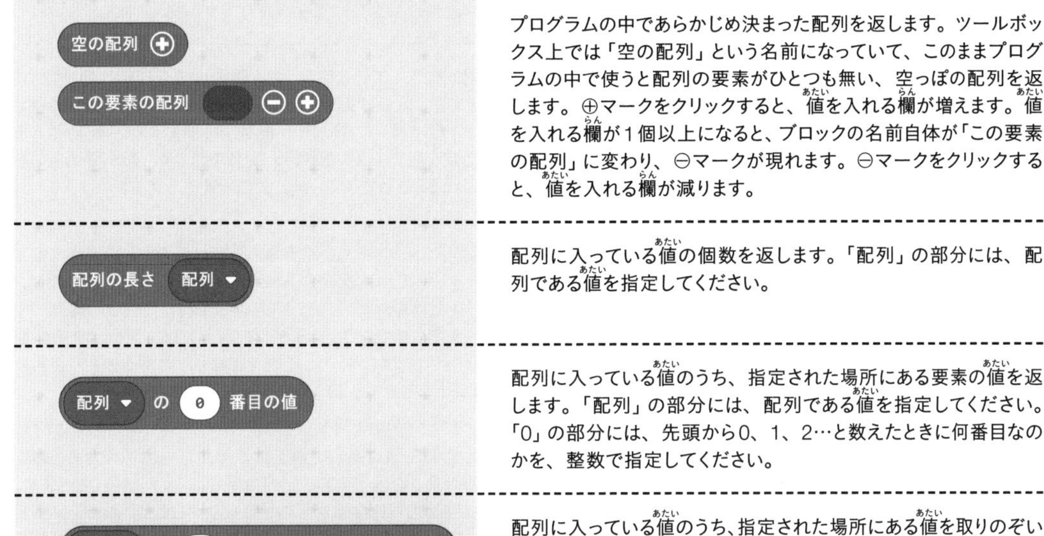

プログラムの中であらかじめ決まった配列を返します。ツールボックス上では「空の配列」という名前になっていて、このままプログラムの中で使うと配列の要素がひとつも無い、空っぽの配列を返します。⊕マークをクリックすると、値を入れる欄が増えます。値を入れる欄が1個以上になると、ブロックの名前自体が「この要素の配列」に変わり、⊖マークが現れます。⊖マークをクリックすると、値を入れる欄が減ります。

配列に入っている値の個数を返します。「配列」の部分には、配列である値を指定してください。

配列に入っている値のうち、指定された場所にある要素の値を返します。「配列」の部分には、配列である値を指定してください。「0」の部分には、先頭から0、1、2…と数えたときに何番目なのかを、整数で指定してください。

配列 ▾ の 0 番目の値を返して取り除く

配列に入っている値のうち、指定された場所にある値を取りのぞいて、この値を返します。この値は配列から取りのぞかれるので、配列の長さは1だけ短くなります。もともとこの場所以降にあった値はすべて前にずれます。「配列」の部分には、配列である変数を指定してください。変数ではなく、配列そのものを入れることもできてしまいますが少し無意味です。「0」の部分には、先頭から0、1、2…と数えたときに何番目であるかを、整数で指定してください。

配列 ▾ の最後の値を返して取り除く

配列に入っている値のうち、最後の値を取りのぞいて、その値を返します。この値は配列から取りのぞかれるので、配列の長さは1だけ短くなります。「配列」の部分には、配列である変数を指定してください。変数ではなく、配列そのものを入れることもできてしまいますが少し無意味です。

配列 ▾ の最初の値を返して取り除く

配列に入っている値のうち、最初の値を取りのぞいて、その値を返します。この値は配列から取りのぞかれるので、配列の長さは1だけ短くなります。取りのぞかれずに残った値は、すべて前にずれます。「配列」の部分には、配列である変数を指定してください。変数ではなく、配列そのものを入れることもできてしまいますが少し無意味です。

配列 ▾ の 0 番目の値を ( ) にする

配列に入っている値のうち、指定された場所にある値を、別の値に変えます。「配列」の部分には、配列である変数を指定してください。変数ではなく、配列そのものを入れることもできてしまいますが無意味です。「0」の部分には、先頭から0、1、2…と数えたときに何番目なのかを、整数で指定してください。空欄の部分には、指定された場所に入れたい値を指定してください。

配列 ▾ の最後に ( ) を追加する

配列の最後に、新しい値を付け加えます。配列の長さは、1だけ長くなります。「配列」の部分には、配列である変数を指定してください。変数ではなく、配列そのものを入れることもできてしまいますが無意味です。空欄の部分には、付け加えたい値を指定してください。

配列 ▾ から最後の値を取り除く

配列に入っている値のうち、最後の値を取りのぞいて捨てます。この値は配列から取りのぞかれるので、配列の長さは1だけ短くなります。「配列」の部分には、配列である変数を指定してください。変数ではなく、配列そのものを入れることもできてしまいますが無意味です。

配列 ▾ から最初の値を取り除く

配列に入っている値のうち、最初の値を取りのぞいて捨てます。この値は配列から取りのぞかれるので、配列の長さは1だけ短くなります。取りのぞかれずに残った値は、すべて前にずれます。「配列」の部分には、配列である変数を指定してください。変数ではなく、配列そのものを入れることもできてしまいますが無意味です。

配列 ▾ の先頭に ( ) を挿入する

配列の先頭に新しい値を付け加え、付け加えたあとの配列の長さを返します。配列の長さは、1だけ長くなります。付け加えられた値が0番目になり、もともと入っていた値はすべて後ろにずれます。「配列」の部分には、配列である変数を指定してください。変数ではなく、配列そのものを入れることもできてしまいますが少し無意味です。空欄の部分には、挿入したい値を指定してください。

配列 ▾ の先頭に ( ) を挿入する

配列の先頭に新しい値を付け加えます。配列の長さは、1だけ長くなります。付け加えられた値が0番目になり、もともと入っていた値はすべて後ろにずれます。「配列」の部分には、配列である変数を指定してください。変数ではなく、配列そのものを入れることもできてしまいますが無意味です。空欄の部分には、挿入したい値を指定してください。

配列の中の指定された場所に、新しい値を付け加えます。配列の長さは、1だけ長くなります。値を付け加えた場所よりも後ろにもともと入っていた値は、すべて後ろにずれます。「配列」の部分には、配列である変数を指定してください。変数ではなく、配列そのものを入れることもできてしまいますが無意味です。「0」の部分には、新しい値を付け加える場所が、先頭から0、1、2…と数えたときに何番目であるかを、整数で指定してください。空欄の部分には、挿入したい値を指定してください。

配列に入っている値のうち、指定された場所にある値を取りのぞいて捨てます。この値は配列から取りのぞかれるので、配列の長さは1だけ短くなります。もともとこの場所以降にあった値はすべて前にずれます。「配列」の部分には、配列である変数を指定してください。変数ではなく、配列そのものを入れることもできてしまいますが無意味です。「0」の部分には、先頭から0、1、2…と数えたときに何番目であるかを、整数で指定してください。

配列の中で、指定された値を先頭から順にさがして、先頭から何番目で見つかったかを整数の値で返します。先頭から0、1、2…と数えます。見つからなかった場合は「-1」を返します。指定されたのと同じ値が2個以上あったとしても、先頭に近い方の値の場所だけを返します。「配列」の部分には、配列である値を指定してください。

配列に入っている値の並び順を、逆の順番に変えます。「配列」の部分には、配列である変数を指定してください。変数ではなく、配列そのものを入れることもできてしまいますが無意味です。

高度なブロック→ 文字列

ブロックの形 / **機能**

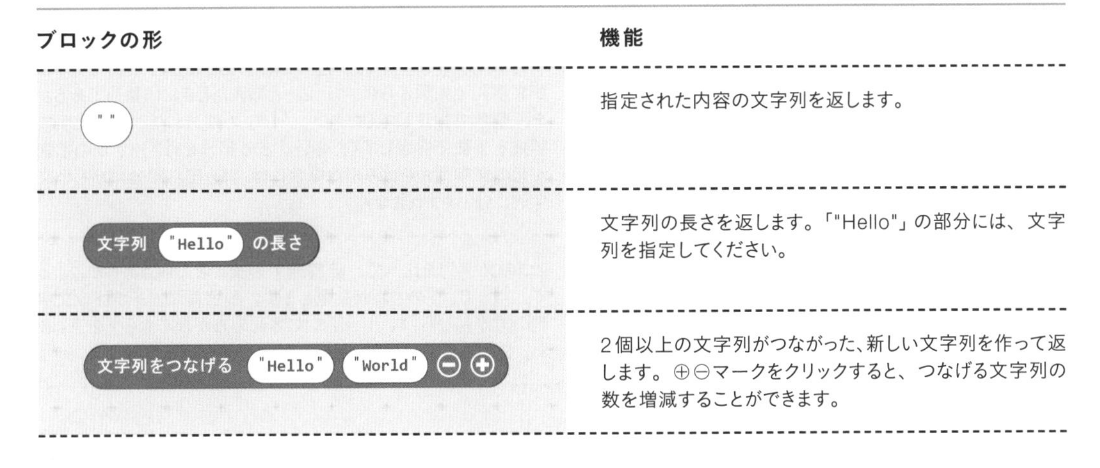

指定された内容の文字列を返します。

文字列の長さを返します。「"Hello"」の部分には、文字列を指定してください。

2個以上の文字列がつながった、新しい文字列を作って返します。⊕⊖マークをクリックすると、つなげる文字列の数を増減することができます。

ブロック	説明
文字列 "123" を数値に変換する	文字列が、数値を文字で表現したものだとして、読み取って数値に変換して返します。文字列が表す数値として有効なのは、整数、小数、浮動小数点数(たとえば「1e10」)です。マイナスの値も使えます。
"this" を " " で分割	1つ目の文字列の中で、2つ目の文字列と同じ文字の並びをさがして、見つかった場所で1つ目の文字列を分割した結果を配列に入れて返します。この配列には、2つ目の文字列と同じ文字の並びは含まれません。 2つ目の文字列は1文字とは限定されていないことに注意してください。2つ目の文字列と同じ文字の並びが見つからなかった場合は、1つ目の文字列だけが入った、長さが1の配列を返します。2つ目の文字列と同じ文字の並びが、1つ目の文字列の先頭や最後で見つかった場合は、結果の配列のその部分は空っぽの文字列になります。2つ目の文字列が空っぽの文字列の場合は、1つ目の文字列を1文字ずつに分割した結果を配列に入れて返します。
"this" が " " を含む	1つ目の文字列の中に、2つ目の文字列と同じ文字の並びがあれば真、そうでなければ偽を返します。2つ目の文字列は1文字とは限定されていないことに注意してください。
"this" の中で " " が見つかった場所	1つ目の文字列の中で、2つ目の文字列と同じ文字の並びを先頭から順にさがして、先頭から何文字目で見つかったかを整数の値で返します。先頭から0、1、2…と数えます。見つからなかった場合は「-1」を返します。2つ目と同じ文字の並びが2個以上あったとしても、先頭に近い方の並びについてのみ返します。2つ目の文字列は1文字とは限定されていないことに注意してください。
"this" が空	指定された文字列が空っぽであれば真、そうでなければ偽を返します。
文字列 "this" の 0 番目から 10 文字	文字列の一部分をぬき出して、新しい文字列として返します。「"this"」の部分には、元の文字列を指定してください。元の文字列は変更されません。「0」の部分には、ぬき出す場所の先頭が文字列の先頭から0、1、2…と数えたときに何番目であるかを、整数で指定してください。「10」の部分には、ぬき出す文字数を整数で指定してください。どの部分をぬき出すかの指定が元の文字列からはみ出た場合には、はみ出た部分は新しい文字列にはふくまれません。
文字列を比べる "this" と " "	2つの文字列を比べて、辞書順で前後のどちらであるかによって、-1、0、1のどれかを返します。辞書順で、1つ目の文字列の方が前なら-1、1つ目の文字列の方が後ろなら1を返します。2つの文字列がまったく同じなら、0を返します。

文字列 "this" の 0 番目の文字	文字列の中から1文字をぬき出して、新しい文字列として返します。「"this"」の部分には、元の文字列を指定してください。元の文字列は変更されません。「0」の部分には、ぬき出す場所が文字列の先頭から0、1、2…と数えたときに何番目であるかを、整数で指定してください。どの部分をぬき出すかの指定が元の文字列からはみ出た場合には、空からの文字列を返します。
数値 0 を文字列に変換する	指定された数値を表す文字列を返します。たとえば、指定された数値が1.23だった場合、「1.23」という文字列を返します。
文字コード 0 の文字	指定された文字コードに相当する文字を1個だけふくむ文字列を返します。文字コードとは、A、B、Cといった文字にそれぞれ付けられた番号です。番号の付け方にはいろいろな方法がありますが、ここでは「ASCIIコード(アスキーコード)」という方法を使います。ASCIIコードでは、文字コードは0から127の範囲ですが、表示できない文字もたくさんふくまれています。たとえば、48は「0」、49は「1」、65は「A」、66は「B」です。

高度なブロック→ゲーム

ブロックの形	機能
スプライトを作成 X: 2 Y: 2	スプライトを作成して返します。このスプライトの最初の位置を、X軸、Y軸それぞれ0～4の範囲の値で指定してください。スプライトとは、LED1個の大きさで、5×5個のLED画面のどこかにいることのできる生き物だと考えてください。個々のスプライトには45°単位の進行方向があり、プログラムで指示して動かすことができます。LED画面の上で、同時に複数個を扱えます。スプライトを作成すると、LED画面にすぐに表示されます。
スプライト ▾ を削除	スプライトを削除します。LED画面から、指定されたスプライトが消えます。「スプライト」の部分には、スプライトを指定してください。
スプライト ▾ が削除済み	指定されたスプライトが削除済みなら真、そうでなければ偽を返します。
スプライト ▾ を 1 ドット進める	スプライトを、現在の進行方向に動かします。動かした結果、LED画面の範囲からはみ出る場合には、LED画面の範囲にもどります。「スプライト」の部分には、スプライトを指定してください。「1」の部分には、動かしたいドット数を入れてください。

ブロック	説明
スプライト ▾ 方向転換 右 ▾ に 45 °	スプライトの進行方向を、右または左に、指定された角度だけ変えます。スプライトには進行方向があり、LED画面の上方向が0°で、45°単位で右回りに増えます。「スプライト」の部分には、スプライトを指定してください。「右」の部分をクリックすると、右または左を選ぶことができます。「45」の部分には、角度を指定してください。どんな値を入れても、45°の整数倍に切り捨てられます。
スプライト ▾ の X ▾ を 1 だけ増やす	スプライトの持ついろいろな値を、指定された値だけ増やします。マイナスの値なら、その値だけ減らします。「X」の部分をクリックすると、どの値を変えるのかを「X」「Y」「方向」「明るさ」「点滅」の5種類から選べます。「X」と「Y」は、LED画面の上の位置のX軸とY軸の値です(0〜4)。「方向」は、進行方向の角度です。どんな値を入れても、45°の整数倍に切り捨てられます。「明るさ」は、このスプライトのLEDを光らせる明るさです(0〜255)。「点滅」は、点灯または消灯している時間(ミリ秒)です(0なら、ずっと点灯)。「スプライト」の部分には、スプライトを指定してください。
スプライト ▾ の X ▾ に 0 を設定する	スプライトの持ついろいろな値を、指定された値に変えます。「X」の部分をクリックすると、どの値を変えるのかを「X」「Y」「方向」「明るさ」「点滅」の5種類から選べます。「X」と「Y」は、LED画面の上の位置のX軸とY軸の値です(0〜4)。「方向」は、進行方向の角度です。「明るさ」は、このスプライトのLEDを光らせる明るさです(0〜255)。「点滅」は、点灯または消灯している時間(ミリ秒)です(0なら、ずっと点灯)。「スプライト」の部分には、スプライトを指定してください。
スプライト ▾ の X ▾	スプライトの持ついろいろな値を返します。「X」の部分をクリックすると、どの値を返すのかを「X」「Y」「方向」「明るさ」「点滅」の5種類から選べます。「スプライト」の部分には、スプライトを指定してください。
スプライト ▾ が他のスプライト ◆ にさわっている	2つのスプライトが同じ位置にあるかどうかを調べて、同じ位置にあるなら真、そうでなければ偽を返します。「スプライト」の部分と、その右の空欄の部分には、スプライトを指定してください。
スプライト ▾ が端にある	スプライトがLED画面の端にあるかどうかを調べて、端にあるなら真、そうでなければ偽を返します。「スプライト」の部分には、スプライトを指定してください。
スプライト ▾ が端にあれば反射させる	スプライトがLED画面の端にあり、進行方向がLED画面の外側に向かっているならば、進行方向を反対方向に変えます。LED画面の端に壁があって、壁ではね返るボールのような動きをさせます。「スプライト」の部分には、スプライトを指定してください。

ブロック	説明
ライフ数を (0) だけ減らす	ライフ数を減らします。「0」の部分には、ライフ数から減らしたい数値を指定してください。ライフ数は、プログラムがはじまった直後は3です。ライフ数を減らしたことによって、ライフ数が0またはマイナスの値になると、ゲームオーバーになります。ゲームオーバーについては、「ゲームオーバーにする」のブロックを参照してください。
ライフ数を (0) だけ増やす	ライフ数を増やします。「0」の部分には、ライフ数に加えたい数値を指定してください。ライフ数は、プログラムがはじまった直後は3です。
ライフ数を (0) にする	ライフ数を設定します。「0」の部分には、ライフ数に設定したい数値を指定してください。0またはマイナスの値を指定すると、ゲームオーバーになります。ゲームオーバーについては、「ゲームオーバーにする」のブロックを参照してください。
点数を (0) にする	ゲームの点数を、指定された数値に変えます。
点数を (1) だけ増やす	ゲームの点数を、指定された数値だけ増やします。また、ちょっとした短いアニメーションを表示します。マイナスの値が指定された場合は、点数を減らします。
カウントダウンを開始（ミリ秒） (10000)	このブロックを実行してから、指定された時間が経過したら、自動的にゲームオーバーにするように設定します。決まった時間のうちに何かをするようなゲームを作る場合に便利です。
点数	現在の点数を返します。
ゲームオーバーにする	ゲームオーバーにします。プログラムの動きを停止し、ちょっとしたアニメーションを表示したあと、「GAME OVER」と「SCORE」に続いて点数の表示をくりかえします。プログラムを再開するには、リセットボタンを押す必要があります。
ゲームオーバーである	ゲームを開始していて、すでにゲームオーバーであれば真、そうでなければ偽を返します。一度でもスプライトを作成すると、ゲームを開始した状態になります。
一時停止中である	ゲームを開始していて、一時停止中であれば真、そうでなければ偽を返します。一度でもスプライトを作成すると、ゲームを開始した状態になります。

ブロックの形	機能
ゲーム中である	ゲームを開始していて、一時停止中ではなく、ゲームオーバーでもなければ真、そうでなければ偽を返します。一度でもスプライトを作成すると、ゲームを開始した状態になります。
再開する	一時停止していたゲームを再開させます。
一時停止する	ゲームを一時停止させます。一時停止している間、LED画面にほかの内容を表示することができます。

高度なブロック→画像

ブロックの形	機能
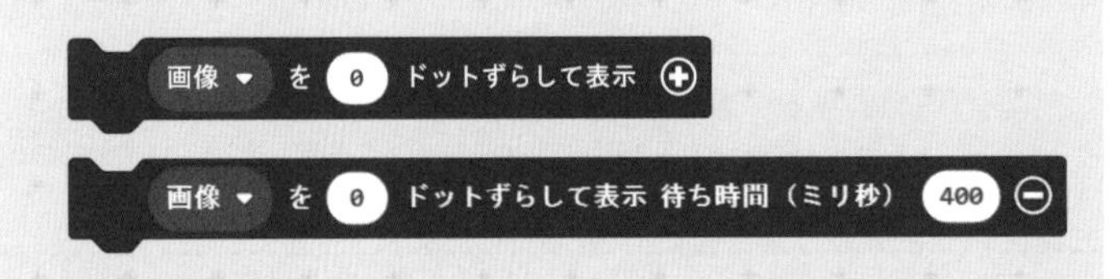 	LED画面に画像を表示します。「画像」の部分には、画像を指定してください。「0」の部分には、画像のうち何列目から右側を表示するのかを指定してください。0なら画像の左端から右側が表示されます。⊕マークをクリックすると、ブロックの後半に「待ち時間（ミリ秒 (400) ⊖」という部分が増えます。こうすると、画像を表示したあとに、指定した時間だけ待ってから次のブロックに進みます。「400」の部分には、待つ時間のミリ秒単位の数値を入れてください。⊖マークをクリックすると、「待ち時間（ミリ秒）(400) ⊖」の部分が無くなります。
 	LED画面に、画像を横スクロールさせながら表示します。「画像」の部分には、画像を指定してください。「1」の部分には、一度に何列だけスクロールするのかを指定してください。「200」の部分には、各画面表示の時間間隔をミリ秒単位で指定してください。
 	LED画面と同じ、5×5ドットの大きさの画像を作成して返します。作成された画像は変数に入れておくことができます。

	LED画面を横に2個つなげたのと同じ、10×5ドットの大きさの画像を作成して返します。作成された画像は変数に入れておくことができます。
矢印の画像 上向き ↑ ▼	矢印の画像を作成して返します。矢印の画像は、斜め方向をふくむ8種類から選べます。番号は、上向きが0で、右回りに1ずつ増えます。作成された画像は変数に入れておくことができます。
アイコンの画像 ▼	アイコンの画像を作成して返します。アイコンの画像は、40種類から選べます。作成された画像は変数に入れておくことができます。
上向き ↑ ▼	矢印の画像に対応づけられた番号を返します。矢印の画像は、斜め方向をふくむ8種類から選べます。番号は、上向きが0で、右回りに1ずつ増えます。この番号は、ツールボックスの「基本」にある「矢印を表示 (上向き↑)」ブロックで使えます。

高度なブロック→入出力端子

ブロックの形	機能
デジタルで読み取る 端子 P0 ▼	端子に届いている電圧をデジタル的に読み取り、0または1の数値として返します。「P0」の部分をクリックすると、端子を19種類から選べます。
デジタルで出力する 端子 P0 ▼ 値 0	端子に対して、デジタル的に電圧を出力します。「P0」の部分をクリックすると、端子を19種類から選べます。「0」の部分には、出力したい値を0または1の数値で指定してください。
アナログ値を読み取る 端子 P0 ▼	端子に届いている電圧をアナログ的に読み取り、0～1023の範囲の数値として返します。「P0」の部分をクリックすると、端子を「P0」「P1」「P2」「P3」「P4」「P10」の6種類から選べます。選択肢には合計19種類が表示されますが、上記の6種類以外はうまく動きません。
アナログで出力する 端子 P0 ▼ 値 1023	端子に対して、アナログ的に電圧を出力します。「P0」の部分をクリックすると、端子を19種類から選べます。「1023」の部分には、出力したい値を0～1023の範囲の数値で指定してください。

ある範囲の数値を、別の範囲に変換します。指定することのできる5個の値を左から順にx、a、b、c、dとしたとき、a〜bの範囲の値がc〜dの範囲の値に変換されるように、xを変換して返します。つまり、xがaと等しい場合にはcを返し、xがbと等しい場合にはdを返し、それ以外の値である場合には比例的に決まる値を返します。なお、xがa〜bの範囲をはずれていても問題なく、比例的に決まる値を返します。指定する値は、いずれも数値である必要があります。このブロックは、ツールボックスの「計算」の「数値をマップする (0) 元の下限 (0) 元の上限 (1023) 結果の下限 (0) 結果の上限 (4)」と全く同じです。

アナログ出力 パルス周期を設定する 端子 P0 ▾ 周期（マイクロ秒） 

アナログ出力で使用するPWMのパルス周期を設定します。「P0」の部分をクリックすると、端子を19種類から選べます。「20000」の部分には、パルスの周期をマイクロ秒で指定してください。事前に「アナログで出力する 端子 (P0) 値 (1023)」のブロックを実行することで、ここで使う端子をアナログ出力用に設定しておく必要があります。そうでない場合には、このブロックは機能しません。

サーボ 出力する 端子 P0 ▾ 角度 180

端子に対して、ラジコン用サーボモーターを動かすための信号を出力します。「P0」の部分をクリックすると、端子を19種類から選べます。「180」の部分には、サーボモーターの出力軸を向けたい角度を指定してください。

サーボ 設定する 端子 P0 ▾ パルス幅（マイクロ秒） 

端子に対して、ラジコン用サーボモーターを動かすための信号を出力します。「P0」の部分をクリックすると、端子を19種類から選べます。「1500」の部分には、PWMのパルス幅をマイクロ秒で指定してください。一般的なラジコン用サーボモーターでは、パルス幅が1500マイクロ秒なら90°、1000マイクロ秒なら0°、2000マイクロ秒なら180°になります。

音を鳴らす端子を P0 ▾ にする

音を鳴らす端子を決めます。内蔵スピーカーを使うか使わないかにかかわらず、音を鳴らす信号はいずれかの端子に出力されます。このブロックでは、音を鳴らす信号をどの端子に出力するのかを設定します。「P0」の部分をクリックすると、端子を19種類から選べます。このブロックで設定をしていない初期状態では、音を鳴らす端子はP0です。音を鳴らす端子を別の用途に使うと、この端子には音を鳴らす信号が出力されなくなります。

端子 P0 ▾ に 正パルス ▾ が入力されたとき

この中に入れた内容は、端子にパルスが入力されたときに実行されます。「P0」の部分をクリックすると、端子を19種類から選べます。「正パルス」の部分をクリックすると、正パルスと負パルスのどちらが入力されたときに実行されるのかを選ぶことができます。

受け取ったパルスの長さ（マイクロ秒）

受け取ったパルスの時間的な長さを、マイクロ秒の数値で返します。このブロックは、「端子 (P0) に (正パルス) が入力されたとき」のブロックの中で使ってください。それ以外の場所では、値には意味がありません。

パルスの長さを測る（マイクロ秒） 端子 P0 ▾ パルス 正パルス ▾

端子に届く電圧をデジタル的に読み取り、パルスが届くのを待ち、パルスの時間的な長さを測って、マイクロ秒の数値で返します。「P0」の部分をクリックすると、端子を19種類から選べます。「正パルス」の部分をクリックすると、正パルスと負パルスのどちらの長さを測るのかを選ぶことができます。

I2C 数値を読み取る アドレス 0 形式 Int8LE ▾ つづく 偽 ▾

I2Cバスを使って、外部に接続したセンサーなどのI2C対応機器から数値を読み取ります。「0」の部分には、I2C対応機器が接続されているI2Cアドレスを指定してください。「Int8LE」の部分をクリックすると、I2C対応機器から読み取る数値の形式を16種類から選ぶことができます。「つづく」の部分には、I2Cバスを開放せずに次の操作を行う場合は真、すぐに開放する場合は偽を指定してください。

付録 ブロックリファレンス

I2Cバスを使って、I2C対応機器に対して数値を書き出します。1つ目の「0」の部分には、I2C対応機器が接続されているI2Cアドレスを指定してください。2つ目の「0」の部分には、書き出す数値を指定してください。「Int8LE」の部分をクリックすると、I2C対応機器に書き出す数値の形式を16種類から選ぶことができます。「つづく」の部分には、I2Cバスを開放せずに次の操作を行う場合は真、すぐに開放する場合は偽を指定してください。

SPI 書き出す 0

SPIバスに対して数値を書き出し、受け取った応答の数値を返します。

SPI 周波数を設定する (Hz) 1000000

SPIバスのクロック周波数を設定します。「1000000」の部分には、クロック周波数をHz（ヘルツ）の単位で指定してください。

端子 P0 が発生するイベントの種類を設定する 変化

端子の状態によって、自動的にイベントが発生するように設定します。「P0」の部分をクリックすると、設定する端子を選べます。「変化」の部分をクリックすると、イベントの種類を「変化」「パルス」「タッチ」「無し」から選ぶことができます。「変化」にした場合は、端子に加わる電圧がデジタル的に上がったときと下がったときにイベントが発生します。「パルス」にした場合は、端子に加わる電圧がデジタル的に上がって下がったときと、下がって上がったときにイベントが発生します。「タッチ」にした場合は、端子がタッチされたとき、タッチがなくなったとき、短くタップされたときにイベントが発生します。「無し」にしたときは、イベントは発生しません。これによって発生したイベントは、「制御」のカテゴリーの「イベントが届いたとき」のブロックで利用できます。

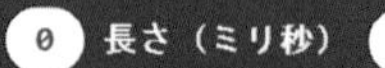

指定された高さと長さの音を鳴らします。音の高さは、周波数の数値で指定してください。音の長さは、ミリ秒単位の数値で指定してください。
ツールボックスの「音楽」にある「音を鳴らす 高さ(Hz) (真ん中のド) 長さ (1拍)」のブロックと全く同じ動作ですが、音の高さと長さを選択肢から選べるようになっていない点がちがいます。通常は、ツールボックスの「音楽」にあるブロックを使うようにしてください。

SPI 形式を設定する ビット数 8 モード 3

SPIバスの通信の形式を設定します。1回の送受信で通信するデータのビット数と、SPIの規格で定められた「通信モード」を設定することができます。SPIの送信側と受信側とで、ビット数とモードが合っていないと通信ができません。

端子 P0 ▾ を プルアップ ▾ する

デジタル入力として使用する端子について、プルアップするのか、プルダウンするのか、どちらもしないのかを設定します。

アナログ音程 出力端子を P0 ▾ にする

音を鳴らす端子を決めます。音を鳴らす信号が、指定した端子に出力されるようになります。ただし、ツールボックスの「音楽」にある「効果音 (くすくす笑う) を鳴らして終わるまで待つ」または「効果音 (くすくす笑う) を開始する」で鳴らす音をのぞきます。これらの効果音をのぞいて、内蔵スピーカーから音が出なくなります。ツールボックスの「音量を設定する」のブロックを使っても、端子に出力される音の大きさは変えられなくなります。この状態は、電源を入れ直すかリセットする以外の方法で、初期状態に戻すことはできません。
「音を鳴らす端子を (P0) にする」のブロックと同じような役割ですが、上記のように少し不思議な動作をします。通常は「音を鳴らす端子を (P0) にする」のブロックを使うようにしてください。

SPI 端子を決める MOSI P0 ▾ MISO P0 ▾ SCK P0 ▾

SPIバスとして使用する端子を決定します。SPIバスには、MOSI、MISO、SCKの3本の信号が必要です。それぞれにどの端子を使用するかを、「P0」の部分をクリックして選んでください。それぞれ19種類から選ぶことができます。

V2

端子 P0 ▾ のタッチ方式を 静電容量式 ▾ にする

端子およびロゴにさわったかどうかを調べる方式を設定します。端子およびロゴは、「P0」「P1」「P2」「ロゴ」から選べます。調べる方式は「静電容量式」「抵抗式」から選べます。このブロックで設定をしていない初期状態では、端子P0、端子P1、端子P2は抵抗式、ロゴは静電容量式です。抵抗式の場合は、調べる端子と端子GNDとの間が導線や人間の体などによって電気的につながったときにさわったことになります。静電容量式の場合は、指1本でさわるだけです。

高度なブロック→シリアル通信

ブロックの形　**機能**

シリアル通信 1行書き出す " "

文字列と、その直後に復帰コード (0x0D)、改行コード (0x0A) をシリアル通信で書き出します。「" "」の部分には、書き出したい文字列を指定してください。
「シリアル通信 書き出すデータの長さを (0) の倍数に設定する」のブロックでとくに設定をしない限り、復帰コードと改行コードを含めた1行のデータ量が32バイトの整数倍になるように、復帰コードの直前で半角空白文字を0個以上書き出します。この動作をパディングと呼びます。

付録 ブロックリファレンス

シリアル通信 数値を文字で書き出す 0

数値を数字に変えてから、シリアル通信で書き出します。「0」の部分には、書き出したい数値を指定してください。復帰コード（0x0D）、改行コード（0x0A）は書き出しません。復帰コードと改行コードが必要な場合は、このブロックの直後に「シリアル通信 1行書き出す ("")」のブロックを追加してください。このとき、「シリアル通信 1行書き出す ("")」のブロックには、文字列を指定せず、空のままにしておいてください。

シリアル通信 名前と数値を書き出す "x" = 0

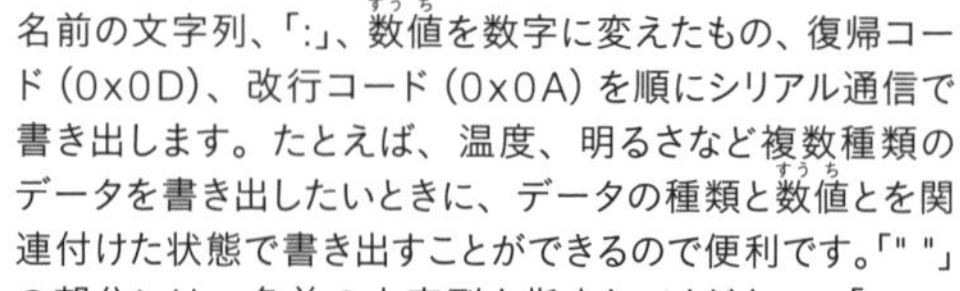

名前の文字列、「:」、数値を数字に変えたもの、復帰コード（0x0D）、改行コード（0x0A）を順にシリアル通信で書き出します。たとえば、温度、明るさなど複数種類のデータを書き出したいときに、データの種類と数値とを関連付けた状態で書き出すことができるので便利です。「" "」の部分には、名前の文字列を指定してください。「0」の部分には、数値を指定してください。
「シリアル通信 書き出すデータの長さを (0) の倍数に設定する」のブロックでとくに設定をしない限り、復帰コードと改行コードを含めた1行のデータ量が32バイトの整数倍になるように、復帰コードの直前で半角空白文字を0個以上書き出します。この動作をパディングと呼びます。

シリアル通信 文字列を書き出す " "

シリアル通信で文字列を書き出します。「" "」の部分には、書き出したい文字列を指定してください。復帰コード（0x0D）、改行コード（0x0A）は書き出しません。復帰コードと改行コードが必要な場合は、このブロックの直後に「シリアル通信 1行書き出す ("")」のブロックを追加してください。このとき、「シリアル通信 1行書き出す ("")」のブロックには、文字列を指定せず、空のままにしておいてください。

シリアル通信 複数の数値をカンマくぎりで書き出す この要素の配列 0 1

配列に入っている複数の数値を、順にカンマ区切りにした文字列と、復帰コード（0x0D）、改行コード（0x0A）をシリアル通信で書き出します。空欄の部分には、書き出したい数値が入っている配列を指定してください。
「シリアル通信 書き出すデータの長さを (0) の倍数に設定する」のブロックでとくに設定をしない限り、復帰コードと改行コードを含めた1行のデータ量が32バイトの整数倍になるように、復帰コードの直前で半角空白文字を0個以上書き出します。この動作をパディングと呼びます。

シリアル通信 1行読み取る

シリアル通信で1行を読み取って、文字列として返します。1行とは、文字が続いて、最後に改行コード（0x0A）があるものをいいます。したがって、このブロックは、シリアル通信で届く文字を読み取り、改行コード（0x0A）の手前までを文字列として返します。これは、下の「シリアル通信 つぎのいずれかの文字の手前まで読み取る (改行コード)」のブロックで、文字列として「改行コード」を指定したのと全く同じです。

シリアル通信 つぎのいずれかの文字の手前まで読み取る 改行コード ▾

シリアル通信で届く文字を読み取り、指定された文字列にふくまれるいずれかの文字の手前までを文字列として返します。「改行コード」の部分には文字列を指定してください。文字列を指定する部分には、元から「改行コード」のブロックが入っていますが、取り外すことはできません。この部分をクリックして、改行コード、カンマ (,)、ドルマーク ($)、コロン (:)、ピリオド (.)、シャープ (#)、リターンコード、スペース、タブコード、縦棒 (|)、セミコロン (;) から選ぶことができます。ほかの文字列を指定したい場合は、文字列か、文字列が入っている変数のブロックを入れてください。

シリアル通信 つぎのいずれかの文字を受信したとき 改行コード ▾

この中に入れた内容は、指定された文字列にふくまれるいずれかの文字が、シリアル通信で届いたときに実行されます。「改行コード」の部分には文字列を指定してください。文字列を指定する部分には、元から「改行コード」のブロックが入っていますが、取り外すことはできません。この部分をクリックして、改行コード、カンマ(,)、ドルマーク($)、コロン(:)、ピリオド(.)、シャープ(#)、リターンコード、スペース、タブコード、縦棒(|)、セミコロン(;)から選ぶことができます。ほかの文字列を指定したい場合は、文字列か、文字列が入っている変数のブロックを入れてください。

シリアル通信 文字列を読み取る

シリアル通信ですでに届いている文字をすべて読み取って、文字列として返します。シリアル通信で新たに文字が届くのを待つことはしません。文字が届いていなければ、空(から)の文字列を返します。

シリアル通信
通信先を変更する
送信端子 P0 ▾
受信端子 P1 ▾
通信速度 115200 ▾

シリアル通信の通信先を決めます。
「P0」の部分をクリックして、送信に使う端子を「P0」「P1」「P2」「P8」「P12」「P13」「P14」「P15」「P16」「USB_TX」から選んでください。「USB_TX」は、USBの仮想シリアル通信で送信するという意味です。「USB_RX」を選んでも動作しません。
「P1」の部分をクリックして、受信に使う端子を「P1」「P0」「P2」「P8」「P12」「P13」「P14」「P15」「P16」「USB_RX」から選んでください。「USB_RX」は、USBの仮想シリアル通信から受信するという意味です。「USB_TX」を選んでも動作しません。
送信と受信とで、同じ端子を選んでもエラーにはなりませんが、当然ながらうまく動きません。

シリアル通信 通信先をUSBに変更する

シリアル通信の通信先を、送受信ともUSB上の仮想シリアルポートに変更します。

シリアル通信 送信バッファーの大きさを  にする

シリアル通信の送信バッファーの大きさを、指定した値に設定します。このブロックをまだ実行していない初期状態では、送信バッファーの大きさは20です。

シリアル通信 受信バッファーの大きさを  にする

シリアル通信の受信バッファーの大きさを、指定した値に設定します。このブロックをまだ実行していない初期状態では、受信バッファーの大きさは20です。

シリアル通信 バッファーから書き出す シリアル通信 バッファーに読み取る 最大文字数 

指定されたバッファーに入っている内容をシリアル通信で書き出します。バッファーを指定する部分には、元から「シリアル通信 バッファーに読み取る 最大文字数 (0)」のブロックが入っていますが、取り外すことはできません。このまま使えば、シリアル通信で届いた文字をそのままシリアル通信で送り返すという働きをします。このとき、「0」の部分には一度に読み取る最大の文字数を指定してください。0を指定した場合は20文字になります。バッファーを指定する部分に、ほかのバッファーやバッファーが入っている変数を入れれば、その内容を書き出すという働きをします。バッファーは文字列と同じように文字が連なったものですが、文字列ではありません。文字列用のブロックで使うことはできません。

シリアル通信 バッファーに読み取る 最大文字数 

シリアル通信で届いた文字をバッファーに読み取って返します。「0」の部分には、一度に読み取る最大の文字数を指定してください。0を指定した場合は20文字になります。バッファーは文字列と同じように文字が連なったものですが、文字列ではありません。文字列用のブロックで使うことはできません。

シリアル通信 書き出すデータの長さを  の倍数に設定する

書き出すデータの長さが、指定した数の倍数になるように設定します。あまり短いデータだと受信側で正確に受信できない可能性があるため、micro:bitのシリアル通信機能では、原則として書き出すデータの長さが32の倍数になるように調整しています。この調整は、書き出す文字列の直後に半角空白文字を0個以上追加することで行っています。このブロックでは、この調整が32の倍数ではなく、別の数の倍数で行われるように設定します。これを0に設定すると、この調整を行わなくなります。通常は、このブロックを使わないでください。

シリアル通信 通信速度を 115200 ▼ に設定する

シリアル通信の通信速度を設定します。通信速度は、1200、2400、4800、9600、14400、28800、31250、38400、57600、115200から選べます。この数値は、1秒間に送信するビット数を示しています。1文字は8ビットですが、実際に送信するにはだいたい10ビットぶんの時間がかかります。たとえば、115200の場合は、1秒間に11520文字を送ることができます。通信速度が速いほど、通信エラーが起きやすくなります。もしも通信エラーがたくさん起きるなら、通信速度を少し遅くしてみてください。このブロックをまだ実行していない初期状態では、通信速度は115200です。

POINT

シリアル通信では、とくに指定しないかぎり、USB上の仮想シリアルポートを使って通信を行います。USBケーブルでパソコンとつながっていれば、パソコン上のシリアル通信アプリとの間で通信ができます。micro:bitのシリアル通信でデータを書き出せば、シリアル通信アプリで読み取ることができます。シリアル通信アプリで書き出せば、micro:bitで読み取ることができます。シリアル通信アプリでは、通信速度を115200bpsに設定してください。「シリアル通信 通信先を変更する」ブロックを使うと、仮想シリアルポートではなく、micro:bitの端子を使って通信を行うことができます。micro:bitどうしをつなげて通信することもできるでしょう。

高度なブロック→制御

ブロックの形　　**機能**

ボタンが押された、端子に信号が届いた、といった、micro:bitのマイコンボードで起きたできごとは、「イベント」というデータとして処理されています。このブロックは、イベントが発生するのを待ちます。指定した発生源から指定した値のイベントが発生したら、次のブロックに進みます。発生源としては、制御ブロックの「その他」にある「MICROBIT_ID_BUTTON_A」のブロックを使うのがふつうです。値としては、「MICROBIT_EVT_ANY」のブロックを使うのがふつうです。どちらのブロックも、プルダウンメニューになっているので、目的の発生源と値に変更してください。指定した発生源からであればどんな値でもいい場合には、「MICROBIT_EVT_ANY」にしてください。

この中に入れた内容を、バックグラウンドで実行します。バックグラウンドとは、ほかの「ずっと」や「〜のとき」のブロックと同時に並行して実行することをいいます。

稼働時間（ミリ秒）

入力ブロックの「稼働時間（ミリ秒）」のブロックと同じです。プログラムが動作し続けている時間、つまりmicro:bitのマイコンボードに電源が入ってから、もしくはリセットボタンが押されてからの時間を調べて、ミリ秒単位で数値を返します。

リセット

micro:bitをリセットします。プログラムは最初から実行されます。

全体を一時停止（マイクロ秒） 4

このブロックで指定された時間の間、micro:bit全体の動作を止めます。ほかの「ずっと」「〜のとき」「バックグラウンド」のブロックの中で実行されている内容もすべて止まります。時間はマイクロ秒で指定してください。マイクロ秒とは1秒の1/1000000であり、1000000マイクロ秒は1秒です。このブロックは、シミュレーターでは動きません。

イベントを発生させる
発生源 MICROBIT_ID_BUTTON_A ▼
値 MICROBIT_EVT_ANY ▼

ボタンが押された、端子に信号が届いた、といった、micro:bitのマイコンボードで起きたできごとは、「イベント」というデータとして処理されています。このブロックは、指定した発生源から指定した値のイベントが発生したのと同じ状態にします。発生源とは、micro:bitのマイコンボードにある入力装置やセンサーです。「MICROBIT_ID_BUTTON_A」と書いてあるプルダウンメニューから選んでください。値は、発生したできごとの種類を示します。「MICROBIT_EVT_ANY」と書いてあるプルダウンメニューから選んでください。

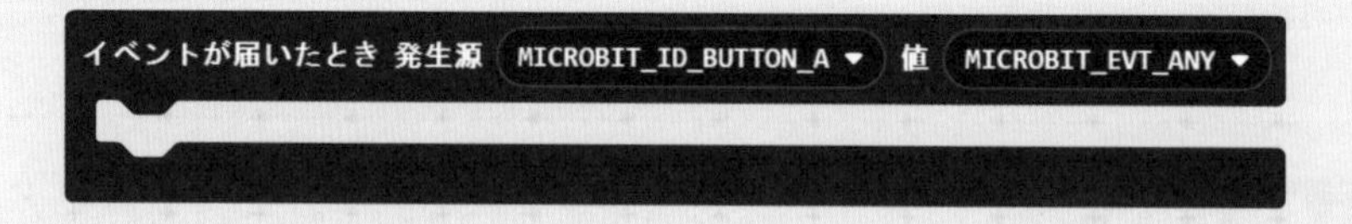

ボタンが押された、端子に信号が届いた、といった、micro:bitのマイコンボードで起きたできごとは、「イベント」というデータとして処理されています。この中に入れた内容は、指定した発生源から指定した値のイベントが発生したときに実行されます。発生源とは、micro:bitのマイコンボードにある入力装置やセンサーです。「MICROBIT_ID_BUTTON_A」と書いてあるプルダウンメニューから選んでください。値は、発生したできごとの種類を示します。「MICROBIT_EVT_ANY」と書いてあるプルダウンメニューから選んでください。指定した発生源からであればイベントの種類を問わない場合には、値は「MICROBIT_EVT_ANY」にしてください。

イベントのタイムスタンプ

最新のイベントのタイムスタンプを数値で返します。タイムスタンプとは、micro:bitが動いている間ずっと増え続ける数値のことで、個々のイベントを区別するために使われています。

イベントの値

最新のイベントの値を数値で返します。イベントの値とは、発生したできごとの種類を示します。

MICROBIT_EVT_ANY ▼	イベントの種類を示す値(あたい)です。「イベントを待つ 発生源 (0) 値(あたい) (0)」のブロックで使います。また、種類を問わずに受け取ったイベントが何なのか調べるときにくらべる対象として使います。
MICROBIT_ID_BUTTON_A ▼	イベントの発生源を示す値(あたい)です。「イベントを待つ 発生源 (0) 値(あたい) (0)」「イベントを発生させる 発生源 (MICROBIT_ID_BUTTON_A) 値(あたい) (MICROBIT_EVT_ANY)」のブロックで使います。
固有の名前	このmicro:bitの固有の名前を文字列で返します。すべてのmicro:bitには、それぞれ異(こと)なる名前が付けられています。人間にとって意味のある名前ではなく、アルファベットと数字をでたらめに交ぜたような文字列です。この文字列は、micro:bitをリセットしても、プログラムを書きかえても変化しません。
シリアル番号	このmicro:bitの固有の番号を数値(すうち)で返します。すべてのmicro:bitには、それぞれ異(こと)なる番号が付けられています。この番号は、micro:bitをリセットしても、プログラムを書きかえても変化しません。

必要なものの入手先、便利なウェブサイト

スイッチエデュケーション　https://switch-education.com/

micro:bit本体や、関連モジュールキットをオンライン販売しています。micro:bit以外のSTEM関連教材キットなども取り扱っています。
本書で必要なmicro:bit用の部品やモジュールは、以下のページから入手できます。
https://sedu.link/products

micro:bit公式サイト　https://microbit.org/ja/

プログラミングソフトへリンクしているほか、さまざまなチュートリアル、作例、コミュニティ、カリキュラムなど、micro:bitについての多くの情報が集約されています（一部英語のみ）。

MakeCodeエディター（プログラミングソフト）　https://makecode.microbit.org/

本書で紹介(しょうかい)してきた、プログラミングソフトのホーム画面はここから開きます。

著者紹介

スイッチエデュケーション編集部

金本 茂（かねもと しげる）

1966年生まれ。2008年、Arduinoによって電子工作の魅力を再発見し、輸入販売のためにスイッチサイエンスを創業。現在、株式会社スイッチエデュケーション代表取締役会長を兼務。micro:bit IDEの国際化、日本語化に貢献。

小室 真紀（こむろ まき）

1984年生まれ。2013年お茶の水女子大学人間文化創成科学研究科博士後期課程修了。2012年、株式会社スイッチサイエンスに入社し、マーケティングや広報活動に従事。現在、株式会社スイッチエデュケーション代表取締役社長。

宗村 和則（そうむら かずのり）

1985年生まれ。2013年電気通信大学知能機械工学科卒業。2014年、株式会社スイッチサイエンスに入社。2017年からは株式会社スイッチエデュケーションに転籍し、企画設計開発を担当。

木原 莉也（きはら まりな）

1990年生まれ。2014年お茶の水女子大学卒業後、大日本印刷株式会社に入社し研究開発に従事。2017年11月より、株式会社スイッチエデュケーションにて、問い合わせや販売を中心としたさまざまな業務を担当。

小美濃 芳喜（おみの よしき）

1952年生まれ。1985年、学習研究社（現・学研ホールディングス）に入社。1990年より、「科学」と「学習」や「大人の科学」シリーズなどの教材企画開発を担当。2016年、企画室「オミノデザイン」を設立。技術顧問として活動。

金子 茂（かねこ しげる）

1959年生まれ。1982年、学習研究社（現・学研ホールディングス）入社。学年別付録付き月刊学習誌「科学」と「学習」、「大人の科学」などを担当。元・板橋区立教育科学館 館長。現在、編集企画プロダクションSHIGS（シーグス）代表。

倉本 大資（くらもと だいすけ）

1980年生まれ。2004年筑波大学芸術専門学群総合造形専攻卒業。2008年より会社勤めのかたわら、子ども向けプログラミングワークショップを多数開催し、現在はmicro:bitの活用も精力的に進めている。

micro:bitではじめるプログラミング 第3版
親子で学べるプログラミングとエレクトロニクス

2021年7月21日　初版第1刷発行

著者　スイッチエデュケーション編集部
（すいっちえでゅけーしょんへんしゅうぶ）

発行人　ティム・オライリー
デザイン　waonica、nebula
作例撮影　香野 寛
イラスト　川添 むつみ

印刷・製本　日経印刷株式会社

発行所　株式会社オライリー・ジャパン
〒160-0002　東京都新宿区四谷坂町12番22号
Tel (03) 3356-5227／Fax (03) 3356-5263
電子メール japan@oreilly.co.jp

発売元　株式会社オーム社
〒101-8460　東京都千代田区神田錦町3-1
Tel (03) 3233-0641（代表）／Fax (03) 3233-3440

Printed in Japan（ISBN978-4-87311-957-1）